AF557304

Dieter Nelles · Oliver Nelles

Grundlagen der Elektrotechnik zum Selbststudium

Band 1: Gleichstromkreise

Gliederung des Stoffs in der Buchreihe

Band 1 Gleichstromkreise

Physikalische Grundbegriffe – Gleichungen und physikalische Größen – Ohm'sches Gesetz – Leistung und Energie – lineare und nichtlineare Widerstände – Gleichstromkreise, Kirchhoff'sche Regeln – Rechenmethoden – Ohm'sches Gesetz in Matrixform – Halbleiter und Halbleiterschaltungen – Gase und Flüssigkeiten – inhomogene Strömungsfelder

Band 2 Elektrische Felder

Elektrostatische Kraftwirkung – homogene Felder – Kondensatoren – Energie und Kräfte – Wechselfelder, Zeigerbilder – komplexe Rechnung – Schaltvorgänge – inhomogene elektrische Felder – elektrostatisches Feld in Vektorform – Überlagerung von elektrischen Feldern und Strömungsfeldern – periodische Funktionen – Fourierreihen

Band 3 Magnetische Felder

Grundgrößen des Magnetismus – Vektordarstellung der Magnetfelder – kurze stromdurchflossene Leiter, Lorentz-Kraft – ausgedehnte stromdurchflossene Leiter – Maxwell'sche Gleichungen, Elektrodynamik – magnetische Materialien, Eisensättigung – Kraftwirkung – Induktionswirkung, magnetische Effekte – Grundlagen der Wechselstromtheorie

Band 4 Wechselstromkreise

Periodisch schwankende Größen, komplexe Rechnung – Kreise mit Widerständen, Spulen und Kondensatoren – besondere Netzwerke, Wechselstrommessbrücken – mechanische Schwingkreise – elektrische Schwingkreise, Resonanz, Amplitudengang, Schaltvorgänge – Visualisierung – Transformatoren, Übertrager – Drehstromtechnik, Niederspannungsnetze

Dieter Nelles · Oliver Nelles

Grundlagen der Elektrotechnik zum Selbststudium

Band 1: Gleichstromkreise

2., neu bearbeitete Auflage

VDE VERLAG GMBH

ICS: 29.020

Bibliografische Information der Deutschen Nationalbibliothek
Die Deutsche Nationalbibliothek verzeichnet diese Publikation in der Deutschen Nationalbibliografie; detaillierte bibliografische Daten sind im Internet über *http://dnb.dnb.de* abrufbar.

ISBN 978-3-8007-5640-7 (Print)
ISBN 978-3-8007-5641-4 (E-Book)

Titelbild: Supraleitende Spulen (Quelle: Kernforschungszentrum Karlsruhe)

Zehn Spulen werden streufeldarm zu einem Magneten als Torus von 1,1 m Durchmesser aufgebaut. Jede Spule enthält 900 m Draht mit 1,2 mm Durchmesser. In ihm sind Niob-Titan-Filamente von 7 mm Dicke in einer Mischung aus Kupfer und einer Kupfer-Nickel-Legierung eingebettet.
I_{max} = 430 A B = 5,7 T E = 420 kJ = 0,12 kWh

Satz: DREI-SATZ GbR, Husby
Druck: CPI Books GmbH, Leck
Printed in Germany

2021-12

Vorwort und Arbeitsanleitung

Ich weiß, Sie wollen sofort in das erste Kapitel einsteigen und nicht lange vorbereitende Texte lesen. Deshalb bin ich Ihnen entgegengekommen und habe nur ein kurzes Vorwort geschrieben. Lesen Sie aber bitte den folgenden Text aufmerksam durch und denken Sie über die Anregungen nach, bevor Sie sich in die Arbeit stürzen.

Entstehungsgeschichte

An der Universität Kaiserslautern wird seit 1999 ein Fernstudieneinstieg in die Studienfächer Elektrotechnik und Informationstechnik angeboten. Hierzu war es unter anderem notwendig, Lehrbriefe für das Fach Grundlagen der Elektrotechnik zu erstellen. Diese Arbeit habe ich übernommen. Der rote Faden in den Lehrbriefen orientiert sich zwangsläufig sehr stark an der von Prof. Dr.-Ing. habil. Baier erarbeiteten und angebotenen Vorlesung. Auch an dieser Stelle danke ich ihm für die überlassenen Unterlagen.

Bei der Durcharbeitung des Stoffs sind mir viele Ideen gekommen, wie man Personen, die keine Vorlesungen besuchen, die Grundlagen der Elektrotechnik darbieten kann. Ich habe mich deshalb entschlossen, den Text mit einem neuen roten Faden zu versehen und als Buch herauszugeben. Aus didaktischen Gründen sind daraus vier Bände geworden.

Unter meiner Freude am Schreiben haben zwei Personen besonders gelitten. Frau Klein hat den ganzen Text geschrieben, geändert und geändert und geändert. Herr Fehrenz hat die Bilder gezeichnet und ... Beiden danke ich recht herzlich.

Die vier Bände umfassen den Stoff einer zweisemestrigen Vorlesungsreihe Grundlagen der Elektrotechnik mit jeweils vier Semesterwochenstunden Vorlesung und einer Semesterwochenstunde Übung, wie er im Wesentlichen an allen Universitäten angeboten wird. Mit einigen Abstrichen entspricht dies auch dem Stoff an Fachhochschulen, wobei ich mich bemüht habe, den Text so zu gestalten, dass man die mathematisch anspruchsvolleren Passagen überspringen kann, ohne den roten Faden zu verlieren.

Das Buch kann vorlesungsbegleitend an Universitäten und Fachhochschulen verwendet werden.

In vielen Studiengängen ist ein elektrotechnisches Grundwissen erforderlich.

Das Buch richtet sich an Studierende der Fachrichtungen Elektrotechnik, Informationstechnik, Informatik, Maschinenbau, Wirtschaftsingenieurwesen und Physik.

Ganz besonders am Herzen liegen mir Abiturienten. Sie haben die Möglichkeit, sich in den höheren Klassen darüber zu informieren, was im Studium der Elektrotechnik gefordert wird. Auch können sie sich in der Zeit zwischen Abitur und Studium bereits auf das Studium vorbereiten und somit die Studienzeit verkürzen.

Das Buch soll Abiturienten während der Schulzeit ein Schnuppern und in der Wehr- oder Ersatzdienstzeit die Vorbereitung auf das Studium ermöglichen.

Männer oder Frauen in der Praxis werden oft mit elektrotechnischen Sachverhalten konfrontiert, die sie zwar vor längerer Zeit im Studium gehört haben, an die sie sich jedoch nur noch schwach erinnern.

Das Buch wendet sich an Praktiker, die bei auftretenden Problemen elektrotechnische Zusammenhänge kurz nachlesen wollen.

Ich habe die Bände so aufgezogen, dass sie weitgehend unabhängig voneinander durchgearbeitet werden können. Dies erfordert einige Wiederholungen, die aber auch zum Einprägen des Stoffs notwendig sind.

Vorschläge zur Durcharbeitung

Wie oben erwähnt, liegt der Buchreihe die zweisemestrige Vorlesungsreihe Grundlagen der Elektrotechnik, bestehend aus je vier Semesterwochenstunden (SWS) Vorlesung sowie je einer SWS Übung zu Grunde. Ein Semester hat etwa 13 Vorlesungswochen. Das Präsenzstudium erfordert demnach etwa 100 Stunden Vorlesungsbesuch. Mit Vor- und Nachbereitung bedeutet dies mindestens 200 Stunden Aufwand. Für die etwa 25 Stunden Übungen müssen mit der Arbeit zu Hause mindestens noch einmal 100 Stunden angesetzt werden. Wenn Sie nicht zu den Besten gehören – auch das ist denkbar –, müssen Sie sich mehr Zeit nehmen. Aber auch wenn Sie gut sind oder sich dafür halten, sollten Sie trotzdem 300 Stunden Zeit einplanen, denn Sie wollen ja am Ende gut abschließen; dies erfordert auch gelegentlich ein Zusatzstudium in anderen Büchern.

Zum Erfassen von Zusammenhängen ist eine gewisse Zeit notwendig. Diese wird in dem Präsenzstudium durch die Gestaltung der Vorlesungen sichergestellt. Das Selbststudium bietet mehr Flexibilität. Sie können die Zeit, in der Sie lernen, und das Tempo bestimmen. Aber gerade Letzteres verführt zu Flatterhaftigkeit: „Das kann ich doch schon." „Das ist ja einfach." „Ich bin halt gut." Nehmen Sie sich Zeit und dosieren Sie den Aufwand richtig! Die einzelnen Zeitabschnitte im Selbststudium sollten nicht zu kurz sein. Werbepausen im Fernsehkrimi zählen nicht als Studienzeit.

Ziehen Sie von Zeit zu Zeit Bilanz und kontrollieren Sie, ob Sie alles verstanden haben. Wenn Sie merken, dass Sie mit Ihrem Studium gegenüber dem gesetzten Plan in Verzug kommen, überlegen Sie, ob Sie mehr arbeiten oder länger studieren wollen. Fangen Sie nicht an, sich zu hetzen. Denn dies führt dazu, später alles noch einmal machen zu müssen.

Noch ein Wort zur Literatur. Der Text ist so vollständig und hoffentlich auch so verständlich, dass Sie ohne weitere Literatur das Lernziel erreichen können. Je nach Studienstil ist es angebracht, denselben Stoff noch von einer anderen Seite zu beleuchten. Wenn Sie parallel zu dem vorliegenden Text noch ein Grundlagenbuch benutzen wollen, so empfehle ich [Moe] oder [Füh]. Sehr schön aufgebaut ist auch [Hug]. Weitere Lehrbücher zu den Grundlagen sind [Bos, Cla, Lun1, Lun2, Pre]. Für Ehrgeizige empfehle ich noch die zwei Bände von [Unb]. Sie nennen sich zwar Grundlagen, gehen aber weit darüber hinaus. Für den Anfang sind sie vielleicht nicht zu empfehlen, aber zur späteren Vertiefung. Als Nachschlagewerk der Mathematik schlage ich Ihnen [Bro] vor, als Physikbuch [Pau]. Für Ingenieure oder solche, die es werden wollen, ist möglicherweise [Her] etwas einfacher zu lesen und als Ergänzung zum vorliegenden Studientext besser geeignet. Darüber hinaus ist [Tip] zu empfehlen. Das Buch von [Dem] ist für diejenigen geeignet, die sich mit der Physik eingehender befassen wollen. Kaufen Sie sich jedoch nicht zu viele Bücher, und vor allem nicht sofort. Es ist besser, sich in wenigen Büchern gut auszukennen als viele ungelesen im Schrank stehen zu haben.

Wenn Sie nun den Text durcharbeiten, sollten Sie immer ein Blatt Papier neben sich liegen haben und dieses auch benutzen!

Arbeiten Sie bitte auch die Rechenbeispiele und insbesondere die Aufgaben durch. Diese sind teilweise etwas lang, aber Sie müssen unbedingt üben, um den Stoff zu verstehen. Es ist auch nicht schlimm, wenn Sie Aufgaben nicht immer selbstständig rechnen können. Schauen Sie ruhig manchmal bei den Lösungen nach. Aber das machen Sie ja sowieso. Wenn Sie aber bei den Übungen zu häufig nachsehen müssen, waren Sie etwas flatterhaft beim Durcharbeiten des Textes.

Haben Sie viel Spaß, dann stellt sich der Erfolg von selbst ein!

Inhalt

Lernziel des Bandes 1

In den ersten beiden Kapiteln werden die physikalischen Phänomene der Stromleitungen und die Schreibweise von Gleichungen erklärt. Hierzu gehört auch das Einheitensystem mit der für die Elektrotechnik wichtigen Basiseinheit Ampere. In Kapitel 3 wird das Ohm'sche Gesetz mit konstanten und stromabhängigen Widerständen behandelt. Das vierte Kapitel beschäftigt sich mit der Zusammenschaltung von Widerständen. Folglich stehen die Kirchhoff'schen Regeln im Vordergrund. Daraus ergeben sich Rechenverfahren zur Bestimmung der Strom- und Spannungsverteilung in Widerstandsnetzwerken. In Kapitel 5 beschäftigen wir uns mit speziellen Rechenverfahren und Widerstandsnetzwerken. Damit ist eigentlich das Wichtigste in Band 1 erledigt. Kapitel 6 behandelt systematische Methoden zur Berechnung großer Netzwerke. Dieses Kapitel können Sie überspringen, wenn Sie keine Zeit oder keine Lust haben oder wenn Sie glauben, dass Ihnen das Verständnis dafür noch fehlt. Letzteres trifft natürlich bei Ihnen nicht zu.

Die Elektronik ist im Allgemeinen eine gesonderte Vorlesung im Grundstudium der Elektrotechnik. Trotzdem gehören die einfachen Zusammenhänge der Halbleitertechnik zu den Grundlagen der Elektrotechnik. Diese werden in Kapitel 7 vermittelt. Es folgt – Sie haben es richtig erkannt – Kapitel 8 mit den Leitungsmechanismen in Gasen und Flüssigkeiten. Das Kapitel 9 Strömungsfeld ist wieder etwas für Freaks. Dort gehe ich auch ein wenig über den Stoff der Grundlagen hinaus.

1 Physikalische Grundbegriffe

Man kann die Elektrotechnik als Teilgebiet der Physik betrachten. Ohne fundierte Kenntnis der Physik wird man deshalb nie ein guter Elektrotechniker werden. Andererseits weicht die Elektrizitätslehre der Physik, wie sie in der Schule gelehrt wird, doch stark von der Elektrotechnik, wie sie in der Industrie umgesetzt wird, ab. Lange Erklärungen hierzu will ich jedoch nicht abgeben, denn spätestens nach dem Studium werden Sie die Unterschiede kennen.

In diesem Kapitel sollen die Aspekte der Materie betrachtet werden, die zum Verständnis der Stromleitung wichtig sind. Dabei werden einige Kenntnisse, z. B. über die elektrischen Ladungen, vorausgesetzt. Hier hoffe ich auf Ihre Schulbildung. Sollten Sie Verständnisschwierigkeiten haben, weil Ihnen die mathematischen Voraussetzungen fehlen, so empfehle ich, ausnahmsweise mit Halbwissen zum nächsten Kapitel weiterzugehen. Kehren Sie aber bitte später noch einmal zu diesen Punkten zurück, um den übersprungenen Stoff nachzuholen.

1.1 Aufbau der Materie

Vor 2500 Jahren postulierte Demokrit, dass die Materie in ihrer Verschiedenheit aus kleinsten Bausteinen, den Atomen, zusammengesetzt ist.

1.1.1 Atommodell

Nils Bohr schuf 1913 eine Modellvorstellung zum Aufbau der Atome. Danach sind sie aus drei Bausteinen zusammengesetzt, die u. a. eine *Masse* und eine elektrische *Ladung* besitzen.

Neutron $m_\mathrm{n} = 1{,}6747 \cdot 10^{-24}\ \mathrm{g}$ $Q_\mathrm{n} = 0$ (1.1)

Proton $m_\mathrm{p} = 1{,}6724 \cdot 10^{-24}\ \mathrm{g}$ $Q_\mathrm{p} = 1{,}6 \cdot 10^{-19}\ \mathrm{C}$ (1.2)

Elektron $m_\mathrm{e} = 9{,}1 \cdot 10^{-28}\ \mathrm{g}$ $Q_\mathrm{e} = -1{,}6 \cdot 10^{-19}\ \mathrm{C}$ (1.3)

Die *Elementarladung* $Q_p = -Q_e = e$ wird in *Coulomb* (C) gemessen (1 C = 1 As) und stellt die kleinste Ladungseinheit dar. Demnach kann sich die Ladung nur sprungartig ändern. Die Sprünge sind aber so klein, dass sie bei den meisten technischen Anwendungen keine Bedeutung haben.

Die kleinste Ladungseinheit ist die des Elektrons $Q_e = -e = -1{,}6 \cdot 10^{-19}$ As.

Nach dem Modell von Bohr konzentrieren sich im *Kern* die schwermassigen *Nukleonen*, das sind *Neutronen* und *Protonen*. Die Kräfte, die sie zusammenhalten, kann man durch Kernspaltung überwinden und dabei *Kernenergie* oder *Nuklearenergie* freisetzen.

Im Kern gibt es etwa gleich viele Protonen und Neutronen. Die Protonen legen die Ordnungszahl und die Summe aus Protonen und Neutronen das Atomgewicht fest. Bei einem krassen Missverhältnis zwischen Protonen und Neutronen oder bei einer zu großen Anzahl von Nukleonen wird der Kern instabil und zerfällt unter Freisetzung von Energie. Atome mit gleich viel Protonen und unterschiedlich vielen Neutronen verhalten sich chemisch gleich und können nur durch die Massen voneinander unterschieden werden. So gibt es bei vielen chemischen Elementen unterschiedlich schwere Atome, die *Isotope* genannt werden.

Die Elektronen werden nun von dem Atomkern auf Grund der elektrischen Ladungen angezogen und umkreisen diesen wie Satelliten die Erde. Dabei bilden sich verschiedene Schalen heraus, in denen sich unterschiedlich viele Elektronen befinden können **(Bild 1.1a)**. Die innerste Schale kann maximal $n_{e1} = 2$ Elektronen enthalten, die zweite $n_{e2} = 8$. Grundsätzlich gilt:

Ein Atom besitzt gleich viele Elektronen und Protonen.

1.1.2 Molekularbindung

Wenn auf der äußeren Schale eines Atoms die maximal mögliche Anzahl von Elektronen kreist, handelt es sich um ein *Edelgas*. Ist dies nicht der Fall, tritt das Atom in Wechselwirkung mit anderen. So wird bei nur einem Elektron auf der äußeren Schale die Neigung bestehen, dieses abzugeben. Das kann dazu führen, dass zwei Atome je ein Elektron abgeben. Beide kreisen dann gemeinsam um die Kerne und halten die Atome zusammen **(Bild 1.1b)**. Der Atomverband wird als *Molekül* bezeichnet. Die beschrie-

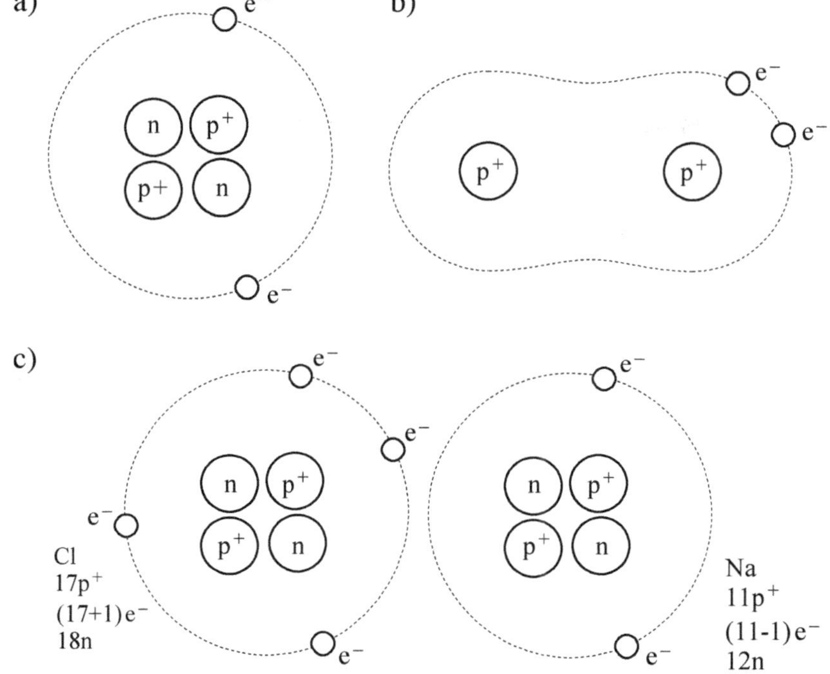

Bild 1.1 Atome und Moleküle
a) Aufbau des Heliumatoms;
b) homöopolare Bindung (Atombindung) des Wasserstoffs;
c) heteropolare Bindung (Ionenbindung) des Kochsalzes

bene *Atombindung* nennt man *Homöopolar* oder *Kovalenz.* Dies ist beispielsweise bei dem Wasserstoff H der Fall, bei dem zwei Atomkerne gemeinsam von ihren beiden Elektronen umkreist werden.

Gibt ein Atom ein Elektron an ein anderes ab, entsteht ein „*Ion*“, das positiv geladen ist, z. B. Na^+, und eines, das negativ geladen ist, z. B. Cl^-. Da sich die beiden unterschiedlich geladenen Ionen anziehen, entsteht eine *Ionenbindung* (heteropolar), **(Bild 1.1c)**.

Elektrisch geladene Atome heißen Ionen. Ihre Ladung wird durch ein oder mehrere $^+$ Vorzeichen oder $^-$ Vorzeichen gekennzeichnet, z. B. Cl^-, Cu^{++}.

1.1.3 Ionen

Wird ein Molekül mit Ionenbindung, z. B. Kochsalz NaCl, in Wasser H_2O gelöst, so kann durch die Wirkung der Wassermoleküle das gelöste Salz aufgebrochen werden. Beispielsweise bilden sich aus Kochsalz die Ionen Cl^- und Na^+. Befinden sich in dieser Lösung elektrisch positiv und negativ geladene Elektroden, so wandert das gegenpolig geladene Ion zu diesen hin.

> Geladene oder ladbare Metallteile sind *Elektroden.* Negativ geladene Elektroden heißen *Katoden,* positiv geladene Elektroden heißen *Anoden.* Positive Ionen wandern zur Katode *(Kationen),* negative Ionen zur Anode *(Anionen).*

Die Neigung der Atome, über die Elektronen der äußeren Schale mit anderen Atomen Verbindungen einzugehen, bestimmt das chemische Verhalten eines Stoffs. Diese Elektronen werden *Valenzelektronen* genannt. Die Anzahl der Elektronen, die bei einem Austausch beteiligt sein können, wird als Wertigkeit bezeichnet.

> Die Ionenbildung in einem Lösungsmittel wird als *Dissoziation* bezeichnet.

Die zur Trennung der Atome notwendige Energie kann aufgebracht werden durch: mechanischen Stoß *(Stoßionisation)*, Wärme (*thermische Ionisation),* hohe elektrische Feldstärke *(Feldemission)* oder Licht *(Fotoionisation).* Bei der Funkenbildung und beim Blitz kommt es zur Stoß- und Fotoionisation, aber auch zur thermischen Ionisation. Die Ionisation erhöht die Leitfähigkeit eines Isolierstoffs.

1.1.4 Kristalle

Bisher haben wir nur die Verbindung von zwei Atomen zu einem Molekül betrachtet. Für Moleküle aus mehreren Atomen ergibt sich kein prinzipieller Unterschied. Man kann pauschal sagen, dass die Bindungskräfte mit der Größe des Moleküls abnehmen. Die Moleküle treten auch gegenseitig in Wechselwirkung. Dies hält einen Stoff zusammen. Die dabei auftretenden *van der Waal'schen Kräfte* sind erheblich geringer als die Molekularkräfte. Wenn die Moleküle räumlich zueinander in einem ungeordneten Verhältnis stehen, liegt ein *amorpher Zustand* vor. Bei einer regelmäßigen Anordnung der Atome zueinander spricht man von einem *Kristall.* Die einfachste Anordnung ist die des

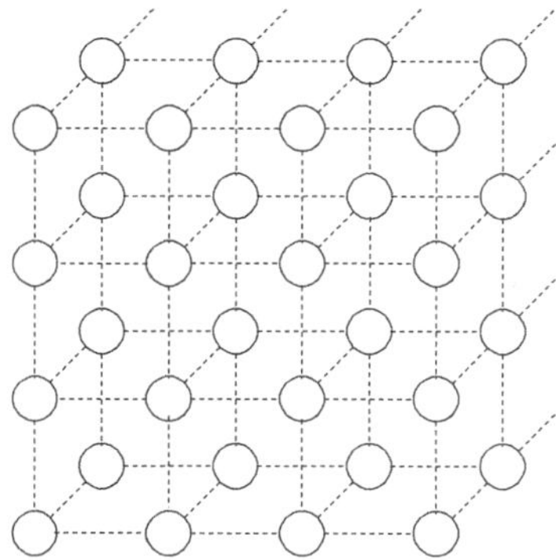

Bild 1.2 Kubisch zentriertes Gitter

kubischen Gitters (**Bild 1.2**). Der symmetrische Aufbau führt zu einer sehr kompakten Anordnung und demnach großen Bindungskräften. Kristalle haben deshalb im Allgemeinen eine stärkere Bindung als amorphe Stoffe. Ihre Bindungskräfte kommen nahe an die Molekularkräfte heran. Einen speziellen kubischen Aufbau haben die Diamantkristalle. Nach gleicher Struktur sind auch die Halbleiterkristalle Germanium und Silizium aufgebaut. Ordnet man 5-wertige Gallium- und 3-wertige Arsen-Atome in regelmäßigem Wechsel an, so ergibt sich ein Gallium-Arsenid-Kristall, der wie die Diamantstruktur geordnet ist. Die *Elementarzellen,* d. h. der kleinste Kristall, der bereits das Kristallgitter erkennen lässt, besteht bei der kubischen Struktur nach Bild 1.2 aus acht Atomen. Für die *Halbleitertechnik* benötigt man ungestörte große Kristallstrukturen. Die meisten technischen Stoffe sind dagegen *polykristallin,* d. h. sie sind aus kleinen Kristallbereichen unterschiedlicher Größe, den Körnern, zusammengesetzt. Sind diese *Körner* verschieden ausgerichtet, d. h. regellos zu einem Stoff zusammengefügt, so verhält dieser sich ähnlich einem *amorphen Stoff* in allen Richtungen gleich. Die Ausrichtung der Körner, z. B. mechanisch durch Walzen, gibt dem Material eine Vorzugsrichtung. Damit kann man beispielsweise die magnetischen, aber auch mechanischen Eigenschaften eines Blechs verbessern.

1.2 Leitungsmechanismus

Die Bindungskräfte der Elektronen an das Atom sind umso schwächer, je weiter die Elektronen vom Kern entfernt sind und je weniger sich auf der äußeren Schale befinden. So neigen die Valenzelektronen, die auch mit den Nachbaratomen in Wechselwirkung treten, dazu, ihr Atom zu verlassen und sich frei in der Struktur zu bewegen.

1.2.1 Normalleiter

Sind in einem Stoff viele *freie Elektronen* vorhanden, so verhalten sich diese wie ein *Elektronengas*. Wird an einem derartigen Körper eine positiv geladene Elektrode (Wie heißt sie?) herangebracht, so verdichtet sich das Elektronengas am Rand des Körpers (**Bild 1.3**). Es entsteht auf der einen Seite eine negative und auf der anderen eine positive Ladung. Diese Wirkung der Elektrode ohne Kontakt wird *Influenz* genannt.

Die Wanderung elektrisch geladener Teilchen in einem Stoff wird als elektrischer Strom bezeichnet.

In einem Metall bewegen sich nur die Elektronen. In Flüssigkeiten mit dissoziierten Salzen (Sie erinnern sich?) sind die positiven und negativen Ionen relativ frei beweglich. Ein solcher Stoff wird *Elektrolyt* genannt. In ihm steht demnach eine gewisse Zahl von positiven Ionen n_p und negativen Ionen n_n zur Verfügung. Bei ihrem Weg durch den Stoff stoßen die Ionen auf andere Moleküle. Je nach Stoff sind sie dadurch mehr oder weniger beweglich. Ein Maß hierfür ist die *Beweglichkeit* μ_p bzw. μ_n. Die Anzahl der Ionen, ihre Beweglichkeit und die Anzahl ihrer Ladungen e bestimmen die spezifische Leitfähigkeit. Unter der Voraussetzung, dass nur Ionen mit einem Ladungsträger vorhanden sind, gilt die Gleichung

$$\gamma = e\left(n_n \cdot \mu_n + n_p \cdot \mu_p\right) \tag{1.4}$$

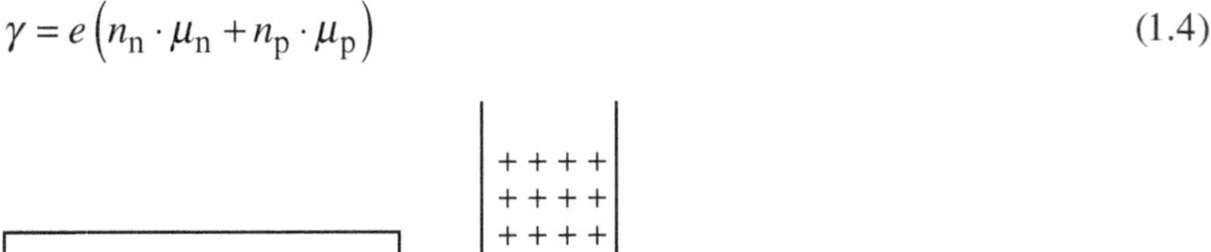

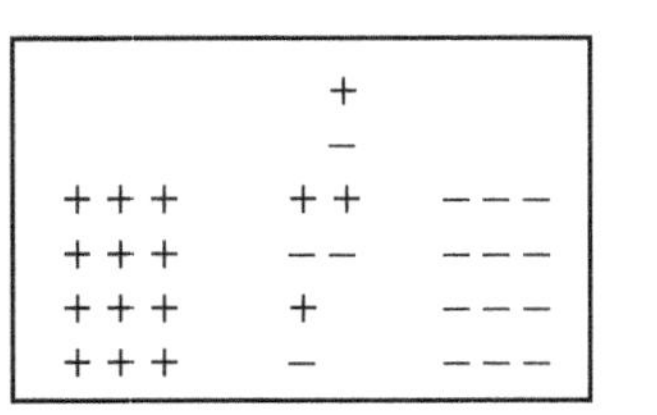

Bild 1.3 Verschiebung des Elektronengases durch eine äußere Ladung

Beispiel 1.1

Ohne jetzt schon auf die ansonsten sehr wichtigen physikalischen Einheiten und die Schreibweise von Gleichungen einzugehen, soll für *Kupfer* der spezifische Leitwert bestimmt werden. Da bei Kupfer die positiven Ladungen fest in den Stoff integriert sind, ist ihre Beweglichkeit $\mu_p = 0$. Für die Elektronen gilt $n_n = 8{,}45 \cdot 10^{22}\,\text{cm}^{-3}$, $\mu_n = 43\,\text{cm}^2/(\text{V}\cdot\text{s})$. Daraus folgt

$$\gamma = e \cdot n_n \cdot \mu_n = 1{,}6 \cdot 10^{-19}\,\text{A}\cdot\text{s}\cdot 8{,}45 \cdot 10^{22}\,\text{cm}^{-3} \cdot \frac{43\,\text{cm}^2}{\text{V}\cdot\text{s}}$$

$$= 581 \cdot 10^3\,\text{A}\cdot\text{s}\cdot\frac{\text{cm}^{-3}\text{cm}^2}{\text{V}\cdot\text{s}}$$

$$= 581 \cdot 10^3 (\Omega\cdot\text{cm})^{-1} = 581 \cdot 10^5 \frac{1}{\Omega\cdot\text{m}}$$

Leitfähigkeit von Kupfer

$$\gamma = 581 \cdot 10^5 \cdot 10^{-6} \frac{\text{m}}{\Omega\cdot\text{mm}^2} = 58{,}1 \frac{\text{m}}{\Omega\cdot\text{mm}^2} \qquad (1.5)$$

Für die *elektrische Leitfähigkeit* γ, auch *Konduktivität* genannt, wurde früher das Formelzeichen κ benutzt, das auch heute noch gebräuchlich ist.

Über die vielfältigen Möglichkeiten der Schreibweise von Größengleichungen wird in Kapitel 2 noch zu sprechen sein.

Die Geschwindigkeit, mit der sich die Elektronen in Richtung geladener Elektroden bewegen, wird *Driftgeschwindigkeit* v_D genannt. Sie ist umso größer, je größer die durch die äußere Ladung bewirkte Feldstärke E ist (s. Abschnitt 3.4). Für Kupfer ergibt sich beispielsweise

$$v_D = \mu_n \cdot E = \frac{43\,\text{cm}^2}{\text{V}\cdot\text{s}} 2{,}3 \cdot 10^{-4} \frac{\text{V}}{\text{cm}} = 0{,}1 \frac{\text{m}}{\text{s}} \qquad (1.6)$$

Die dabei getroffene Annahme $E = 2{,}3 \cdot 10^{-4}\,\text{V/cm}$ ist sinnvoll, wie sich später zeigen wird. Die Driftgeschwindigkeit ist nicht die Geschwindigkeit, mit der sich die elektrische Feldstärke vom Anfang einer Leitung bis zum Ende fortpflanzt.

Die Fortpflanzungsgeschwindigkeit der elektrischen Feldstärke ist – von speziellen Fällen abgesehen – gleich der Ausbreitungsgeschwindigkeit des Lichts im Vakuum.

$$c = 299\,792\ \text{km/s} \tag{1.7}$$

Die Driftgeschwindigkeit ist wesentlich geringer.

Der Unterschied zwischen Drift- und Lichtgeschwindigkeit lässt sich an einer Reihe Billardkugeln veranschaulichen **(Bild 1.4)**. Ein Stoß auf die hintere Kugel versetzt diese in die Geschwindigkeit v_D. Wenn sie zum Zeitpunkt t_1 die zweite Kugel erreicht, springt die n-te Kugel nach der Zeit $t + \Delta t$ davon.

$$\Delta t = \frac{l}{v} \tag{1.8}$$

Da die Zeit Δt sehr kurz ist, muss die Geschwindigkeit v groß sein.

Es ist zu erkennen, dass die Kugel bzw. das Elektron am Ende der Leitung ein anderes als am Anfang ist. Demnach ergibt sich eine Übertragung der treibenden Kraft, die mit einer Geschwindigkeit abläuft, die viel größer als die Driftgeschwindigkeit ist.

Die hohe *Lichtgeschwindigkeit c* bewirkt sehr geringe Zeitverzögerungen, die im Allgemeinen zu vernachlässigen sind. Bedeutung haben sie z. B. bei rasch getakteten mikroelektronischen Schaltungen (Rechner) und Blitzeinschlägen in Hochspannungsleitungen.

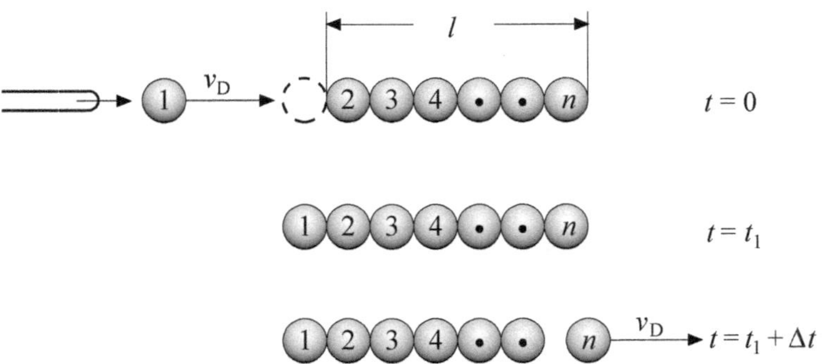

Bild 1.4 Veranschaulichung der Stromgeschwindigkeit

1.2.2 Isolierstoffe

Wenn in einem Stoff keine freien Elektroden vorhanden sind, kann auch kein Strom fließen. Der ideale Isolierstoff ist demnach das *Vakuum* ($\gamma = 0$). Aber auch viele andere Stoffe verfügen unter normalen Umweltbedingungen nur über wenige freie Elektronen. Durch Temperaturerhöhung werden die Schwingungen der Moleküle verstärkt und somit mehr Elektronen freigesetzt. Zu hohe elektrische Felder können auch Elektronen aus ihrem Verbund herausreißen. (Wie heißen diese Vorgänge?)

Die durch Temperaturerhöhung entstehende Leitfähigkeit führt zu erhöhten Strömen (*Heißleiter*). Dadurch bilden sich noch mehr freie Elektronen. Dieser Vorgang kann sich so lange fortsetzen, bis der Stoff seine Isolierfähigkeit verliert und durchschlägt. Man spricht dann von *Wärmedurchschlag*.

Der Freisetzung von Elektronen durch Temperaturerhöhung steht die Verminderung der Beweglichkeit durch die thermische Bewegung gegenüber. Da bei Leitermaterialien der letztere Effekt überwiegt, nimmt ihr Widerstand mit der Temperatur zu *(Kaltleiter)*.

1.2.3 Halbleiter

Stoffe mit geringer Leitfähigkeit sind z. B. Salzlösungen (*Elektrolyte*). Bestimmte Kristalle, z. B. das 4-wertige Silizium, isolieren sehr gut. *Störstellen,* d. h. Fremdatome, in Kristallen führen jedoch zu einer Erhöhung der Leitfähigkeit. Diese Störstellen oder Verunreinigungen werden gezielt durch *Dotierungen* mit 3- oder 5-wertigen Atomen herbeigeführt. Wenn man heute von Halbleitern spricht, denkt man fast ausschließlich an solche dotierten Kristalle, im Allgemeinen auf Siliziumbasis.

1.2.4 Bändermodell

Die Materie ist nicht so einfach aufgebaut, wie dies in den vorangegangenen Abschnitten beschrieben wurde. Die dort verwendeten Modelle reichen jedoch aus, um den Grundlagenstoff der Elektrotechnik zu verstehen. Wenn Sie die Zusammenhänge genauer nachlesen wollen, sollten Sie in ein Physikbuch schauen, z. B. [Pau, Tip, Dem]. Schweifen Sie aber bitte nicht zu lang von dem eigentlichen Studium ab! Ein tieferes Verständnis des Leitungsmechanismus erhalten Sie in dem Fach Elektronik und vor allem dann, wenn Sie nach dem Vordiplom die Vertiefungsrichtung Mikroelektronik wählen.

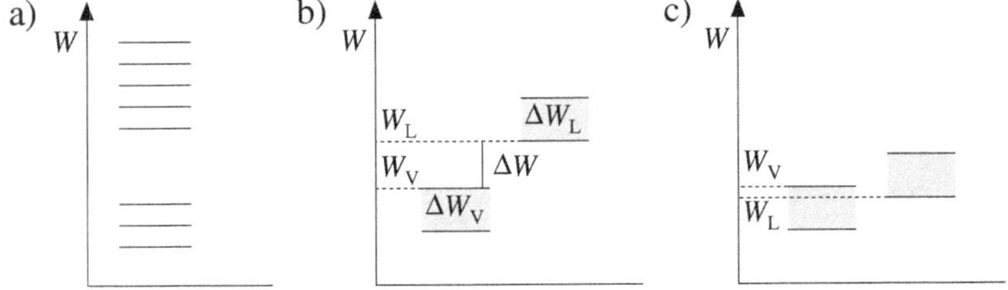

Bild 1.5 Bändermodell
a) Energieniveau, b) Isolator, c) Leiter

Um die später in Abschnitt 3.9 erläuterten Zusammenhänge besser verstehen zu können, sollen hier die Bahnen der Elektronen noch etwas genauer betrachtet werden. Jedes Elektron besitzt innerhalb eines Atoms eine eigene Bahn. Um es von dieser Bahn nach außen zu entfernen, ist eine bestimmte Energie W notwendig, die umso geringer ist, je weiter das Elektron vom Kern entfernt ist. Man kann deshalb jedem Elektron ein bestimmtes *Energieniveau* zuordnen. Auch die Elektronen einer Schale besitzen unterschiedliche Energieniveaus, die aber nahe beieinander liegen. Nach dem Schalenmodell lässt sich ein Energiespektrum der Elektronenhülle angeben **(Bild 1.5a)**. Die diskreten Linien werden durch die Wechselwirkung der Nachbaratome im Kristallverband und durch Temperaturschwingungen zu *Energiebändern* verbreitert. Diese Bänder können sich je nach Art des Kristallaufbaus überlappen, wie es bei Metallen der Fall ist. Bei Isolierstoffen überlappen sich die Energiebänder nicht, sie sind vielmehr durch *verbotene Zonen* getrennt. Die Lage der Energiebänder wird durch die *Quantenmechanik* erklärt und berechnet, indem die Wechselwirkung der *Valenzelektronen* der Atome im Kristallverband als Überlagerung von quantisierten Materiewellen aufgefasst wird. Innerhalb der Bänder ist die Elektronenenergie kontinuierlich veränderbar. Insbesondere sorgt die Wärmeenergie (Temperatur) für eine statistische Verteilung der Elektronenenergie. Deshalb wird zumindest die *Valenzschale* zu einem Kontinuum **(Bild 1.5b)**.

> Das Valenzband stellt eine Energiebandbreite ΔW_V dar. Es ist durch die thermisch verursachten Atomschwingungen und die Nachbaratome bedingt. Die maximale Energie, die ein Elektron im Valenzband annehmen kann, ist W_V.

Um ein Elektron aus dem Valenzband zu entfernen, ist eine bestimmte Energie ΔW notwendig. Damit nimmt es die Energie W_L an und ist frei beweglich (Bild 1.5b). Die thermische Bewegung kann die Energie des Elektrons so erhöhen, dass es in das Leitungsband gehoben wird. Ist die notwendige Energie ΔW zur Anhebung in das Leitungsband groß, gibt es wenige freie Elektronen. Der Stoff ist ein Isolator. Überlappen sich die Energiebänder, so stehen viele Elektronen zur Verfügung, man hat einen Leiter.

Besteht zwischen Oberkante Valenzband W_V und Unterkante Leitungsband W_L ein großer Unterschied, so handelt es sich um einen Isolator (Bild 1.5b). Bei einem Leiter überlappen sich die Bänder ($W_L < W_V$) **(Bild 1.5c)**.

Bei den Halbleitern ist der *Bandabstand* ΔW relativ klein (Germanium 0,66 eV, Silizium 1,12 eV); eV ist ein Energiemaß, das später behandelt wird. Bindet man nun z. B. im Einstoff-Kristallgitter Fremdatome ein, die ein Valenzelektron mehr haben, so ist nur noch eine geringe Energie von beispielsweise 0,05 eV notwendig, um das Valenzelektron in das Leitungsband zu treiben. Diese Energie liegt als Wärmeenergie nahezu vor (0,026 eV bei 300 K), sodass sich stets eine Vielzahl von Elektronen im Leitungsband befindet. Die Eingliederung der Fremdatome in den Kristallverband bezeichnet man als Dotieren. Die Fremdatome selbst nennt man *Donatoren*, der mit diesen Atomen dotierte Stoff ist durch die Überschusselektronen n-leitend geworden, es liegt *Elektronenleitung* vor.

Fremdatome, die ein Valenzelektron weniger besitzen, ziehen aus der Umgebung ein Elektron ab. Es bestehen somit Löcher, und die Elektronen wandern von Loch zu Loch. Deshalb sprechen wir von *Löcherleitung*. Die dotierten Fremdatome werden *Akzeptoren* genannt und sorgen für p-Leitungen. Löcherleitung liegt auch vor, wenn Sie bei einem Freund Geld leihen, um die Schulden bei einem anderen zu bezahlen.

Grundsätzlich treten bei n- und p-Leitungen Elektronen und Löcher auf. Je nach Dotierung überwiegt jedoch die eine oder andere Art. Die Anzahl bzw. Konzentration der Elektronen, d. h. negativen Ladungsträger n, und Löcher, d. h. positiven Ladungsträger p, wächst exponentiell mit der Temperatur des Halbleiters an. Der Zusammenhang zwischen beiden wird *Massenwirkungsgesetz* genannt.

$$n_i = \sqrt{n \cdot p} = K\, e^{-\frac{E_g}{kT}} \tag{1.9}$$

Die so genannte *Intrinsic-Dichte* n_i ist für einen Grundstoff, z. B. Silizium, bei einer bestimmten Temperatur unabhängig vom Dotierungsgrad konstant.

> Im 4-wertigen Siliziumkristall eingebettete 5-wertige Donatoren, z. B. Arsen oder Antimon, erzeugen n-Leitungen (*Majoritätsträger*/Elektronenleitung). 3-wertige Akzeptoren, z. B. Bor oder Gallium, erzeugen p-Leitungen (*Minoritätsträger*/Löcherleitung).

Beim Kontakt von n- und p-dotierten Kristallen entstehen von der Stromrichtung abhängige Effekte, die bei elektronischen Bauelementen ausgenutzt werden. Wir werden in Abschnitt 7.2 hierauf zurückkommen.

1.3 Elektrostatische Kraft

In einem kurzen Abschnitt will ich ein Naturgesetz behandeln, das wir bereits verwendet haben.

> **Coulomb'sches Gesetz**
>
> Zwei unterschiedlich geladene Körper ziehen sich an, zwei gleich geladene Körper stoßen sich ab. Die Kraft F zwischen den Ladungen Q_1 und Q_2 nimmt mit dem Quadrat des Abstands r ab.
>
> $$F = K_1 \cdot \frac{Q_1 \cdot Q_2}{r^2} \tag{1.10}$$

Anmerkung: Charles Augustin Coulomb (1736–1806), Südfrankreich, hat sich mit der Elektrostatik und dem Magnetismus beschäftigt.

Der Proportionaliätsfaktor K_1 ist eine Naturkonstante, die jedoch in einer etwas anderen Form dargestellt wird. Bevor wir dazu kommen, wollen wir uns einer Analogie zuwenden. Die Anziehung zweier Massen wird durch das *Gravitationsgesetz* bestimmt. Dabei tritt als Proportionalitätsfaktor die *Gravitationskonstante* f auf.

$$F_G = f \frac{m_1 \cdot m_2}{r^2} \tag{1.11}$$

$$f = 6{,}67 \cdot 10^{-11} \frac{m^3}{kg \cdot s^2}$$

Beispiel 1.2

Die Erde hat die Masse $m_1 = 5{,}97 \cdot 10^{24}$ kg und den Radius $r = 6{,}37 \cdot 10^6$ m. Ein Mensch hat die Masse $m_2 = 75$ kg. Mit welcher Kraft wird er auf die Erde gedrückt?

$$F_G = f \cdot \frac{m_1}{r^2} \cdot m_2$$

$$= 6{,}67 \cdot 10^{-11} \frac{\text{m}^3}{\text{kg} \cdot \text{s}^2} \cdot \frac{5{,}97 \cdot 10^{24}\,\text{kg}}{\left(6{,}37 \cdot 10^6\,\text{m}\right)^2} \cdot m_2$$

$$= 0{,}981 \cdot 10 \frac{\text{m}^3 \cdot \text{kg}}{\text{kg} \cdot \text{s}^2 \cdot \text{m}^2} \cdot m_2 = 9{,}81 \frac{\text{m}}{\text{s}^2} \cdot m_2 = g \cdot m_2 \tag{1.12}$$

Der Faktor vor der Masse m_2 wird *Fallbeschleunigung* g genannt.

$$g = 9{,}81 \frac{\text{m}}{\text{s}^2} \tag{1.13}$$

Damit ergibt sich für das Gewicht des Menschen

$$F_G = g \cdot m_2 = 9{,}81 \frac{\text{kg} \cdot \text{m}}{\text{s}^2} \cdot 75\,\text{kg}$$

$$= 736 \frac{\text{kg} \cdot \text{m}}{\text{s}^2} = 736\,\text{N} \tag{1.14}$$

Nun zurück zum Coulomb'schen Gesetz! Die Kraftwirkung zwischen den geladenen Körpern entsteht ähnlich zur Gravitation auch im Vakuum. Demnach gibt es kein Medium, das die Coulomb'schen Kräfte überträgt. Man

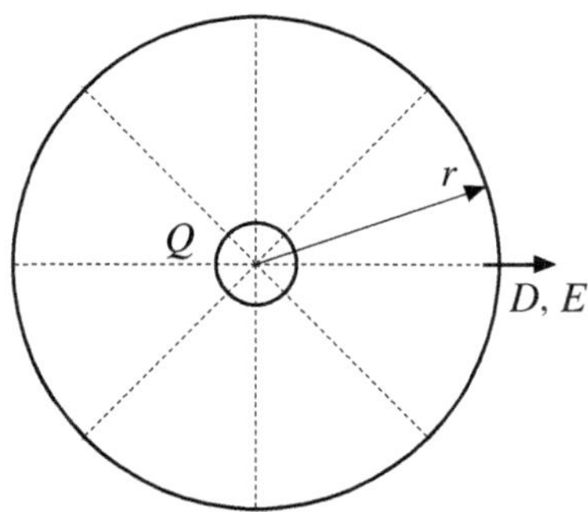

Bild 1.6 Elektrisches Feld in der Umgebung einer Kugel

macht sich hierzu ein Modell: Von jeder Ladung geht ein *elektrisches Feld* aus – ähnlich dem *Gravitationsfeld,* das von jeder Masse ausgeht.

Eine Kugel mit der Ladung Q_1 entfaltet danach um sich herum eine Wirkung, die man *elektrische Flussdichte D* nennt. Dies ist eine spezifische Größe, d. h. eine Ladung pro Fläche. Legt man eine konzentrische Kugel mit dem Radius r um die Ladung Q_1, so wirkt an der Kugeloberfläche die elektrische Flussdichte D, die überall gleich ist **(Bild 1.6)**. Durch Integration über die Oberflächen ergibt sich die Ladung der Kugel

$$Q = 4 \cdot \pi \cdot r^2 \cdot D \qquad (1.15)$$

Nun wird eine Naturkonstante eingeführt, die die oben erwähnte Konstante K_1 ersetzen soll. Für diese *Permittivität* ε gilt im Vakuum

$$\varepsilon = \varepsilon_0 = 8{,}8542 \cdot 10^{-12} \frac{\mathrm{A \cdot s}}{\mathrm{V \cdot m}} \approx \frac{1}{36 \cdot \pi} 10^{-9} \cdot \frac{\mathrm{A \cdot s}}{\mathrm{V \cdot m}} \qquad (1.16)$$

Als neue Konstante für die Permittivität des Vakuums wird die *elektrische Feldkonstante* ε_0 eingeführt. Der Begriff Permittivität ist genormt. Häufig wird jedoch die frühere Bezeichnung *Dielektrizitätskonstante* verwendet.

Rechnet man die elektrische Flussdichte D mit der Permittivität ε um, so ergibt sich die elektrische Feldstärke

$$E = \frac{D}{\varepsilon} = \frac{D}{\varepsilon_r \cdot \varepsilon_0} \qquad (1.17)$$

Die Permittivität ε wurde in zwei Faktoren aufgespalten: die Permittivität im Vakuum ε_0 und die Permittivitätszahl ε_r (früher: relative Dielektrizitätskonstante).

In das elektrische Feld mit der Feldstärke E bringen wir nun die Ladung Q_2. Es ergibt sich dann

$$F = Q_2 \cdot E = \frac{Q_2 \cdot D}{\varepsilon_0} = \frac{Q_2 \cdot Q_1}{\varepsilon_0 \cdot 4 \cdot \pi \cdot r^2} = \frac{36 \cdot \pi \cdot 10^9 \ \mathrm{V \cdot m}}{4 \cdot \pi \cdot \mathrm{A \cdot s}} \cdot \frac{Q_1 \cdot Q_2}{r^2} \qquad (1.18)$$

Damit liegt die in Gl. (1.10) eingeführte Konstante fest.

$$K_1 = 9 \cdot 10^9 \frac{\mathrm{V \cdot m}}{\mathrm{A \cdot s}} = 9 \cdot 10^9 \frac{\mathrm{N \cdot m^2}}{\mathrm{A^2 \cdot s^2}} \qquad (1.19)$$

Ist Ihnen aufgefallen, dass ich in Gl. (1.18) der Reihe nach die Gln. (1.17), (1.15) und (1.16) eingesetzt habe?

In Gl. (1.16) wurde eine Näherung angegeben, die für die meisten technischen Anwendungen ausreicht und gut handhabbar ist. Wegen der Näherung in Gl. (1.16) müsste in Gl. (1.18) das letzte Gleichheitszeichen (=) durch ein Ungefährzeichen (≈) ersetzt werden. Da in der Technik grundsätzlich irgendwelche Dezimalstellen gestrichen werden, wären streng genommen bei allen Zahlenrechnungen Ungefährzeichen zu verwenden. Dies ist nicht üblich. Ungefährzeichen werden nur benutzt, wenn auf den Unterschied zwischen mehr oder weniger genauen Zahlenwerten hingewiesen wird, z. B. in Gl. (1.16). Möglicherweise hatten Sie Schwierigkeiten mit den Dimensionen in Gl. (1.19). Diese werden behoben sein, wenn Sie Kapitel 2 durchgearbeitet haben.

Aufgabe 1.1

Berechnen Sie die elektrostatische Kraft und die Gravitationskraft zwischen zwei Elektronen ($Q_e = -1{,}6 \cdot 10^{-19}$ As; $m_e = 9{,}1 \cdot 10^{-28}$ g) und deren Verhältnis für die Fälle, dass die Abstände zueinander 1 mm und 10^{-6} mm betragen! Wie ist das Verhältnis der Kräfte zueinander? Beachten Sie das Vorzeichen!

Aufgabe 1.2

Eine Kugel mit dem Radius $r = 50$ cm enthält die Ladung $Q_1 = +100 \cdot 10^{-9}$ A · s. Welche elektrische Flussdichte D ergibt sich im Abstand 1 m vom Kugelmittelpunkt? Bestimmen Sie die Feldstärke E und die Kraft F auf ein Elektron ($Q_2 = -1{,}6 \cdot 10^{-19}$ As)!

Bestimmen Sie die Energie, die Sie benötigen, um das Elektron um $l = 1$ cm nach außen zu verschieben! Die Energie wird nach der Formel $W = l \cdot F$ bestimmt. Die Feldstärke E ist dabei als konstant anzusehen. Welche Spannung durchläuft das Elektron dabei? Verwenden Sie hierzu die noch nicht abgeleitete Gleichung $U = E \cdot l$.

In der Aufgabe 1.2 wurde die Energie berechnet, die ein Elektron gewinnt, wenn es eine Spannung von $U = 9$ V durchläuft, bzw. die Energie, die benötigt wird, um ein Elektron durch eine Spannung von $U = 9$ V von einer positiven Elektrode wegzubewegen. Dabei ergab sich ein sehr kleiner Zahlenwert in Nm. Eine andere Möglichkeit, die Energie anzugeben, ist das *Elektronenvolt* eV. Dabei setzt man zur Bestimmung der Energie in Gl. (1.18) für die Elektronenladung Q_2 keinen Zahlenwert ein.

$$W = l \cdot F = l \cdot Q_2 \cdot E = Q_2 \cdot U$$

Aus der Aufgabe folgt:

$$1\,\text{eV} = \frac{1{,}44 \cdot 10^{-18}\ \text{Nm}}{9} = 0{,}16 \cdot 10^{-18}\ \text{Nm} = 1{,}6 \cdot 10^{-19}\ \text{Ws} \tag{1.20}$$

Elektronenvolt eV

Ein Elektronenvolt eV ist die Energie, die ausgetauscht wird, wenn ein Elektron die Spannung $U = 1$ V durchläuft. Sie entspricht $1{,}6 \cdot 10^{-19}$ Ws.

Mit den elektrostatischen Feldern werden wir uns in Band 2 an mehreren Stellen noch eingehender befassen.

1.4 Elektromagnetische Kraft

Im vorhergehenden Abschnitt wurde die elektrostatische Kraftwirkung, die zwischen geladenen Körpern (Elektroden) auftritt, behandelt. Der Zusammenhang zwischen den Ladungen und der Kraft wird durch das Coulomb'sche Gesetz beschrieben. Nun soll die elektromagnetische Kraftwirkung, die zwischen zwei stromdurchflossenen Körpern (Leitern) entsteht, behandelt werden. Während die elektrostatischen Kräfte für die Entstehung der Leitfähigkeit in Stoffen von Bedeutung sind, ist die Kraftwirkung des Stroms zur Festlegung einer Grundgröße im Einheitensystem von Bedeutung.

Die Kraftwirkung, die von bewegten elektrischen Teilchen ausgeht, wird *Elektrodynamik* genannt. Sie fasst die elektrostatische und elektromagnetische Kraftwirkung zusammen.

Im vorigen Abschnitt wurden geladene Kugelelektroden angesetzt; es ergab sich damit eine räumliche Anordnung.

Nun nehmen wir als Modell unendlich lange parallele linienförmige Leiter, von denen wir nur einen Querschnitt untersuchen. Folglich handelt es sich um ebene Anordnungen. Die zwei unendlich langen Leiter in **Bild 1.7a** sind von den Strömen I_1 und I_2 durchflossen. Sie werden über die Länge l betrachtet.

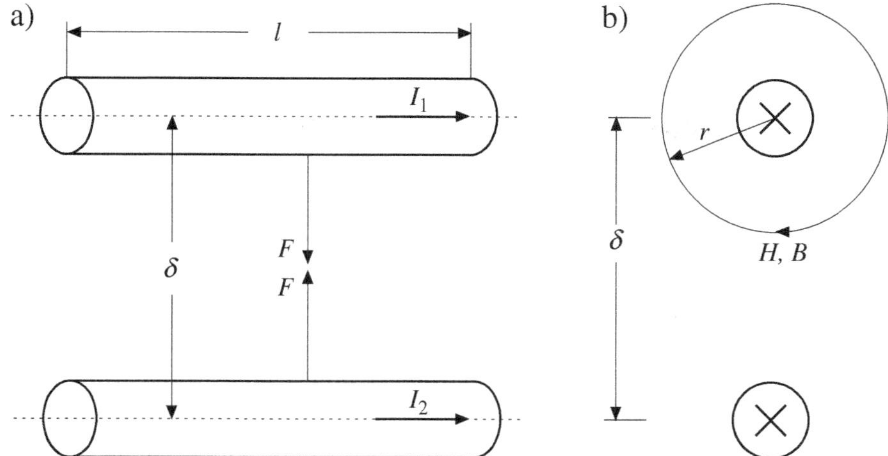

Bild 1.7 Kraftwirkung zweier stromdurchflossener Leiter
a) Längsschnitt, b) Querschnitt

Stromkräfte

Die Kraft F zwischen zwei Leitern, die von den Strömen I_1 und I_2 durchflossen sind und den Abstand δ zueinander besitzen, ergibt sich zu

$$F = K_2 \cdot \frac{I_1 \cdot I_2 \cdot l}{\delta} \tag{1.21}$$

Häufig bezieht man die Kraft F auf die Länge l. So erhält man einen „Kraftbelag", und die ebene Darstellung ist gerechtfertigt.

$$F' = \frac{F}{l} = K_2 \cdot \frac{I_1 \cdot I_2}{\delta} \tag{1.22}$$

Die darin enthaltene Konstante ist willkürlich festgelegt zu

$$K_2 = 2 \cdot 10^{-7} \,\frac{\mathrm{N}}{\mathrm{A}^2} \tag{1.23}$$

Damit liefert ein Strom $I_1 = I_2 = 1$ A bei dem Leiterabstand $\delta = 1$ m und der Leiterlänge $l = 1$ m die Kraft

$$F = 2 \cdot 10^{-7} \,\frac{\mathrm{N}}{\mathrm{A}^2} \cdot \frac{1\,\mathrm{A} \cdot 1\,\mathrm{A} \cdot 1\,\mathrm{m}}{1\,\mathrm{m}} = 2 \cdot 10^{-7}\,\mathrm{N} \tag{1.24}$$

Wie im nächsten Kapitel erläutert wird, ist dies die Definition der Basiseinheit Ampere A.

> ***Aufgabe 1.3***
>
> Zwei Stromschienen in einer Schaltanlage haben den Abstand $\delta = 40$ cm zueinander. Alle 1,6 m befindet sich ein Stützisolator. Bei einem Kurzschluss beträgt der Strom $I_k = 50$ kA. Welche Kräfte müssen die Stützer aufnehmen?

Wie beim elektrostatischen Feld wird die magnetische Kraftwirkung auch im Vakuum übertragen. Man hilft sich auch hier mit einer Feldvorstellung. Danach erzeugt der Strom in der Umgebung des Leiters 1 eine magnetische Feldstärke H. Diese ist, wenn man nur den Strom im Leiter 1 betrachtet, auf einem Kreis mit dem Radius r (**Bild 1.7b**) konstant. Es ergibt sich dann

$$I = 2 \cdot \pi \cdot r \cdot H \tag{1.25}$$

Demnach ist die *magnetische Feldstärke H* eine spezifische Größe.

Die Analogie zur elektrostatischen Kraft ist gestört, weil Gl. (1.10) für eine räumliche Anordnung mit Kugel und Gl. (1.21) für eine ebene Anordnung mit linienartigen Leitern gilt.

Nun wird eine *Permeabilität* μ eingeführt, die zur *magnetischen Flussdichte B* führt.

$$B = \mu \cdot H = \mu_r \cdot \mu_0\, H \tag{1.26}$$

Die Permeabilität μ wird in Analogie zum elektrischen Feld in eine *Permeabilitätszahl* μ_r und eine Permeabilität für das Vakuum μ_0 aufgespalten.

Dieser Ausdruck steht in Analogie zu Gl. (1.17) $\left(B \mathrel{\hat{=}} D;\ H \mathrel{\hat{=}} E;\ \mu \mathrel{\hat{=}} \varepsilon\right.$. Nun setzen wir für den Strom I_1 in Gl. (1.21) die Gln. (1.25) und (1.26) mit $r = \delta$ ein.

$$F = K_2 \cdot \frac{2 \cdot \pi \cdot r \cdot B_1 \cdot I_2 \cdot l}{\mu \cdot r} = K_2 \cdot 2\,\pi \cdot \frac{B_1 \cdot I_2 \cdot l}{\mu}$$

Um die Proportionalitätsfaktoren zu eliminieren, definieren wir

$$F = B_1 \cdot I_2 \cdot l \tag{1.27}$$

Damit liegt die Permeabilität μ fest (Gl (1.23)). Dieser spezielle Wert gilt für das Vakuum ($\mu = \mu_0$) und wird *magnetische Feldkonstante* μ_0 genannt.

$$\mu_0 = K_2 \cdot 2\,\pi = 2 \cdot 10^{-7}\,\frac{\mathrm{N}}{\mathrm{A}^2} \cdot 2 \cdot \pi = 4 \cdot \pi \cdot 10^{-7}\,\frac{\mathrm{N}}{\mathrm{A}^2} = 4 \cdot \pi \cdot 10^{-7}\,\frac{\mathrm{V \cdot s}}{\mathrm{A \cdot m}} \qquad (1.28)$$

Im Vorgriff auf das nächste Kapitel will ich hier noch etwas klarstellen. Die Konstante K_2 ist willkürlich festgelegt. Damit wurde die Maßeinheit A definiert. Folglich ist μ_0 auch eine festgelegte Größe im Gegensatz zu ε_0 in Gl. (1.17). Diese ist aus einer Naturkonstante, der *Lichtgeschwindigkeit c*, abgeleitet.

$$c = \frac{1}{\sqrt{\mu_0 \cdot \varepsilon_0}} \qquad (1.29)$$

Gl. (1.29) wird in Band 3 zu erklären sein. Wegen dieser Festlegung ist ε_0 ein Zahlenwert mit beliebig vielen Stellen, und der scheinbar exakte Wert mit π in Gl. (1.16) ist eine Näherung.

$$\varepsilon_0 \approx \frac{1}{36\,\pi} \cdot 10^{-9}\,\frac{\mathrm{As}}{\mathrm{Vm}}$$

Ich kann mir vorstellen, dass Sie mit den Einheiten Probleme hatten. Wenn Sie das nächste Kapitel durcharbeiten, wird Ihnen einiges klarer. Gehen Sie dann noch einmal zu den Gleichungen in diesem Kapitel zurück.

2 Das Einheitensystem

In einem kurzen Kapitel will ich die Schreibweise von Gleichungen besprechen und das System der Basiseinheiten erläutern. All dies ist genormt, deshalb soll zunächst etwas über die Normenarbeit gesagt werden.

2.1 Normung

Ihnen ist das DIN-A4-Blatt bekannt. Seine Abmessungen sind in einem umfangreichen Normenwerk festgelegt, das vom ***D**eutschen **I**nstitut für **N**ormung (DIN)* in Berlin herausgegeben wird. Weitere wichtige Beispiele für die Normung sind das Gewinde von Schrauben oder die Stecker von Elektrokabeln. Welche Probleme es ohne Normung geben würde, lässt sich erahnen, wenn Sie in ein Land fahren und dort der Stecker Ihres Haartrockners nicht passt, weil in dem betreffenden Land eine andere Norm gilt. Die Idee der Normung ging von Deutschland aus und hat sich nun weltweit durchgesetzt. So wurde in den USA die ***A**merican **S**tandards **A**ssociation (ASA)* gegründet. Sie kennen diese Abkürzung von Filmen für Fotoapparate. Da eine weltweit einheitliche Norm angestrebt wird, wurde 1946 die ***I**nternational **O**rganization for **S**tandardization (ISO)* gegründet. Sie ist in jüngster Zeit durch die Qualitätsnorm ISO 9000 in aller Munde. Es wird angestrebt, alles Normenswerte in diesen ISO-Normen festzulegen. Die entsprechenden deutschen Normen werden nach erfolgreicher Erstellung einer internationalen Norm zurückgezogen. International auf einen gemeinsamen Nenner zu kommen, ist schwer. Der Kampf darüber, ob eine Abkürzung aus dem Englischen, Französischen oder Deutschen kommt, wird oft hart geführt. Größer aber ist das nationale Interesse am Schutz der heimischen Industrie und der Vermeidung von Umstellungskosten für die eigene Volkswirtschaft. Beispiele hierfür sind: Bildaufbau des Fernsehers, Verschlüsselung von Mobilfunk-Kanälen oder die Entscheidung zwischen Zoll und Zentimeter.

Um in der Europäischen Union rasch Fortschritte zu erzielen, wurde das ***C**omité **E**uropéen de **N**ormalisation (CEN)* gegründet, das die „EN"-Normen herausgibt. Das von den Normen behandelte Gebiet ist weit. Es reicht von den Abmessungen eines Briefbogens über die zulässige Welligkeit eines Wandputzes im Wohnzimmer bis zum Querschnitt von Stromleitungen.

Speziell für die Elektrotechnik gibt es eigene Normenorganisationen:

International Electrotechnical Commission (IEC)

Comité de Européen de Normalisation Electrotechnique (CENELEC)

Verband der Elektrotechnik Elektronik Informationstechnik (VDE)

Der VDE in Frankfurt am Main (1893 gegründet), dem auch Sie als Student beitreten sollten (Gestatten Sie mir diese Reklame!), hat 1970 die *Deutsche Elektrotechnische Kommission* im DIN und VDE (DKE) gegründet, die das VDE-Vorschriftenwerk herausgibt und Deutschland in den internationalen Gremien vertritt. Heute heißt die DKE Deutsche Kommission Elektrotechnik Elektronik Informationstechnik e. V. Einem Teil dieser Vorschriften, die in den DIN enthalten sind, kommt als „Bestimmungen" für den Elektroingenieur eine besondere Bedeutung zu. Sie gelten als anerkannte Regeln der Technik und wurden durch das Energiewirtschaftsgesetz indirekt justitiabel. Ein Elektrotechniker, der eine Anlage baut und sich dabei nicht an die VDE-Bestimmung hält, wird es schwer haben, bei einem Schaden seine Haftungspflicht zu vermeiden. Gegebenenfalls macht er sich durch sein unvorschriftsmäßiges Handeln auch strafbar.

Ich bin bemüht, mich in der Schreibweise und den Bildern an alle geltenden Normen zu halten. Wenn ich aus didaktischen Gründen davon abweiche, ist die betreffende Stelle markiert. Sollte ich einmal nicht die neueste Norm nennen, weil sie mir nicht bekannt ist, bitte ich um Entschuldigung. Meine Ausrede: Das Normenwerk füllt eine ganze Bibliothek. Alle Normen werden in der Regel innerhalb drei bis fünf Jahren überarbeitet.

Um die für einen Elektroingenieur wichtigen Institutionen zu vervollständigen, sei noch der *Verband Deutscher Ingenieure (VDI)* in Düsseldorf genannt. 1856 gegründet, vertritt er neben den Elektroingenieuren vor allem die Maschinenbauingenieure. Auch er freut sich über neue Mitglieder. Schließlich ist noch der *Zentralverband der Elektrotechnik- und Elektronikindustrie (ZVEI)* in Frankfurt am Main zu erwähnen, er vertritt die Interessen der Elektroindustrie.

2.2 Schreibweise von Gleichungen

Eine Gleichung stellt den Zusammenhang zwischen den Größen dar. Wie sie zu schreiben ist, wird in DIN 1313 festgelegt.

2.2.1 Physikalische Größen

Die qualitative und quantitative Beschreibung physikalischer Phänomene (Körper, Vorgänge, Zustände) erfolgt in *physikalischen Größen*, kurz Größen genannt. Diese Größen können *Skalare, Vektoren* oder *Tensoren* sein (siehe später).

Eine *Größe* ist beispielsweise die Länge l bzw. eine Strecke s. Eine spezielle Länge, die z. B. durch Messung ermittelt wurde, ist ein *Größenwert*, z. B. 5 m.

Größenwert = Zahlenwert · Einheit
$l = 5\ \mathrm{m}$

Die Zahl 5 wird mit der *Einheit* „m" multiplikativ ohne „Mal-Punkt", aber mit Zwischenraum verknüpft. Die Schreibweisen 5 · m oder 5m sind demnach falsch. Die Benennung einer Größe mit einem Symbol, z. B. einem kursiven Buchstaben, wird *Formelzeichen* genannt. So ist l das Formelzeichen für die Länge. Einheiten werden nicht kursiv geschrieben.

Sollen *Zahlenwert* und *Einheit* getrennt angegeben werden, sind diese in geschweifte und eckige Klammern zu setzen.

$$l = \{l\} \cdot [l] \tag{2.1}$$

$$\{l\} = 5 \qquad\qquad [l] = \mathrm{m} \tag{2.2}$$

Um im Text ein Symbol als Einheit zu kennzeichnen, kann man es ebenfalls in eine eckige Klammer setzen, z. B. [m] oder [km/h]. Formelzeichen können große oder kleine Buchstaben in lateinischer oder griechischer Schrift sein. Gegebenenfalls wird zur Unterscheidung ein Index angehängt, z. B. l_1, l_2. Die Normung der Formelzeichen erfolgt in DIN 1304.

Grundsätzlich sollte zwischen jedem Formelzeichen und jedem Einheitenzeichen ein Mal-Punkt stehen wie zwischen zwei Zahlen, die zu multiplizieren sind. Wenn man Formelzeichen jedoch so wählt, dass sie nur aus einem Buchstaben – gegebenenfalls mit Index – bestehen, kann der Punkt entfallen. Die Gleichungen werden dann leichter lesbar. Dies zeigt das folgende Beispiel.

$$F = \frac{1}{2 \cdot \pi \cdot \varepsilon} \cdot \ln \frac{a_1 \cdot a_2}{4 \cdot r \cdot l} = \frac{1}{2\,\pi\,\varepsilon}\ \ln \frac{a_1\ a_2}{4\,r \cdot l} = \frac{1}{2\,\pi\,\varepsilon}\ \ln \frac{a_1\ a_2}{4\,r\,l} \tag{2.3}$$

Dabei ist der letzte Schritt $4\,r \cdot l = 4\,r\,l$ etwas problematisch. Im Zweifelsfall setzen Sie einen Punkt.

Gelegentlich werden auch beim Einsetzen der Werte in Gleichungen die Einheiten in den Zwischenschritten weggelassen. Dies sollte man aber nur tun, wenn die Dimensionsfrage eindeutig geklärt ist. Damit gibt es ein neues Wort. Die *Dimension* gibt an, um welche Klasse von Größen es sich handelt, z. B. eine Länge oder Spannung. Durch Angabe der Einheit ist die Dimension beschrieben.

2.2.2 Gleichungen

Größengleichungen (DIN 1313) verknüpfen Größen – im Allgemeinen physikalische Größen – miteinander. Da sie in der Elektrotechnik häufig vorkommen, wird vereinfachend der Begriff *Gleichung (Gl.)* bzw. *Gleichungen (Gln.)* verwendet. Im ersten Kapitel haben wir uns mit einer Größengleichung bereits bekannt gemacht.

Die Berechnung der Geschwindigkeit v aus Strecke l und Zeit t ist eine solche *Größengleichung* (Gl.).

$$v = \frac{l}{t} = \frac{20\,\text{m}}{5\,\text{s}} = 4\,\frac{\text{m}}{\text{s}} = 4\,\text{m/s} \tag{2.4}$$

Die Einheit (m/s) ist im täglichen Leben unüblich, man benutzt (km/h). Für die Umrechnung gilt

$$1\,\frac{\text{m}}{\text{s}} = 1\,\frac{10^{-3}\,\text{km}}{3\,600^{-1}\,\text{h}} = 3{,}6\,\text{km/h} \tag{2.5}$$

Setzt man Gl. (2.5) in Gl. (2.4) ein, so ergibt sich

$$v = 4\,\text{m/s} = 4 \cdot 3{,}6\,\text{km/h} = 14{,}4\,\text{km/h} \tag{2.6}$$

Diese Gleichung ist streng genommen keine Gleichung, sondern die Angabe eines Größenwerts. Im Gegensatz hierzu ist Gl. (2.4) eine Gleichung, die Größen verknüpft und in die Größenwerte eingesetzt wurden.

Die Größengleichung (2.4) kann man direkt auf die Einheiten, z. B. (km/h), zuschneiden. Man erhält dann eine *zugeschnittene Größengleichung*.

$$\frac{v}{\text{km/h}} = 3{,}6 \cdot \frac{l/\text{m}}{t/\text{s}} = 3{,}6 \cdot \frac{20\,\text{m/m}}{5\,\text{s/s}} = 14{,}4$$

$$v = 14{,}4\,\text{km/h} \tag{2.7}$$

Hier wird deutlich, dass die Einheiten wie selbstständige Multiplikatoren auftreten. Deshalb kann man sie in einem Bruch auch gegeneinander kürzen. Es ist somit nicht sinnvoll, für eine Größe dasselbe Symbol zu nehmen wie für seine Einheit. Ein abschreckendes Beispiel liefert die englischsprachige Literatur mit Voltage *(V)* für die Spannung und Volt (V) für die Einheit. Es ist dann der folgende Ausdruck denkbar:

$$V = 6\ \text{V}$$

Dies soll bedeuten: „Die Spannung beträgt 6 V." Man könnte nun V kürzen mit der Folge 1 = 6. So trivial das aussieht, kann es durchaus vorkommen, dass Formelzeichen, z. B. *A* für Fläche, gemeinsam mit der Einheit [A] für Ampere auftreten.

Eine dritte Möglichkeit, den Zusammenhang zwischen Größen darzustellen, ist die *Zahlenwertgleichung*. Dabei wird durch eine geschweifte Klammer angedeutet, dass nur die Zahlenwerte ohne Einheiten einzusetzen sind. An die Stelle von Gl. (2.7) tritt dann

Größengleichung

$$v = \frac{l}{t}$$

Zahlenwertgleichung

$$\{v\} = 3{,}6 \cdot \frac{\{l\}}{\{t\}} = 3{,}6 \cdot \frac{20}{4} = 14{,}4 \tag{2.8}$$

mit v in km/h; l in m; t in s

Dabei sind v; s; t Formelzeichen, z. B. s für Strecke. Die Dimension der Strecke s ist eine Länge l, ihre Einheit ist der Meter (m). Die Schreibweise mit den geschweiften Klammern ist korrekt, aber unüblich.

Da in Rechnerprogrammen Einheiten nicht verarbeitet werden, verwendet der Programmierer grundsätzlich Zahlenwertgleichungen. Wir bleiben jedoch im Bereich der Grundlagen bei den Größengleichungen. Sie fördern das Verständnis und liefern eine Möglichkeit zur Kontrolle. Denn wenn das Ergebnis eine falsche Einheit hat, war irgendetwas falsch.

Bitte sehen Sie sich jetzt noch einmal die Gleichungen in Kapitel 1 an. – Haben Sie das getan? Ja? Dann gehen Sie zum nächsten Abschnitt.

2.3 Einheitensystem

Ein Größenwert besteht aus einem Zahlenwert und einer Einheit. Damit lässt sich gut rechnen: 5 m sind 5 mal 1 m. Aber wie lang ist 1 m? Dies wird im Einheitensystem (DIN 1301) definiert.

Für lange Zeit hat die Physik das cgs-System verwendet, in dem Zentimeter (1 cm), Gramm (1 g) und Sekunde (1 s) festgelegt wurden. Ein gewisser Widerspruch besteht im cm, denn hier ist eigentlich Meter (1 m) die Grundeinheit.

Im Jahr 1960 wurde vom Internationalen Büro für Maße und Gewichte in Paris ein neues System geschaffen: ***Système International d'Unités (SI)***. Danach gibt es sieben *SI-Basiseinheiten* und eine Vielzahl von *abgeleiteten SI-Einheiten*. Die wichtigsten Basiseinheiten sind unter dem Begriff MKS-System bekannt. Dabei werden Meter (m), Kilogramm (kg) und Sekunde (s) festgelegt. Auch hier ist wieder ein Knick in der Logik, denn es müsste eigentlich das Gramm (g) vorgegeben sein.

Im Jahr 2018 wurde eine Revision der Einheitensystems durchgeführt. Alle Einheiten werden auf Naturkonstanten zurückgeführt. Avogadro-Konstante, Boltzmann-Konstante, Elementarladung und Planck'sches Wirkungsquantum erhalten feste Werte, vergleiche die Liste der Naturkonstanten in Tabelle 2.1. Hierdurch wird z. B. die Zeiteinheit „s" als das Inverse der Frequenz der Strahlung des Caesium-Atoms definiert. Darauf aufbauend kann dann die Längeneinheit „m" mit der Lichtgeschwindigkeit in „m/s" hergeleitet werden. Im nächsten Schritt kann die Masseneinheit „kg" mit dem Planck'schen Wirkungsquantum in „$2\ \mathrm{J} \cdot \mathrm{s} = \mathrm{kg} \cdot \mathrm{m}^2/\mathrm{s}$" bestimmt werden usw. Die Abhängigkeiten der Einheiten von den Naturkonstanten ist in **Bild 2.1** übersichtlich dargestellt. Da diese Definition extrem abstrakt (und unpraktisch) ist, soll im Folgenden die physikalisch anschaulichere, alte SI-Einheiten-Definition aus 1960 erläutert werden.

Die Basiseinheiten wurden so gewählt, dass mit ihnen sämtliche physikalischen Größen abzuleiten sind. Jede andere physikalische Größe lässt sich aus ihnen ableiten. Früher wurden die Länge und die Masse durch Körper, das Urmeter und das Urkilogramm definiert. Beide sind in Paris aufbewahrt. Mittlerweile gibt es jedoch Definitionen, die auf Naturphänomenen beruhen.

Konstante		exakter Wert	seit
$\Delta\nu_{Cs}$	Strahlung des Caesium-Atoms*	9 192 631 770 Hz	1967
c	Lichtgeschwindigkeit	299 792 458 m/s	1983
h	Plancksches Wirkungsquantum	$6{,}626\,070\,15 \cdot 10^{-34}$ J·s	2019
e	Elementarladung	$1{,}602\,176\,634 \cdot 10^{-19}$ C	2019
k_B	Boltzmann-Konstante	$1{,}380\,649 \cdot 10^{-23}$ J/K	2019
N_A	Avogadro-Konstante	$6{,}022\,140\,76 \cdot 10^{23}$ mol^{-1}	2019
K_{cd}	Photometrisches Strahlungsäquivalent**	683 lm/W	1979
* Hyperfeinstrukturübergang des Grundzustands des Caesium-133-Atoms ** für monochromatische Strahlung der Frequenz 540 THz (grünes Licht)			

Tabelle 2.1 Naturkonstanten als Basis für die Definition der Einheiten [wikipedia „Internationales Einheitensystem“]

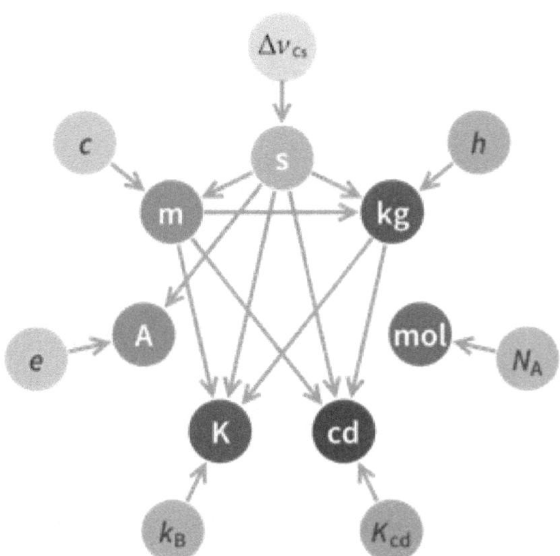

Bild 2.1 Abhängigkeiten der Definition der Einheiten von den Naturkonstanten, siehe Tabelle 2.1 [wikipedia „Internationales Einheitensystem“]

Beispielhaft soll die in unserem Zusammenhang wichtigste Einheit der Stromstärke näher erläutert werden.

Ampere (A)

Stärke eines konstanten elektrischen Stroms, der, durch zwei parallele, geradlinige, unendlich lange und im Vakuum im Abstand von 1 m voneinander angeordnete Leiter von vernachlässigbar kleinem, kreisförmigem Querschnitt fließend, zwischen diesen Leitern je 1 m Leiterlänge die Kraft $2 \cdot 10^{-7}$ Newton hervorrufen würde. (Das ist der Textauszug aus der Norm!)

Die beschriebene Anordnung wurde bereits in Abschnitt 1.4 angegeben (Bild 1.7).

Eine ältere Definition ging aus der Abscheidung des Silbers in einem *Elektrolyten* hervor *(elektrochemisches Äquivalent* Ä). Danach scheidet die Ladung $Q = 1$ A · s die Silbermasse 1,11877 mg ab. Eine A · s entsteht, wenn Strom von 1 A 1 s lang fließt. Der krumme Zahlenwert erklärt sich daraus, dass auch diese Definition aus einer anderen hervorgegangen ist. Der Faktor $2 \cdot 10^{-7}$ in der jetzt gültigen exakten Definition wurde gewählt, um in die Nähe der „Silberdefinition“ zu kommen.

Der Strom ist über eine Anordnung mit Abständen definiert. Hierzu wurden Zahlenwerte angegeben. Es ist aber auch eine andere Festlegung möglich. Man setzt in Gl. (1.21) die Konstante $K_2 = 1$. Als Basiseinheiten im cgs-System und der Anordnung nach Bild 1.7 werden die Leiter über die Länge 1 cm betrachtet und im Abstand 1 cm zueinander angeordnet.

$$F = \frac{I^2 \cdot l}{r} \qquad I_{\text{em}} = \sqrt{\frac{F \cdot r}{l}}$$

$$[I_{\text{em}}] = \sqrt{\frac{\text{g} \cdot \text{cm} \cdot \text{cm}}{\text{s}^2 \cdot \text{cm}}} = \frac{\sqrt{\text{g}} \cdot \sqrt{\text{cm}}}{\text{s}} \tag{2.9}$$

Das daraus folgende *elektromagnetische Maßsystem* ist eine Alternative zum *elektrostatischen Maßsystem*. Bei ihm ist der Strom aus der elektrostatischen Kraft zwischen zwei Ladungen in Gl. (1.10) abgeleitet, wenn die Konstante K_1 zu 1 gesetzt wird.

$$F = \frac{Q^2}{r^2} \qquad Q_{\text{es}} = r \cdot \sqrt{F} \tag{2.10}$$

$$[Q_{\text{es}}] = \text{cm}\sqrt{\text{g} \cdot \text{cm/s}^2} = \frac{\sqrt{\text{g}} \cdot \sqrt{\text{cm}} \cdot \text{cm}}{\text{s}}$$

Für den Strom ergibt sich dann

$$[I_{es}] = \left[\frac{Q_{es}}{t}\right] = \frac{\sqrt{g} \cdot \sqrt{cm} \cdot cm}{s^2} \tag{2.11}$$

Ein Vergleich beider Definitionen führt zu

$$\frac{I_{es}}{I_{em}} = c \qquad [c] = \mathrm{cm/s} \tag{2.12}$$

Die Proportionalitätskonstante c ist die Lichtgeschwindigkeit. Die elektrostatische Kraft zwischen den beiden Ladungen Q und die elektromagnetische Kraft zwischen den beiden vom Strom I durchflossenen Leitern sind gleich, wenn der Strom durch eine Ladung Q entsteht, die sich mit der Geschwindigkeit c bewegt.

Je nachdem, welches der beiden Systeme man benutzt, sind μ oder ε dimensionslos. Um einen symmetrischen Aufbau zu erhalten, setzt das *Gauß'sche Maßsystem* für μ und ε die Werte 1 (ohne Dimension) an.

Zugegeben, dies war etwas verwirrend! Zum Glück verwenden wir nach diesem Ausflug in die Physik nur noch die zuerst erklärte Basiseinheit A mit μ und ε als dimensionsbehaftete Größen.

Achtung! Der Strom ist über eine Anordnung mit festgelegten Abständen definiert. Dies könnte dazu verleiten, den Strom als abgeleitete Einheit anzusehen. Wir müssen jedoch beachten, dass die Anordnung, die zu der Definition [A] führte, rein willkürlich ist. Um zu zeigen, dass die elektrischen Einheiten nicht ohne zusätzliche Basiseinheit auskommen, machen wir ein Gedankenexperiment. Dabei müssen wir auf einige Zusammenhänge zurückgreifen, die erst in dem nächsten Abschnitt erklärt werden, aber einfach sind. Es wird als Körper ein Urwiderstand im klassischen Sinn festgelegt. Er übernimmt die Rolle des Ur-Ohm (Ω). Wegen seiner Wichtigkeit würde man es in Kaiserslautern unter dem Betzenberg aufbewahren. Mit dem Ohm'schen Gesetz und den Begriffen der elektrischen Leistung können wir schreiben

$$U = R \cdot I$$

$$P = U \cdot I = R \cdot I^2 = F \cdot \frac{l}{t} = m \cdot a \cdot \frac{l}{t} \tag{2.13}$$

$$I = \sqrt{\frac{P}{R}} = \sqrt{\frac{m \cdot a \cdot l}{t \cdot R}} \tag{2.14}$$

Der Strom ist dann eine abgeleitete Einheit aus Masse *m*, Länge *l*, Zeit *t* und Widerstand *R*. Die Beschleunigung *a* ist eine abgeleitete Größe. Die Einheit des Stroms ist danach

$$[I] = \sqrt{\frac{\text{kg} \cdot \text{m/s}^2 \cdot \text{m}}{\text{s} \cdot \Omega}} = \sqrt{\frac{\text{kg}\,\text{m}^2}{\text{s}^3\,\Omega}} \tag{2.15}$$

Ohne die Festlegung des [Ω] gibt diese Definition keinen Sinn.

Damit schließen wir das Gedankenexperiment ab. Festgelegt ist das Ampere. Diese Grundeinheit ist nach dem Franzosen André Marie Ampère (1735 bis 1836) benannt, der die Ablenkung einer Magnetnadel neben einem stromdurchflossenen Leiter beobachtete.

2.3.1 Abgeleitete Einheiten

Aus den zuvor vorgestellten Einheiten können alle weiteren abgeleitet werden. Tabelle 2.2 gibt eine Übersicht der für die Elektrotechnik wichtigsten abgeleiteten Einheiten.

Wenn Größen mit den Basiseinheiten extrem große oder kleine Zahlenwerte besitzen, ist es üblich, die *Vorsatzzeichen* aus **Tabelle 2.3** zu benutzen, z. B.

$l = 10\,000\,000\ \text{m} = 10 \cdot 10^6\ \text{m} = 10 \cdot 10^3\ \text{km} = 10\ \text{Mm}$.

Dabei ist der Ausdruck Mm unüblich. Wenn Sie Vielfache von Zehnerpotenzen angeben, sollten Sie sich auf Vielfache von 3 im Exponenten beschränken, z. B. $4 \cdot 10^3$; $0{,}3 \cdot 10^9$; $200 \cdot 10^{-6}$. Demnach ist beispielsweise cm zu vermeiden.

Jetzt sind Sie gründlich vorbereitet, um in die Elektrotechnik einzusteigen.

Größe	Benennung der Einheit	Einheitenzeichen		
elektrische Feldstärke	Ampere je Meter	A/m		
elektrische Stromdichte	Ampere je Quadratmeter	A/m^2		
elektrische Kapazität	Farad	F	C/V	$s^4 \cdot A^2/(m^2 \cdot kg)$
elektrische Ladung, Elektrizitätsmenge	Coulomb	C		$s \cdot A$
elektrische Spannung, elektrisches Potential	Volt	V	W/A	$m^2 \cdot kg/(s^3 \cdot A)$
elektrischer Leitwert	Siemens	S	A/V	$s^3 \cdot A^2/(m^2 \cdot kg)$
elektrischer Widerstand	Ohm	Ω	V/A	$m^2 \cdot kg/(s^3 \cdot A^2)$
Energie, Arbeit, Wärmemenge	Joule	J	$N \cdot m$	$m^2 \cdot kg/s^2$
Frequenz	Hertz	Hz		1/s
Induktivität	Henry	H	Wb/A	$m^2 \cdot kg/(s^2 \cdot A^2)$
Kraft	Newton	N		$m \cdot kg/s^2$
Leistung, Energiestrom	Watt	W	J/s	$m^2 \cdot kg/s^3$
Lichtstrom	Lumen	lm		$cd \cdot sr$
magnetische Flussdichte, Induktion	Tesla	T	Wb/m^2	$kg/(s^2 \cdot A)$
magnetischer Fluss	Weber	Wb	$V \cdot s$	$m^2 \cdot kg/(s^2 \cdot A)$
elektrische Feldstärke	Volt je Meter	V/m	$m \cdot kg/(s^3 \cdot A)$	
elektrische Leitfähigkeit	Siemens je Meter	S/m	$s^3 \cdot A^2/(m^3 \cdot kg)$	
Drehmoment	Newtonmeter	$N \cdot m$	$m^2 \cdot kg/s^2$	
Permeabilität, Induktionskonstante	Henry je Meter	H/m	$m \cdot kg/(s^2 \cdot A^2)$	
Permittivität, Dielektrizitätskonstante	Farad je Meter	F/m	$s^4 \cdot A^2/(m^3 \cdot kg)$	

Tabelle 2.2 Abgeleitete Einheiten der Elektrotechnik

Vorsatz	Vorsatzzeichen	Dezimalfaktor
Yocto	y	10^{-24}
Zepto	z	10^{-21}
Atto	a	10^{-18}
Femto	f	10^{-15}
Piko	p	10^{-12}
Nano	n	10^{-9}
Mikro	µ	10^{-6}
Milli	m	10^{-3}
Zenti	c	10^{-2}
Dezi	d	10^{-1}
Deka	da	10^{1}
Hekto	h	10^{2}
Kilo	k	10^{3}
Mega	M	10^{6}
Giga	G	10^{9}
Tera	T	10^{12}
Peta	P	10^{15}
Exa	E	10^{18}
Zetta	Z	10^{21}
Yotta	Y	10^{24}

Tabelle 2.3 Vorsätze und Vorsatzzeichen für dezimale Teile und Vielfache von Einheiten („SI-Vorsätze“) nach DIN 1301 [DIN 1]

3 Gleichstromkreise

Nun wollen wir voll in die Elektrotechnik einsteigen und beginnen mit dem Ohm'schen Gesetz. Anschließend erkläre ich die Berechnung eines Widerstands aus der Geometrie. Schließlich wird das nichtlineare Verhalten von stromabhängigen Widerständen beschrieben.

3.1 Ohm'sches Gesetz

Georg Simon Ohm (1789–1854) wurde in Erlangen geboren, promovierte mit 22 Jahren und war Professor in Nürnberg und München. Mit 32 Jahren erkannte er: „Ein Draht setzt dem Stromfluss einen Widerstand entgegen." Dieser *Widerstand R* erhielt zum Gedenken an ihn die Einheit Ohm [Ω].

In Abschnitt 1.2.1 hatten wir gesehen, dass ein geladener Stab in einem Leiter die Elektronen verschiebt. Diesen Vorgang des Verschiebens nennen wir *Ladungsfluss*, d. h. bewegte Ladungen pro Zeiteinheit oder *Strom*.

$$I = \frac{Q}{t} \tag{3.1}$$

Wir wollen jetzt das Bild 1.3 so erweitern, dass ein Körper 2 mit einem Überschuss an Elektronen und der Ladung Q_2 über einen Leiter L mit einem weiteren Körper 1 verbunden ist, der Elektronenmangel aufweist und die Ladung Q_1 hat (**Bild 3.1a**). Die freien Elektronen im Leiter bewegen sich in Richtung Q_1. Wenn nun der Betrachtungszeitraum klein ist, ändert sich die Anzahl der Ladungsträger in den Körpern 1 und 2 nur unwesentlich. Dies hat einen konstanten Ladungsfluss, d. h. Strom, zur Folge. Die Wirkung, die diesen Ladungsfluss hervorruft, heißt *Spannung U*. Die beiden Körper 1 und 2, in denen die Ursache für die Spannung *U* liegt, werden zusammengefasst als *Spannungsquelle Q* bezeichnet und mit den Symbolen in **Bild 3.1b** dargestellt. Treten mehrere Spannungen auf, so wird die Spannung einer Spannungsquelle mit dem Index Q versehen, z. B. U_Q. Jede Spannungsquelle hat zwei Klemmen. Dabei wird die mit dem Elektronenmangel als *Pluspol*, die andere als *Minuspol* bezeichnet. Die Stromrichtung ist von plus nach minus positiv definiert. Der Strom fließt demnach entgegen der Wanderungsrichtung der Elektronen von der

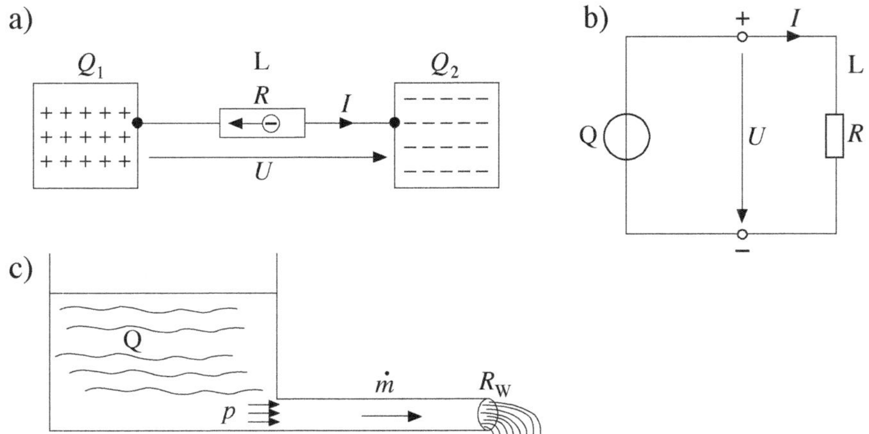

Bild 3.1 Anordnung zur Erklärung des Ohm'schen Gesetzes
a) Gerätebild, b) Schaltbild, c) mechanische Analogie

Plusklemme zur Minusklemme. Wenn die Klemmen durch Widerstände verbunden sind, entsteht ein geschlossener Kreis, in dem ein Strom fließt. Er wird *Stromkreis* genannt. Je höher die Spannung U ist, umso mehr Strom wird fließen. Je größer der Widerstand R in dem Leiter ist, umso weniger Strom fließt. Dieser Zusammenhang wird *Ohm'sches Gesetz* genannt.

Ohm'sches Gesetz

$$I = \frac{U}{R}$$

$$R = \frac{U}{I} \qquad (3.2)$$

$$U = R \cdot I$$

Einheiten:

Strom $[I]$ = A (Ampere)

Widerstand $[R]$ = Ω (Ohm)

Spannung $[U]$ = V (Volt)

Wenn alles nichts hilft, merkt man sich als Eselsbrücke den Schweizer Kanton URI oder das Dreieck

Aber das haben Sie nicht nötig.

Bitte sagen Sie niemals „Ohmi'sches Gesetz", denn der Mann hieß nicht Ohmi.

Die Einheiten sind nach den Physikern Ampère, Ohm und Graf Alessandro Volta (1745–1825) aus der Lombardei benannt. Letzterer ist durch die von ihm entwickelte Volta'sche Säule bekannt, die mit der Reihenschaltung von galvanischen Elementen eine relativ hohe Spannung erzeugt.

Das Ampere ist eine Basiseinheit, während die beiden anderen abgeleitete Größen sind. Die Einheit Volt wird im nächsten Abschnitt diskutiert; für das Ohm gilt

$$[R] = \Omega = \left[\frac{U}{I}\right] = \frac{\text{V}}{\text{A}} \tag{3.3}$$

Beispiel 3.1

Eine Starterbatterie eines Autos hat die Spannung $U = 12$ V und eine Kapazität $Q = 60$ Ah. Durch einen Fehler wird bei dem parkenden Auto im Winter die Heizung der Heckscheibe nicht abgeschaltet. Diese hat einen Widerstand von $R = 0{,}5\ \Omega$. Welcher Strom fließt? Nach welcher Zeit ist die Batterie leer?

Aus Gl. (3.2) ergibt sich

$$I = \frac{U}{R} = \frac{12\ \text{V}}{0{,}5\ \Omega} = 24\ \text{A} \tag{3.4}$$

Gl. (3.1) liefert

$$t = \frac{Q}{I} = \frac{60\ \text{Ah}}{24\ \text{A}} = 2{,}5\ \text{h} \tag{3.5}$$

Wenn Sie nach dieser Zeit zurückkommen, wird Ihnen auch im Winter warm – durch das Anschieben.

Als mechanische Analogie zum Ohm'schen Gesetz kann man den Wasserfluss in Rohren sehen (**Bild 3.1c**). Ein Druck p in dem Wasserbehälter Q erzeugt einen Massenstrom $\dot{m}$, der umso geringer ist, je größer der Wasserwiderstand des Rohrs R_W ist.

❑ $$\dot{m} = \frac{p}{R_W} \tag{3.6}$$

■ ***Beispiel 3.2***

Wie groß ist der Widerstand einer Wasserleitung, die bei einem Druckunterschied von $p = 1$ bar einen Massenstrom von $\dot{m} = 10$ l/min transportiert?

Hier gibt es einige Probleme mit den Einheiten, sodass wir den Umgang mit Einheiten üben können. Gl. (3.6) liefert

$$R_W = \frac{p}{\dot{m}} = \frac{1\,\text{bar}}{10\,\text{l/min}} = \frac{10\,\text{N/cm}^2}{10\,\text{dm}^3/\text{min}}$$

$$= \frac{10\,\text{kg m} \cdot 60\,\text{s}}{\text{s}^2 10^{-4}\,\text{m}^2 \cdot 10 \cdot 10^{-3}\,\text{m}^3} = 6 \cdot 10^8\,\frac{\text{kg}}{\text{m}^4}$$

Sie erkennen die Analogie?

Übrigens: Die genormte Einheit des Drucks ist das Pascal; 1 Pa = 1 N/m^2 =
❑ 10^{-5} bar.

Wir haben jetzt den Widerstand R in (Ω) kennen gelernt. Für viele Anwendungen ist es zweckmäßig, den Kehrwert des Widerstands zu benutzen, er heißt *Leitwert G* und hat die Einheit *Siemens* (S).

Gl. (3.2) geht dann über in

$$\begin{aligned} I &= G \cdot U \\ U &= \frac{I}{G} \\ [G] &= \Omega^{-1} = \text{S} \end{aligned} \tag{3.7}$$

In der angelsächsischen Literatur verwendet man anstelle der Abkürzung [S] den Ausdruck [MHO] (OHM rückwärts gelesen). Der Namensgeber der Einheit, Werner von Siemens (1816–1892) aus Hannover, ist im Wesentlichen durch die von ihm gegründete Firma bekannt. Neben vielen bahnbrechenden Erfindungen gelangen ihm unternehmerische Leistungen bei der Telegrafie, beim Verlegen von Seekabeln und beim Bau von großen Generatoren.

3.2 Leistung und Energie

Die *Energie* W, die benötigt wird, um einen Ladungsträger durch einen Leiter zu transportieren, ist umso größer, je geringer die Beweglichkeit der freien Ladung ist, d. h. die Energie wächst mit der notwendigen Spannung U. Die Energie nimmt ebenfalls mit der Zahl der zu transportierenden Ladungsträger und damit der Ladung Q zu.

Energie und Leistung

$$W = Q \cdot U = I \cdot U \cdot t \tag{3.8}$$

Energie pro Zeiteinheit ist die *Leistung P*.

$$P = \frac{W}{t} = U \cdot I \tag{3.9}$$

Als abgeleitete Einheit der Leistung wird das *Watt (W)* eingeführt.

$$[P] = [U \cdot I] = \mathrm{V} \cdot \mathrm{A} = \mathrm{W}$$

Diese Einheit erinnert an James Watt (1738–1819). Der Schotte erlangte seinen Ruhm durch den Bau der ersten funktionsfähigen Dampfmaschine mit Kondensator, die er auch mit einer Drehzahlregelung versah. Er war Maschinenbauer, mit der Elektrotechnik hat er sich kaum beschäftigt.

Als Bezeichnung für die Energie wird häufig auch Arbeit verwendet. Das verleitet mich zu der Frage: Ein Student benötigt 17 Semester für das Studium, eine Studentin zieht es in zehn Semestern durch. Wer arbeitet mehr und wer leistet mehr? Mit der Leistung ist das klar: die Studentin. Mit der Arbeit ist es problematisch: In erster Näherung arbeiten beide gleich viel. Genau betrachtet arbeitet aber der Student mehr. Er lernt vieles, das er während der langen Studienzeit wieder vergisst und noch einmal lernen muss. Fazit: Studieren Sie zügig!

Als Einheit für die Energie sind uns aus der Mechanik das *Newton-Meter Nm* bekannt und aus der Thermodynamik das *Joule J*. Beide sind definitionsgemäß gleich der Ws. Aus ihr folgt die Einheit der Leistung:

$$1\,\mathrm{Ws} = 1\,\mathrm{Nm} = 1\,\mathrm{J} = 1\frac{\mathrm{kg\,m^2}}{\mathrm{s^2}} \qquad 1\,\mathrm{W} = 1\frac{\mathrm{kg\,m^2}}{\mathrm{s^3}} \tag{3.10}$$

Das Watt ist demnach nur aus den mechanischen Grundeinheiten definiert. Man kann auch ohne Elektrotechnik etwas leisten.

Mit Gl. (3.9) ist nun die Einheit der Spannung zu bestimmen:

$$[U]=\left[\frac{P}{I}\right]=\frac{\mathrm{W}}{\mathrm{A}}=\frac{\mathrm{kg\,m^2}}{\mathrm{s^3\,A}}=\mathrm{V} \qquad (3.11)$$

Damit ist das Volt definiert. Sie erinnern sich an das vorhergehende Kapitel. Neben der Einheit Ws bzw. Joule (J) ist die Einheit kWh als Energiemaß üblich.

$$1\,\mathrm{kWh}=10^3\cdot 3600\,\mathrm{Ws}=3{,}6\cdot 10^6\,\mathrm{Ws}=3{,}6\cdot 10^6\,\mathrm{J} \qquad (3.12)$$

Sie haben jetzt eine Reihe neuer Begriffe gelernt, die erst einmal zu verdauen sind. Deshalb folgen einige Beispiele und Aufgaben.

■ ***Beispiel 3.3***

Aus Beispiel 3.1 sind die Leistung der Heckscheibenheizung und der Energieinhalt der Batterie zu berechnen.

Die Gln. (3.8) und (3.9) liefern

$$P=U\cdot I=12\,\mathrm{V}\cdot 24\,\mathrm{A}=288\,\mathrm{VA}=288\,\mathrm{W}$$

$$W=P\cdot t=288\,\mathrm{W}\cdot 2{,}5\,\mathrm{h}=720\,\mathrm{Wh}=720\,\mathrm{W}\cdot 3600\,\mathrm{s}=2{,}592\cdot 10^6\,\mathrm{Ws} \qquad (3.13)$$

oder

$$W=Q\cdot U=60\,\mathrm{Ah}\cdot 12\,\mathrm{V}=720\,\mathrm{Wh}=0{,}720\,\mathrm{kWh}$$

Wie viele Batterien benötige ich, um die gleiche Energie zu speichern, die ein 60-Liter-Tank Benzin enthält? Die Energie von Benzin ist $W' = 10\,\mathrm{kWh/l}$.

$$n=\frac{Q_{\mathrm{Tank}}\cdot W'}{W_{\mathrm{Batterie}}}=\frac{60\,\mathrm{l}\cdot 10\,\mathrm{kWh/l}}{0{,}72\,\mathrm{kWh}}=833$$

Dies gibt ein schiefes Bild für die Elektrofahrzeuge. Das Benzin wird vom Ottomotor nur halb so gut ausgenutzt wie der Strom vom Elektromotor. ❑

Aufgabe 3.1

In der Bundesrepublik wird im Durchschnitt eine elektrische Leistung von $P = 70\,000$ MW Strom verbraucht. Welche Energie ist dies im Jahr? Wie groß ist der finanzielle Wert K der Energie bei einem Preis von $k = 0{,}05$ EUR/kWh?

Ein Teil dieser Leistung soll über HGÜ von Norwegen nach Deutschland übertragen werden. Hierzu wählen wir die 2021 in Betrieb gegangene 570 km lange ± 525 kV Leitung NordLink aus, die $P = 1\,400$ MW übertragen kann. Welchen Anteil der deutschen Stromversorgung übernimmt die Leitung? Welchen Strom muss die Leitung übertragen? Wie groß sind die Verluste bei einem Wirkungsgrad $\eta = 0{,}95$?

Nun wollen wir in der Leistung etwas bescheidener werden.

Aufgabe 3.2

Die Heizung eines Einfamilienhauses hat eine Zirkulationspumpe, die 50 W benötigt. Im Sommerhalbjahr wird vergessen, sie abzuschalten. Was kostet dies bei Stromkosten $k = 0{,}1$ EUR/kWh?

Beispiel 3.4

Ein Blitz hat bei der Spannung 20 MV den Strom 30 kA und steht 50 µs an. Welche Leistung – verglichen mit dem Leistungsbedarf der Bundesrepublik – hat der Blitz? Welche Energie besitzt er? Welchen Wert stellt die Energie dar?

Leistung und Energie sind leicht zu berechnen.

$$P = U \cdot I = 20\ \text{MV} \cdot 30\ \text{kA} = 600 \cdot 10^9\ \text{W} = 600\ \text{GW} \tag{3.14}$$

$$\begin{aligned} W &= P \cdot t = 600 \cdot 10^9\ \text{W} \cdot 50 \cdot 10^{-6}\ \text{s} = 30 \cdot 10^6\ \text{Ws} \\ &= 30 \cdot 10^6 \cdot \frac{1}{3{,}6 \cdot 10^6}\ \text{kWh} = 8{,}3\ \text{kWh} \end{aligned} \tag{3.15}$$

Dieses Ergebnis müssen wir noch mit dem Leistungsbedarf der Bundesrepublik vergleichen. Dazu fehlen die Zahlenangaben. Aber ein guter Ingenieur (und ein solcher wollen Sie ja werden!) hat immer ein paar Eckdaten im Kopf, aus denen er zumindest Schätzwerte ableiten kann. So haben wir in einer Aufgabe den mittleren Leistungsbedarf Deutschlands genannt

$$P_\text{D} = 50\,000\ \text{MW} = 50\ \text{GW}$$

$$\frac{P}{P_\text{D}} = \frac{600}{50} = 12 \tag{3.16}$$

Wir können also mit dem Blitz zwölfmal die Bundesrepublik versorgen. Gigantisch! Aber nur 50 µs lang! Die Energie ist gering. Aus unserer Stromrechnung wissen wir, dass 1 kWh etwa 0,1 EUR kostet. Damit ist der Wert des Blitzes

$$K = 8{,}3\ \text{kWh} \cdot 0{,}1\ \text{EUR/kWh} = 0{,}8\ \text{EUR} \tag{3.17}$$

Dieser Betrag ist eher zu hoch angesetzt. Strom wird im EVU-Bereich mit 0,03 EUR/kWh gehandelt, wenn er nicht zeitgerecht geliefert wird, d. h. zu der Zeit, zu der Bedarf besteht. ❑

Nun wollen wir noch zwei Gleichungen ableiten, die von Nutzen sind, wenn Widerstand und Spannung oder Strom gegeben sind. Gl. (3.2) in Gl (3.9) eingesetzt liefert:

Elektrische Leistung

$$P = U\,I = U \cdot \frac{U}{R} = \frac{U^2}{R} = G \cdot U^2$$

$$P = U\,I = I \cdot R \cdot I = I^2 \cdot R \tag{3.18}$$

Bei der Umsetzung von Energie ist der *Wirkungsgrad* η von großer Bedeutung. Geräte wandeln im Allgemeinen eine zugeführte Leistung in eine andere Form um. So formt ein Kohlekraftwerk die chemisch gebundene Energie in elektrische Energie um, ein Elektromotor wandelt elektrische Energie in mechanische Energie um, ein Stromrichter macht aus Wechselstromenergie Gleichstromenergie. Bezeichnet man die zugeführte Energie mit W_{zu} und die in der gewünschten Form abgegebene Energie mit W_{ab}, so ergibt sich der Wirkungsgrad η. Wenn die Maschine keine Speicherwirkung hat, gilt dies auch für die Leistung.

Wirkungsgrad

$$\eta = \frac{W_{ab}}{W_{zu}} = \frac{P_{ab}}{P_{zu}} \tag{3.19}$$

Die Endung „-grad“ deutet an, dass es sich um einen Bruchteil, also eine Zahl kleiner als 1 handelt. Man gibt den Wirkungsgrad in bezogenen Größen, z. B. $\eta = 0{,}3$, oder in Prozent, z. B. $\eta = 30\ \%$, an.

Bei einem Kohlekraftwerk kommt Kohle, die ich bezahlen muss, hinein und Strom, den ich verkaufen kann, heraus. Es errechnet sich ein Wirkungsgrad von z. B. $\eta = 0{,}4 \mathrel{\hat{=}} 40\ \%$. Die Abwärme, die im Fluss landet, wird nicht genutzt und deshalb nicht mitgerechnet. Beim Solarkraftwerk kommt Sonne, die nichts kostet, hinein. Damit ergäbe sich ein Wirkungsgrad unendlich. Als zugeführte Energie zählt hier die Energie der Sonnenstrahlung. So ergibt sich ein Wirkungsgrad von z. B. $\eta = 0{,}15$. Eine Wärmepumpe, die mechanische Energie W_{mech} benötigt und Wärmeenergie W_1 aus der Umgebung abzieht, liefert die Wärmeenergie W_2 auf einem höheren Temperaturniveau. Die Wirkungsgradberechnungen liefern dann z. B. $\eta = W_2/W_{mech} = 3$.

Der Wert über 1 ist nur möglich, weil die Wärme W_1 nicht mitgezählt wird. Im Übrigen spricht man bei Wärmepumpen nicht von Wirkungsgrad, sondern von der *Leistungsziffer*.

Bei der Angabe eines Wirkungsgrads ist es wichtig, die als zu- und abgeführte Energie definierten Größen zu benennen.

Übliche Wirkungsgrade für Kleingeräte, z. B. Bohrmaschinen, liegen bei 50 %. Großmaschinen wie Generatoren und Transformatoren erreichen 98 % bis 99 %.

Ich garantiere Ihnen: Die Zusammenhänge, die Sie in diesem Abschnitt gelernt haben, werden Sie noch häufig verwenden. Verdauen Sie sie erst einmal!

Aufgabe 3.3

Das Dach eines Einfamilienhauses ist mit $A = 30\ \text{m}^2$ Solarzellen bedeckt. Die Spitzenleistung der Sonne beträgt $P_S = 1\ \text{kW/m}^2$, die im Mittel aber nur $m = 10\ \%$ des Jahrs ansteht. Die Zellen liefern nur $\eta = 15\ \%$ der eingesetzten Energie als Strom. Wie viel elektrische Energie wird im Jahr bereitgestellt ($k = 0{,}1$ EUR/kWh)?

3.3 Zählpfeilsystem

Die Schaltung in Bild 3.1b wird in zwei Teile aufgetrennt: die Elemente Q und L (**Bild 3.2a**). Das Element Q ist eine Spannungsquelle, an deren Klemmen die Spannung U_Q liegt und die einen Strom I_Q liefert. Dabei zeigt der Spannungspfeil von Plus nach Minus, der Strom fließt aus der Plus-Klemme heraus und in die Minus-Klemme hinein. Diese Darstellung nennt man

Erzeugerzählpfeilsystem

Das Element L ist eine Last für die Spannungsquelle und besitzt ebenfalls zwei Klemmen, an denen eine Spannung U_L anliegt. Spannungsquelle und Last haben jeweils zwei Klemmen und werden deshalb *Zweipole* oder *Zweitore* genannt. Die Last hat einen Widerstand R, der entsprechend dem

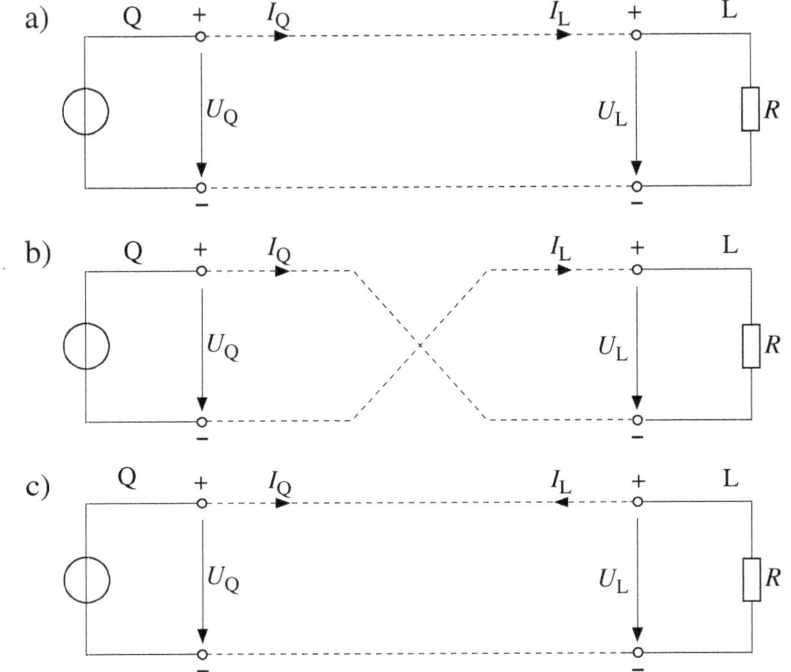

Bild 3.2 Zählpfeilsystem
a) Erzeuger- und Verbraucherzählpfeilsystem, b) Vertauschen der Anschlussklemmen, c) Erzeugerzählpfeilsystem

Ohm'schen Gesetz einen Strom I_L verursacht. Der Pfeil des Stroms ist an der oberen Klemme in das Element hinein gerichtet. Man spricht deshalb vom

Verbraucherzählpfeilsystem

Mit den Buchstaben L und R kann es Verwirrung geben. L bezeichnet das Element Last und R den Widerstandswert dieser Last. Häufig ist diese Doppelbezeichnung nicht notwendig, um Klarheit zu schaffen. Man kennzeichnet dann das Element wie den Widerstand mit R. Bei mehreren Widerständen in einer Schaltung werden Indizes hinzugefügt, z. B. R_1 oder R_L. Da L für Last kein Formelzeichen ist, wird es auch nicht kursiv geschrieben. Bei R kann man sich streiten, ob neben dem Widerstandssymbol ein R für das Bauelement oder ein R für das Formelzeichen Widerstand steht. Der Autor wollte R schreiben und der Verlag R. Sie sehen, wer die bessere Position hat.

Nun sind beide Elemente, wie die gestrichelten Linien anzeigen, miteinander verbunden. Damit erzwingen wir:

$$U_L = U_Q = U$$

$$I_L = I_Q = I$$

Wenn nun mit Zahlen gerechnet wird, ergeben sich bei den gewählten Zählpfeilsystemen nur positive Werte, z. B. $U = 10$ V, $I = 5$ A. (Wie groß ist der Widerstand R?)

Ein Blick auf die Bilder 3.1a und 3.1b sowie 3.2a zeigt:

> **Stromrichtung**
>
> Der Strom fließt beim Erzeugerzählpfeilsystem aus den positiven Klemmen heraus und beim Verbraucherzählpfeilsystem in die positiven Klemmen hinein.

Wenn nun die Last so angeschlossen wird, wie in **Bild 3.2b** gezeigt, gilt die Beziehung:

$$U_L = -U_Q = -10\text{ V} \qquad I_L = -I_Q = 5\text{ A}$$

$$R = \frac{U_L}{I_L} = \frac{-10\text{ V}}{-5\text{ A}} = 2\,\Omega$$

Bei Schaltungen mit mehreren Widerständen und Spannungsquellen ist nicht immer bekannt, in welcher Richtung der Strom fließt. Man wählt dann die Zählpfeile einheitlich nach einem System für alle Zweipole, z. B. entsprechend **Bild 3.2c**. In diesem Fall werden für die Quelle und die Last des Erzeugerzählpfeilsystems angesetzt:

$$U_L = U_Q = 10\text{ V} \qquad I_L = -I_Q = -5\text{ A}$$

Das Ganze verwirrt etwas. Deshalb sollten Sie die Zählpfeile stets nach einem bestimmten System festlegen und immer die Vorzeichen beachten. Der Satz

Vorzeichen ist Glückssache

stimmt nicht.

Probleme mit Vorzeichen sind ein Zeichen mangelnder Sorgfalt.

3.4 Ohm'sches Gesetz in spezifischer Form

Wir legen an einen leitenden Körper L mit den Abmessungen $l \times b \times h$ eine Spannung U an (**Bild 3.3**). Auf Grund seines Widerstands R ergibt sich ein Strom I. In dem homogenen Innern wird die Spannung kontinuierlich abgebaut. So ergibt sich eine spezifische Spannung:

$$E = \frac{U}{l} \qquad [E] = \frac{\text{V}}{\text{m}} \tag{3.20}$$

Diese wird als *elektrische Feldstärke E* bezeichnet. Sie erinnern sich an Abschnitt 1.3? Der Strom ist gleichmäßig über die Fläche $A = b \times h$ verteilt. Pro Flächeneinheit ergibt sich ein spezifischer Strom, der als *Stromdichte J* bezeichnet wird.

$$J = \frac{I}{A} \qquad [J] = \text{A}/\text{m}^2 \tag{3.21}$$

Teilt man die beiden spezifischen Größen durcheinander, so ergibt sich ein *spezifischer elektrischer Widerstand ρ (Resistivität).*

$$\rho = \frac{E}{J} \tag{3.22}$$

Der Kehrwert ist der *spezifische Leitwert* γ (früher χ) bzw. die *Leitfähigkeit.* Diese Größe haben Sie bereits in Abschnitt 1.2.1 kennen gelernt. Gl. (3.22)

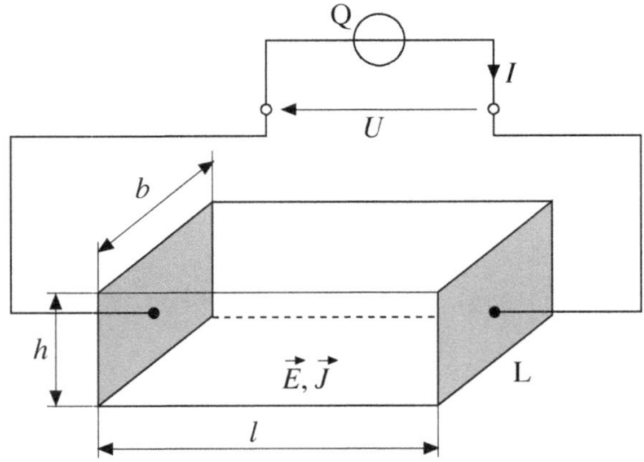

Bild 3.3 Zum Ohm'schen Gesetz in spezifischer Form

ist das Ohm'sche Gesetz für einen Punkt im Körper. Es gilt für ein Material, im Gegensatz zum Ohm'schen Gesetz $R = U/I$, das für ein Element (Bauteil, Körper) gilt.

In der rechteckigen Anordnung nach Bild 3.3 sind Feldstärke und Stromdichte an jedem Punkt gleich. In ihr bauen sich homogene Felder auf. Bei nicht rechteckigen Körpern, z. B. einem zylindrischen Rohr, die aus einem Material bestehen, dessen spezifischer Widerstand überall gleich ist, sind die spezifischen Größen E und J jedoch ortsabhängig. In ihnen bauen sich inhomogene Felder auf. Handelt es sich um ein inhomogenes Material, so wird auch der spezifische Widerstand ρ ortsabhängig. Dies führt auch bei rechteckförmigen Körpern zu inhomogenen Feldern.

Wenn die Geometrie des Körpers und die Materialkonstante ρ bzw. γ des Stoffs vorgegeben sind, kann man den Widerstand des Elements berechnen. Hierzu werden die Gln. (3.20) und (3.21) in Gl. (3.22) eingesetzt.

$$\rho = \frac{E}{J} = \frac{U \cdot A}{l \cdot I}$$

$$\frac{U}{I} = R = \frac{\rho\, l}{A} = \frac{l}{\gamma\, A} \tag{3.23}$$

Diese Gleichung ist leicht einzusehen. Der Widerstand wird größer, wenn man den Leiter länger und dünner macht.

Beispiel 3.5

Welchen Widerstand hat ein Kupferleiter von 100 m Länge und dem Querschnitt 1,5 mm^2?

$$R = \frac{l}{\gamma A} = \frac{100\text{ m mm}^2}{56\,\text{Sm} \cdot 1{,}5\,\text{mm}^2} = 1{,}2\,\Omega \tag{3.24}$$

Sie sehen den Vorteil der etwas eigenartigen Einheit für den spezifischen Leitwert. In SI-Einheiten gerechnet ergibt sich für Kupfer

$$\gamma = 56\,\frac{\text{S m}}{\text{mm}^2} = 56 \cdot 10^6\,\frac{\text{S}}{\text{m}}$$

$$\rho = \frac{1}{\gamma} = 0{,}0178\,\frac{\Omega\text{mm}^2}{\text{m}} = 17{,}8 \cdot 10^{-9}\,\Omega\text{m}$$

Aufgabe 3.4

Eine Waschmaschine wird über eine 50 m lange Leitung mit 1,5 mm^2 Querschnitt an die Spannung $U_n = 230$ V angeschlossen. Wie groß ist die Spannung bei einer Heizleistung von $P_r = 3$ kW.

3.5 Widerstand als Bauelement

Der Widerstand eines Körpers kann erwünscht sein, um einen bestimmten Zusammenhang zwischen Strom und Spannung zu erreichen oder einfach zu heizen. Er kann aber auch unerwünscht sein, weil er in einem Betriebsmittel Verluste erzeugt, die in Form von Wärme freigesetzt werden. Diese Verluste verursachen Stromkosten und führen unter Umständen zu einer Beeinträchtigung des Betriebsverhaltens. Wird die Verlustwärme nicht hinreichend abgeführt, wächst die Temperatur des Leiters an. Dies kann zu Schäden in der Isolation führen. Die Verluste begrenzen die mögliche Bauleistung von Generatoren, die Rechenleistung von integrierten Schaltkreisen und die Schaltfrequenz von Transistoren.

Ich will zunächst etwas über den Aufbau von Widerständen bringen und dann deren Temperaturverhalten diskutieren.

3.5.1 Ausführungsformen von Widerständen

Alle Abhängigkeiten des Widerstands von dem Material, dem Querschnitt und der Länge werden genutzt, um spezielle Widerstandswerte zu realisieren. Ein *Drahtwiderstand* besteht aus einem *Metalldraht*, der im Allgemeinen auf einen Keramikkörper gewickelt ist (**Bild 3.4a** und **Bild 3.4b**). Um einen Stromfluss zwischen den Windungen zu vermeiden, ist der Draht isoliert, gegebenenfalls durch Luft, d. h. die Windungen werden mechanisch auf Abstand gehalten. Typische Vertreter sind die Heizspiralen in einem Haartrockner oder Heizlüfter. Um kurze Widerstandsdrähte zu erhalten, wird als Material meistens eine Legierung mit einem hohen spezifischen Widerstand verwendet. Eine weitere Forderung ist beispielsweise die Temperaturkonstanz, die im nächsten Abschnitt diskutiert wird.

Der Widerstand erwärmt sich durch die Verluste. Sie können über Kühlrippen abgeführt werden (Bild 3.4b). Um eine Überhitzung zu vermeiden, ist die zulässige Leistung begrenzt. Schließlich ist bei einem Widerstand noch die Genauigkeit, mit der er den angegebenen Wert einhält, von Bedeutung. In diese Genauigkeit gehen die Fertigungstoleranzen ebenso wie sein Tem-

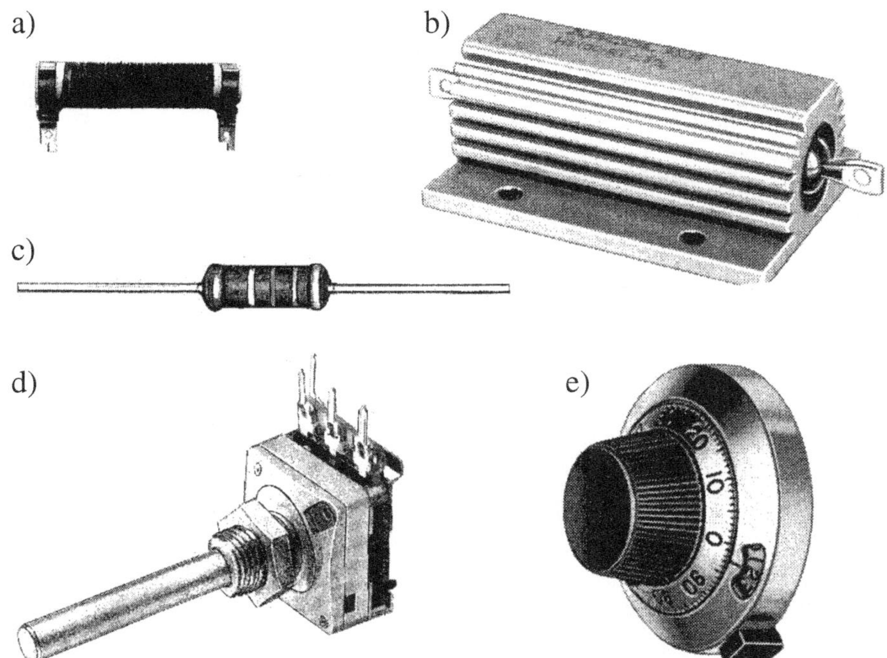

Bild 3.4 Widerstände

a) Drahtwiderstand offen, 10 W, b) Drahtwiderstand in Keramik mit Kühlrippen, 100 W, c) Metallschichtwiderstand, 0,5 W, d) Potentiometer, 0,1 W, e) Drehkopf für Potentiometer mit bis zu zehn Umdrehungen

peraturverhalten ein. Da die *Wärmeabgabe* von Widerständen auch die Nachbarelemente beeinflusst, ist bei der Konstruktion einer Schaltung auf deren thermisches Verhalten zu achten. Man unterscheidet natürliche oder *forcierte Kühlung*, z. B. durch Lüfter. Sehen Sie sich Ihren PC oder den Verstärker Ihrer Stereoanlage daraufhin einmal an. Aber bitte nicht **mehr** auseinander schrauben, als Sie wieder zusammensetzen können. Und: Vorher unbedingt den Netzstecker ziehen!

Es sind also drei Angaben bei einem Widerstand wichtig:

Wert, Toleranz und Leistung
8 Ω ± 1 %   7 W

	1. Ring 1. Ziffer	2. Ring 2. Ziffer	3. Ring 3. Ziffer	4. Ring Multiplikator	5. Ring Toleranz
Farbe	**1. Ziffer**	**2. Ziffer**	**3. Ziffer**	**Anzahl der Nullen**	**Toleranz**
silber				×0,01	± 10 %
gold				×0,1	± 5 %
schwarz		0	0	0	
braun	1	1	1	1	± 1 %
rot	2	2	2	2	± 2 %
orange	3	3	3	3	
gelb	4	4	4	4	
grün	5	5	5	5	± 0,5 %
blau	6	6	6		
violett	7	7	7		
grau	8	8	8		
weiß	9	9	9		

Beispiel 1: gelb schwarz rot rot braun = 40 200 Ω = 40,2 kΩ 1 %
Beispiel 2: rot gelb orange braun braun = 2 430 Ω = 2,43 kΩ 1 %
Beispiel 3: braun rot violett gelb braun = 1 270 000 Ω = 1,27 MΩ 1 %

$R \mathrel{\hat{=}} \Omega$ Diese Buchstaben wandern in der
$\mathrm{k} \mathrel{\hat{=}} \mathrm{k}\Omega$ Wertbereichsangabe und symbolisieren
$\mathrm{M} \mathrel{\hat{=}} \mathrm{M}\Omega$ somit die Kommastelle.

Bild 3.5 Farbcodierung für Metallschichtwiderstände

Widerstände für geringere Leistung werden häufig aus Keramikzylindern, die mit Metall oder Kohlenstoff beschichtet sind, gefertigt (**Bild 3.4c**). Bei ihnen sind Widerstandswerte und Toleranzen durch Farbcodierungen angegeben (**Bild 3.5**). Einstellbare Widerstände gibt es mit definierten Anzapfungen oder als kontinuierliche *Drehpotentiometer* (**Bild 3.4d**). Letztere können einen linearen oder nichtlinearen Zusammenhang zwischen Drehwinkel und Widerstandswert haben. Solche Drehpotentiometer haben drei Anzapfungen. Zwischen den äußeren beiden liegt der gesamte Widerstand. Zwischen einer äußeren und der mittleren Anzapfung wird ein Anteil des Widerstands entsprechend der Einstellung abgegriffen. Zur definierten Einstellung gibt es Drehknöpfe (**Bild 3.4e**), die teilweise über mehreren Umdrehungen einzustellen sind.

Unter allen Einsendern verlosen wir quartalsweise zwei attraktive Geschenke:

(Bitte kreuzen Sie Ihren Wunschgewinn an)

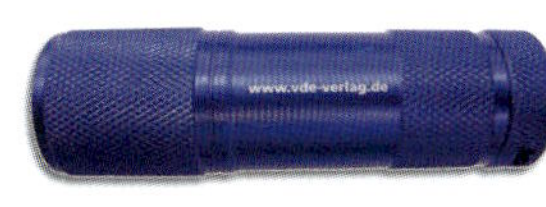

☐ LED-Leuchte

☐ Umhängetasche

Firma ____________________ Abteilung ____________________

Name ____________________ Vorname ____________________

Straße ____________________ PLZ ________ Ort ____________

Land ____________________ E-Mail ____________________

Telefon ____________________ Fax ____________________

Artikel-Nr. 950197 / Werb-Nr. 201141

Das Porto übernimmt der VDE VERLAG für Sie!

VDE VERLAG GMBH
Marketing Buchverlag
Bismarckstr. 33
10625 Berlin

3.5.2 Temperaturabhängigkeit der Widerstände

In Abschnitt 1.2 wurde bereits erläutert, dass sich die Leitfähigkeit eines Materials mit der Temperatur ändert (**Bild 3.6a**). Für viele Materialien besteht zwischen Temperatur und Widerstand im Bereich der Umgebungstemperatur $\vartheta_{20} = 20\ °\mathrm{C}$ ein annähernd linearer Zusammenhang, der sich für ein Material bzw. einen Körper (Element, Betriebsmittel) durch folgende Beziehung beschreiben lässt (**Bild 3.6b**):

$$\rho = \rho_{20}\left[1+\alpha_{20}\left(\vartheta-\vartheta_{20}\right)\right]$$
$$R = R_{20}\left[1+\alpha_{20}\left(\vartheta-\vartheta_{20}\right)\right] \qquad (3.25)$$

Der Faktor α_{20} legt die Tangente an die Kurve $R(\vartheta)$ bei $\vartheta = \vartheta_{20} = 20\ °\mathrm{C}$ ($T_{20} = 293\ \mathrm{K}$).

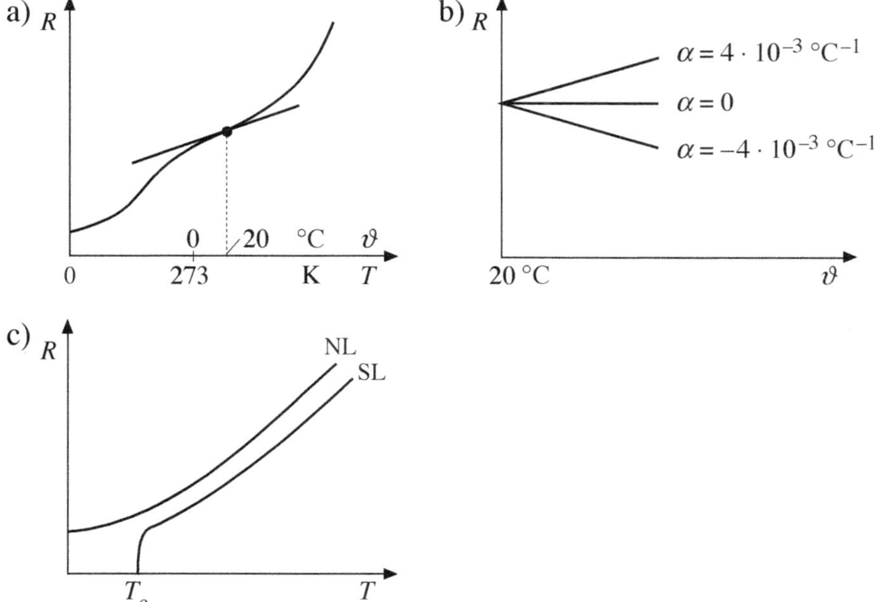

Bild 3.6 Temperaturabhängigkeit von Widerständen
a) nicht linearer Fall, b) lineare Näherung, c) Supraleitung
NL: Normalleiter, SL: Supraleiter

Sie merken es: T ist das Formelzeichen für die Temperatur in Kelvin K und ϑ für die Temperatur in Grad Celsius °C.

Um das Temperaturverhalten eines Leitungsmaterials genauer zu beschreiben, kann man Gl. (3.25) um einen quadratischen Term erweitern. Sie erinnern sich an die Tylorreihen?

$$\rho = \rho_{20}\left[1+\alpha_{20}\left(\vartheta-\vartheta_{20}\right)+\beta_{20}\left(\vartheta-\vartheta_{20}\right)^2\right] \tag{3.26}$$

Die meisten Metalle haben einen *Temperaturkoeffizienten* $\alpha_{20} = 4 \cdot 10^{-3}\ \mathrm{K}^{-1}$. Dies führt zu einer Verdopplung des Widerstands bei einer Temperaturerhöhung um 250 K. Zum Bau von Widerständen wird häufig die Legierung *Konstantan* (Cu, Ni, Zn) verwendet, deren geringer Temperaturkoeffizient $\alpha_{20} = 0{,}0035 \cdot 10^{-3}\ °\mathrm{C}^{-1}$ weitgehend konstante Widerstandswerte sicherstellt.

Materialien, die im üblichen Betriebsbereich einen positiven Temperaturkoeffizienten besitzen, nennt man *Kaltleiter*. Solche mit einem negativen Koeffizienten werden sinngemäß als *Heißleiter* bezeichnet (**Bild 3.6b**).

NTC	Negative Temperature Coefficient
PTC	Positive Temperature Coefficient

Diese Bezeichnungen verwendet man im Allgemeinen nur für Material, bei dem bewusst eine starke Temperaturabhängigkeit gezüchtet wurde, um beispielsweise über den Widerstand eine Temperatur zu messen.

Spezielle Kaltleiter, z. B. aus $BaTiO_3$, erhöhen ihren Widerstand sprungartig um bis zu fünf Zehnerpotenzen, wenn sie durch Temperaturerhöhung ihre Gitterstruktur ändern. Man kann sie zur Strombegrenzung einsetzen.

Heißleiter, z. B. auf der Basis von Zinkoxidgemischen, sind als Überspannungsbegrenzer (Varistoren) einzusetzen. Dies wird später erklärt.

Die Temperaturabhängigkeit ist an einem Zahlenbeispiel zu verdeutlichen. Hierbei wird ein exponentieller Anstieg des Widerstands angenommen.

$$R = R_\mathrm{N}\ \mathrm{e}^{B\left(\frac{1}{T}-\frac{1}{T_\mathrm{N}}\right)}$$

$T_\mathrm{N} = 300\ \mathrm{K} \qquad B = 5000\ \mathrm{K}$

$T = 300\ \mathrm{K}\ (\hat{=}\ \vartheta = 27\ °\mathrm{C}) \rightarrow R = R_\mathrm{N}$

$T = 310\ \mathrm{K} \qquad \rightarrow R = 0{,}58\ R_\mathrm{N}$

$T = 290\ \mathrm{K} \qquad \rightarrow R = 1{,}78\ R_\mathrm{N}$

3.5.3 Leitfähigkeit

In der Umgebung des absoluten Nullpunkts $T = 0$ K ($\vartheta = -273$ °C) haben Metalle einen sehr kleinen Widerstand, bei einigen Materialien verschwindet er vollständig. Diese nennt man *Supraleiter*. Der Punkt, bei dem die Supraleitung entsteht, wird als *Sprungtemperatur* T_c bezeichnet (**Bild 3.6c**). Sie liegt z. B. für Nb_3Sn bei $T_c = 19$ K. Wichtig ist, dass die Sprungtemperatur über $T = 4$ K liegt. Dies ist die Verdampfungstemperatur des Kühlmittels Helium. Wenn durch eine Störung die entwickelte Wärme größer wird, verdampft das Helium und trägt durch seine Verdampfungswärme zur Kühlung bei. Angewendet wird die Supraleitung hauptsächlich zur Erzeugung großer Magnetfelder, die z. B. als Energiespeicher dienen. Das Titelbild des vorliegenden Bands zeigt einen solchen Magnetspeicher, der beispielsweise kurze Versorgungsunterbrechungen von Rechneranlagen überbrückt.

Der *Kühlaufwand* bei der Supraleitung ist beträchtlich, wie aus dem thermodynamischen Wirkungsgrad hervorgeht.

$$\eta_{\text{carnot}} = \frac{T_{\text{zu}} - T_{\text{ab}}}{T_{\text{zu}}} = \frac{(273+20)-4}{273+20} = -0{,}99 \qquad (3.27)$$

Der enorme Kühlaufwand bleibt jedoch bei Kabeln oder Spulen unter den Stromwärmeverlusten von Betriebsmitteln aus Normalleitern. Einen Technologiesprung erwartet man durch die *Hochtemperatursupraleitungen HTS*. Bei solchen Leitern liegt die Sprungtemperatur T_c über 70 K, dem Siedepunkt des *Stickstoffs*. Neben dem geringen Kühlaufwand ist hier der Preisvorteil des Stickstoffs gegenüber Helium ausschlaggebend. Derartige Materialien sind bereits herstellbar. In ihrer praktischen Anwendung gibt es jedoch Probleme. Wenn wir schon bei den Problemen sind, soll noch eins genannt werden: Die Sprungtemperatur sinkt durch das Magnetfeld ab, das z. B. der Strom im Leiter selbst erzeugt. Deshalb ist die Stromtragfähigkeit eines Supraleiters begrenzt. Kommt es durch einen zu hohen Strom zur Widerstandsleitung, dem so genannten *Quench*, muss eine Schutzeinrichtung sofort eingreifen.

Übrigens: Wir haben von den Verlusten in den Widerständen gesprochen. Dies ist nicht korrekt. Es handelt sich um eine Umwandlung von elektrischer Energie in Wärmeenergie. Von Verlusten sprechen wir nur, weil diese Energie nicht in der gewünschten Form verwendet wird. Bei einem Heizofen ist die Umsetzung in Wärme gewünscht. In diesem Betriebsmittel entstehen

Werkstoff	γ $\frac{\text{S m}}{\text{mm}^2}$	ρ $\frac{\Omega\,\text{mm}^2}{\text{m}}$	ρ $\Omega\,\text{m}$
Silber	62,5		
Kupfer	56		
Gold	43,5		
Aluminium	35		
Eisen	8		
Elektrolyte			0,01 – 0,1
$AgNO_3$[1)]			< 3000
$CuSO_4$[1)]			< 3000
Torfboden			50
Sand (trocken)			1000
PVC[2)]			10^{11}
PE[3)]			10^{15}
PVC (50 Hz)			10^{9}
PE (50 Hz)			10^{12}
Silizium			$2 \cdot 10^3$
Germanium			0,5

1) Als Elektrolyt; ρ ist stark abhängig von der Konzentration
2) PVC: Polyvinylchlorid
3) PE: Polyethylen

Tabelle 3.1 Leitfähigkeit von Materialien

keine *Verluste*. Der Wirkungsgrad ist $\eta = 1$. Ähnliches gilt für die Erzeugung elektrischer Energie. Im Kraftwerk wird stets eine Primärenergie, z. B. Kohle oder Wind, in elektrische Energie umgewandelt. Eine echte Energieerzeugung erfolgt nur im Perpetuum mobile, das – außer in den Köpfen einiger Idealisten – nirgends existiert.

Zur Abrundung habe ich in **Tabelle 3.1** Angaben über die Leitfähigkeit einiger Stoffe gemacht. Bitte ergänzen Sie die offenen Spalten, um eine Vorstellung von den Größenordnungen zu erhalten.

Folgendes fällt auf: *Gold* ist nicht der beste Leiter, es wird als Überzug für Kontakte verwendet, weil es nicht oxidiert. *Kupfer* ist das übliche Leitermaterial. *Aluminium* ist billiger als Kupfer und wird bei Leitungen für größere Querschnitte verwendet, wenn die mechanische Festigkeit des Kupfers nicht

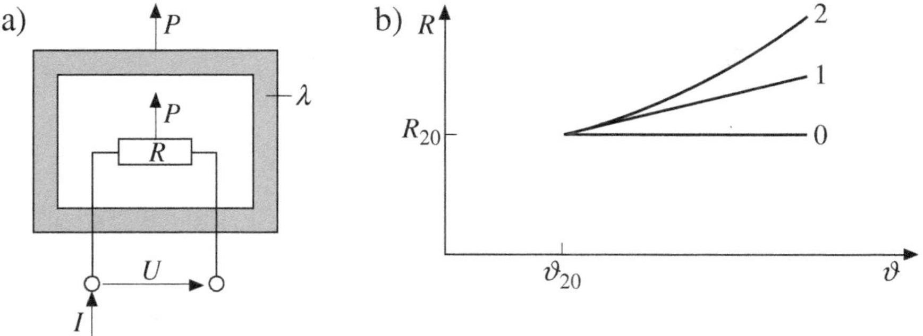

Bild 3.7 Wärmeabhängigkeit von Widerständen
a) Modell, b) Temperaturabhängigkeit

notwendig ist. PVC und PE eignen sich zur Kabelisolation. Ihr Verhalten bei Wechselstrom wird nicht durch den Gleichstromwiderstand, sondern durch die dielektrischen Eigenschaften (siehe Band 2) bestimmt. Auf Grund der hohen Verluste eignet sich PVC nicht für Hochspannungskabel. Bei Bränden entsteht aus PVC Salzsäure (HCl) mit teilweise verheerenden Folgeschäden.

3.5.4 Strom-Spannung-Kennlinien

Da ein großer Strom in einem Widerstand zur Erwärmung führt, kann man für eine Anordnung (Gerät) einen Zusammenhang zwischen Strom und Temperatur sowie Strom und Widerstand und letztendlich zwischen Widerstand und Spannung herstellen.

Gl. (3.18) liefert die Wärmeleistung als Funktion des elektrischen Stroms

$$P = R \cdot I^2$$

Diese Leistung durchströmt als Wärmestrom die Umhüllung des Widerstands (**Bild 3.7a**) und erhöht damit die Temperatur proportional zum Wärmestrom

$$\vartheta = \vartheta_{20} + R_W \cdot P = \vartheta_{20} + R_W \cdot R \cdot I^2 \qquad R_W = \frac{1}{\lambda_G} \tag{3.28}$$

Dabei sind λ_G die *Wärmeleitfähigkeit* und R_W der *Wärmeleitwiderstand* der Umhüllung. In Anlehnung an Bild 3.6b sind für den Widerstand ein konstanter Wert (0), ein linearer Anstieg (1) entsprechend Gl. (3.25) und ein quadratischer Anstieg entsprechend Gl. (3.26) angesetzt (**Bild 3.7b**).

■ ***Beispiel 3.6***

Wie stark erhöht sich der Widerstand eines Kupferleiters, der bei $\vartheta_{20} = 20\ °\mathrm{C}$ einen Wert $R_{20} = 1\ \Omega$ besitzt? Dabei werden linearer und quadratischer Anstieg mit dem Strom vorausgesetzt.

$$\alpha_{20} = 4{,}3 \cdot 10^{-3}\ \mathrm{K}^{-1} \qquad \beta_{20} = 0{,}6 \cdot 10^{-6}\ \mathrm{K}^{-2}$$

Die Wärmeleitfähigkeit der Umhüllung beträgt $\lambda_G = 0{,}5$ W/K. Diese Konstante $\lambda_G = 1/R_W$ ist die Leitfähigkeit der Anordnung im Gegensatz zur *spezifischen Wärmeleitfähigkeit* λ, die eine Materialkonstante ist. Als Ströme wählen wir 1 A und 7 A.

Wir rechnen zunächst die Verlustleistung für die zwei Stromwerte bei $\vartheta = 20\ °\mathrm{C}$ aus.

$$P_1 = R \cdot I^2 = 1\ \Omega \cdot (1\ \mathrm{A})^2 = 1\ \mathrm{W}$$

$$P_7 = 49\ \mathrm{W}$$

Daraus folgen die Temperaturen

$$\vartheta_1 = \vartheta_{20} + R_W \cdot P = 20\ °\mathrm{C} + 2\ \frac{\mathrm{K}}{\mathrm{W}} \cdot 1\ \mathrm{W} = 22\ °\mathrm{C}$$

$$\vartheta_7 = 118\ °\mathrm{C}$$

Anmerkung: Die Einheiten K und °C sind bei Temperaturdifferenzen gleichwertig.

Für den linearen Anstieg ergibt sich:

$$\begin{aligned} R_1 &= R_{20}\left[1 + \alpha_{20}\left(\vartheta - \vartheta_{20}\right)\right] \\ &= 1\ \Omega\left[1 + 4{,}3 \cdot 10^{-3}\ \mathrm{K}^{-1}\ (22 - 20)\ °\mathrm{C}\right] \\ &= 1{,}0086\ \Omega \end{aligned}$$

$$R_7 = 1{,}42\ \Omega$$

Die Berücksichtigung des quadratischen Anteils führt zu

$$R_1 = R_{20}\left[1+\alpha_{20}\left(\vartheta-\vartheta_{20}\right)+\beta_{20}\left(\vartheta-\vartheta_{20}\right)^2\right]$$
$$= 1\,\Omega\left[1+4{,}3\cdot 10^{-3}\ \text{K}^{-1}\ (22-20)\,°\text{C}+0{,}6\cdot 10^{-6}\ \text{K}^{-2}(22-20)^2\ °\text{C}^2\right]$$
$$= 1{,}0086024\ \Omega$$

$$R_7 = 1{,}42\ \Omega + 0{,}006\ \Omega = 1{,}426\ \Omega$$

Wir sehen, dass in diesem Temperaturbereich der quadratische Term kaum eine Rolle spielt.

Haben Sie auch gemerkt, dass ich einen Fehler gemacht habe? Bei der Berechnung der Leistung bin ich von dem Widerstand R_{20} ausgegangen, der nur für 20 °C gilt. Richtig wäre gewesen, den Widerstand bei erhöhter Temperatur einzusetzen. Dies wollen wir für den linearen Widerstandsanstieg nachholen. Mit Gl. (3.25) ergibt sich:

$$R = R_{20}\left[1+\alpha_{20}\left(\vartheta-\vartheta_{20}\right)\right] = R_{20}\left[1+\alpha_{20}\left(\vartheta_{20}+R_\text{W}\cdot R\cdot I^2-\vartheta_{20}\right)\right]$$
$$= R_{20}+R_{20}\cdot\alpha_{20}\cdot R_\text{W}\cdot R\cdot I^2$$

$$R\left(1-R_{20}\cdot\alpha_{20}\cdot R_\text{W}\cdot I^2\right) = R_{20}$$

$$R = \frac{R_{20}}{1-R_{20}\cdot\alpha_{20}\cdot R_\text{W}\cdot I^2} \tag{3.29}$$

$$R_1 = \frac{1\,\Omega}{1-1\,\Omega\cdot 4{,}3\cdot 10^{-3}\ \text{K}^{-1}\cdot 2\ \text{K/W}\cdot(1\ \text{A})^2}$$

$$R_1 = \frac{1\,\Omega}{1-0{,}0086} = 1{,}0087\ \Omega$$

$$R_7 = 1{,}73\ \Omega$$

Es ist zu erkennen, dass bei kleinen Temperaturänderungen der Fehler nicht sehr groß ist. Bei dem 7-A-Fall ist er jedoch katastrophal; die anfangs berechnete Temperatur ϑ_7 = 118 °C wird unter Umständen von der Isolation verkraftet. Nun ergibt sich:

$$P_7 = 1{,}73\ \Omega \cdot (7\ \text{A})^2 = 84{,}8\ \text{W}$$

$$\vartheta_7 = 20\ °\text{C} + 2\ \frac{\text{K}}{\text{W}} \cdot 84{,}87\ \text{W} = 190\ °\text{C}$$

Beim Einschalten des Widerstands hat er die Temperatur ϑ_{20} = 20 °C und somit $R = R_{20} = 1\ \Omega$. Die Leistung bei 7 A beträgt dann P = 49 W. Dadurch erwärmt er sich, der Widerstand wächst an, die Verluste steigen weiter. Ein Gleichgewicht stellt sich bei P_7 = 84,8 W; ϑ_7 = 190 °C ein. Eine solche Temperatur kann bei manchen Isolationsmaterialien bereits zur plastischen Verformung führen.

> Ein Ingenieur muss abschätzen können, ob er eine Näherung anwenden kann bzw. einen Effekt vernachlässigen darf.

In dem vorliegenden Fall ist die Näherung für 1 A zulässig, für 7 A kann sie schwerwiegende Folgen haben. Bei einem Strom von 10,78 A wird der Nenner in Gl. (3.29) null, und es stellen sich $R = \infty$ und $\vartheta = \infty$ ein. Dieser Zustand ist unrealistisch, weil auch die Spannung unendlich werden müsste. Der Zusammenhang zwischen Strom und Widerstand ist in **Bild 3.8** dargestellt. Dabei wird der lineare Fall 1 in Bild 3.7b zu Grunde gelegt. ❑

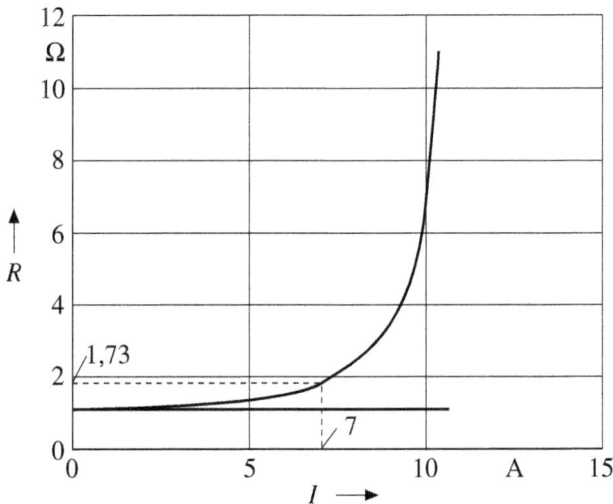

Bild 3.8 Stromabhängigkeit von Widerständen

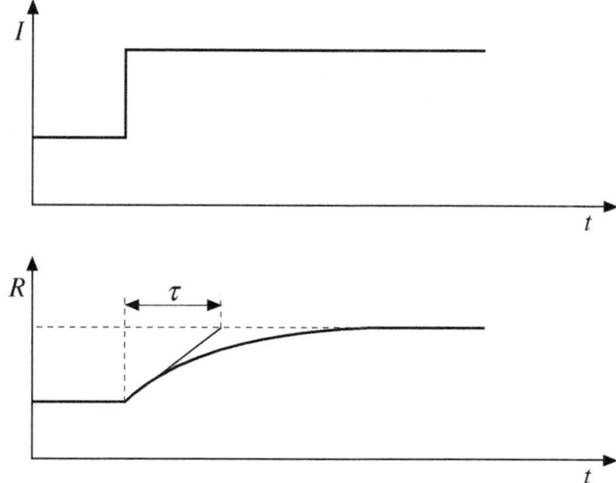

Bild 3.9 Zeitverhalten eines Widerstands bei Erwärmung durch einen Strom

Sie haben jetzt die Stromabhängigkeit des Widerstands kennen gelernt, die in der Regel eine Temperaturabhängigkeit des Widerstandsmaterials ist. Durch das Zusammenspiel von Wärmekapazität des Elements und Wärmeleitfähigkeit der umgebenden Isolation entsteht ein Zeitverhalten. Der Widerstand folgt dem Strom zeitverzögert, wie **Bild 3.9** zeigt.

Häufig wird der Zusammenhang zwischen Strom und Spannung dargestellt. Mit Hilfe des Ohm'schen Gesetzes folgt dann aus Gl. (3.29)

$$U = R \cdot I = \frac{R_{20} \cdot I}{1 - R_{20} \cdot \alpha_{20} \cdot R_{W} \cdot I^2} \qquad (3.30)$$

Diese Funktion ist in **Bild 3.10** zusammen mit $R(I)$ aus Bild 3.8 wiedergegeben.

3.5.5 Differentieller Widerstand

Ein *stromunabhängiger Widerstand* (R = 1 Ω = konst.) führt bei ansteigendem Strom zu einem linearen Anstieg der Spannung. Gegenüber diesem Fall steigt die Spannung durch die Erwärmung stärker an. Aus den dargestellten Kurven sollen nun einige für das Verhalten von Schaltungen mit nicht linearen Strom-Spannung-Kennlinien wichtige Größen abgeleitet werden.

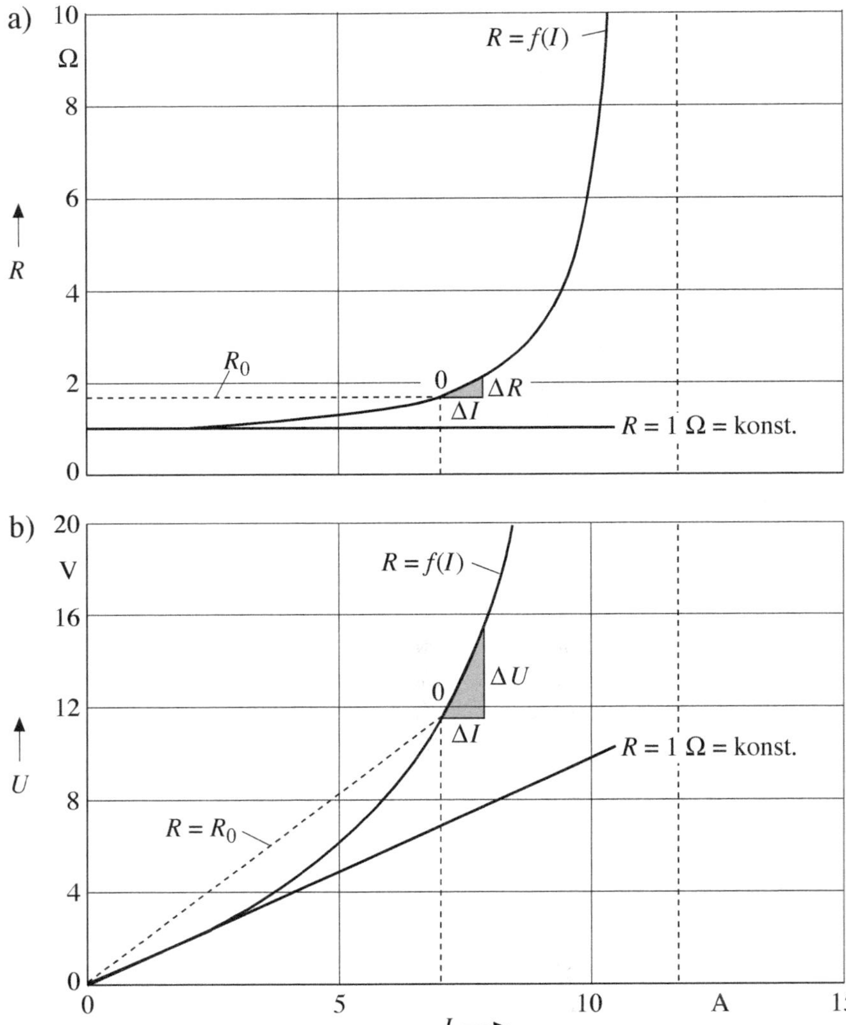

Bild 3.10 Verhalten nichtlinearer Widerstände
a) Widerstandskennlinie, b) Spannungskennlinie

Zunächst gibt es die Änderungen des Widerstands mit dem Strom $\Delta R/\Delta I = R'_0$ im Arbeitspunkt 0 (Bild 3.10a). Das Verhältnis $\Delta U/\Delta I = R_{d0}$ wird *differentieller Widerstand* im Arbeitspunkt 0 genannt (Bild 3.10). Dieser unterscheidet sich von dem *Widerstand im Arbeitspunkt* $U_0/I_0 = R_0$. Werden die Abweichungen Δ sehr klein, gehen die Ausdrücke in *Differentialquotienten* über.

Widerstandsänderung im Arbeitspunkt 0

$$R'_0 = \frac{\mathrm{d}R}{\mathrm{d}I} \tag{3.31}$$

Widerstand im Arbeitspunkt 0

$$R_0 = \frac{U_0}{I_0} \tag{3.32}$$

Differentieller Widerstand im Arbeitspunkt 0

$$R_{d0} = r_{d0} = \frac{\mathrm{d}U}{\mathrm{d}I} = U'_0 \tag{3.33}$$

Die Schreibweise bei diesen Ausdrücken ist etwas problematisch. R'_0 ist nicht die Ableitung (Differentialquotient) von R_0, sondern die Ableitung von R im Arbeitspunkt 0. Der Strich bedeutet die Ableitung nach dem Strom. Der differentielle Widerstand wird häufig mit einem kleinen Buchstaben gekennzeichnet, z. B. r_{d0}.

In Gl. (3.33) kann das Ohm'sche Gesetz eingeführt werden. Die Kettenregel liefert

$$R_{d0} = \frac{\mathrm{d}(R \cdot I)}{\mathrm{d}I} = \frac{\mathrm{d}R}{\mathrm{d}I} \cdot I + R \cdot \frac{\mathrm{d}I}{\mathrm{d}I} = R'_0\, I + R_0 \tag{3.34}$$

Aufgabe 3.5

Schreiben Sie die Gln. (3.29) und (3.30) für die Punkte 0 und $0 + \Delta$ auf. Sie erhalten dann Ausdrücke für R_0 und U_0 sowie $R_0 + \Delta R$ und $U_0 + \Delta U$. Durch Differenzbildung finden Sie $\Delta R/\Delta I$ und $\Delta U/\Delta I$. Dabei müssen folgende Formeln für kleines ε beachtet werden:

$$\frac{1}{1+\varepsilon} \approx 1 - \varepsilon \qquad (1+\varepsilon)^2 \approx 1 + 2\,\varepsilon$$

Wenn Sie sich stark in der Differentialrechnung fühlen, bilden Sie nun die Differentialquotienten und vergleichen Sie die Ergebnisse! Bestimmen Sie R_0', R_0 und R_{d0} für den Fall aus dem Beispiel 3.6 mit den Werten $I = 1$ A; $\lambda_G = 0{,}5$ W/K; $\alpha_{20} = 4{,}3 \cdot 10^{-3}\,\mathrm{K}^{-1}$!

Häufig werden Stromkreise nur in einem bestimmten Arbeitsbereich betrieben, z. B. liegt an einer Glühlampe eine Spannung $U_0 = 230$ V an, die um $\Delta U \le \pm\,23$ V ($\triangleq 10$ %) schwanken kann. Die angelegte Spannung U setzt sich dann aus der Spannung U_0 im Arbeitspunkt und der Abweichung ΔU zusammen. Entsprechend gilt für den Strom

$$\begin{aligned} U &= U_0 + \Delta U \\ I &= I_0 + \Delta I \end{aligned} \tag{3.35}$$

Ist der Widerstand der Lampe unabhängig von der Spannung konstant, so gilt:

$$R = \frac{U}{I} = \frac{U_0}{I_0} = \frac{\Delta U}{\Delta I} \tag{3.36}$$

Ist der Zusammenhang zwischen Strom und Spannung nicht linear, handelt es sich um einen spannungsabhängigen Widerstand. Selbstverständlich ist ein solcher Widerstand auch stromabhängig. Es sind dann drei Darstellungsformen möglich

$$\begin{aligned} R &= f_1\,(U) = R\,(U) \\ R &= f_2\,(I) = R\,(I) \\ U &= f_3\,(I) = U\,(I) \end{aligned} \tag{3.37}$$

Dabei deutet f_1 an, dass der Widerstand R eine Funktion der Spannung U ist. Die Darstellungsweise $R(U)$ gibt verkürzt den gleichen Sachverhalt wieder. Man wählt diese Schreibweise gern, um anzudeuten, dass der Widerstand R nicht konstant ist.

Zwei der Funktionen in Gl. (3.37) sind in Bild 3.10 dargestellt.

Für den Arbeitspunkt U_0, I_0 liefert Gl. (3.37) den Widerstand im Arbeitspunkt.

$$R_0 = f_1\,(U_0) = f_2\,(I_0) = \frac{f_3(I_0)}{I_0} = \frac{U_0}{I_0}$$

Dieser Wert ist uns bereits in Gl. (3.32) begegnet.

Eine Änderung des Stroms von I_0 auf $I = I_0 + \Delta I$ führt zu einem Anstieg der Spannung um ΔU.

$$\Delta U = U - U_0 = f_3\left(I_0 + \Delta I\right) - f_3\left(I_0\right)$$

$$R_{d0} = \frac{\Delta U}{\Delta I} = \frac{f_3\left(I_0 + \Delta I\right) - f_3\left(I_0\right)}{\Delta I}$$

Wenn die Abweichungen Δ sehr klein werden, geht dieser Ausdruck in den Differentialquotienten über.

$$R_{d0} = \frac{f_3\left(I_0 + \mathrm{d}I\right) - f_3\left(I_0\right)}{\mathrm{d}I} = \frac{\mathrm{d}f_3(I)}{\mathrm{d}I} = \left.\frac{\mathrm{d}U}{\mathrm{d}I}\right|_0 = U_0'$$

Es handelt sich hier um die Differentiation der Spannung U im Arbeitspunkt 0, die bereits in Gl. (3.33) angegeben wurde. Selbstverständlich gibt es in jedem Punkt, d. h. bei jeder Spannung, einen Differentialquotienten, der zu einem differentiellen Widerstand führt.

$$R_d = \frac{\mathrm{d}U}{\mathrm{d}I} = U' \tag{3.38}$$

Beispiel 3.7

Die Kennlinie einer Halbleiterdiode lässt sich durch folgende Gleichung annähern:

$$I = I_A\left(e^{U/U_T} - 1\right) \tag{3.39}$$

Sie gilt allerdings nur für relativ kleine Ströme. Wir wollen die Gleichungen durch eine Gerade annähern, die die Gl. (3.39) im Arbeitspunkt 0 tangiert.

$$I = \frac{\left(U - U_S\right)}{R_F} \tag{3.40}$$

Die beiden Parameter U_S und R_F sind aus der Bedingung zu gewinnen, dass im Arbeitspunkt die Gln. (3.39) und (3.40) denselben Wert und dieselbe Steigung annehmen.

$$I_0 = I_A\left(e^{U_0/U_T} - 1\right) = \frac{\left(U_0 - U_S\right)}{R_F} \tag{3.41}$$

$$\left.\frac{\mathrm{d}I}{\mathrm{d}U}\right|_0 = \frac{I_\mathrm{A}}{U_\mathrm{T}}\,\mathrm{e}^{U_0/U_\mathrm{T}} = \frac{1}{R_\mathrm{F}} \tag{3.42}$$

Wir veranschaulichen das Ergebnis durch das Einsetzen von Zahlenwerten.

$U_\mathrm{T} = 1\ \mathrm{V} \qquad I_\mathrm{A} = 1\ \mathrm{A} \qquad U_0 = 2\ \mathrm{V}$

$I_0 = 1\ \mathrm{A}\left(\mathrm{e}^{2/1} - 1\right) = 6{,}4\ \mathrm{A}$

$\frac{1}{R_\mathrm{F}} = \frac{1\ \mathrm{A}}{1\ \mathrm{V}}\,\mathrm{e}^{2/1} = 7{,}4\ \mathrm{S}$

$R_\mathrm{F} = 0{,}14\ \Omega$

$U_\mathrm{S} = U_0 - R_\mathrm{F}\, I_0 = 2\ \mathrm{V} - 0{,}14\ \Omega \cdot 6{,}4\ \mathrm{A} = 1{,}1\ \mathrm{V}$

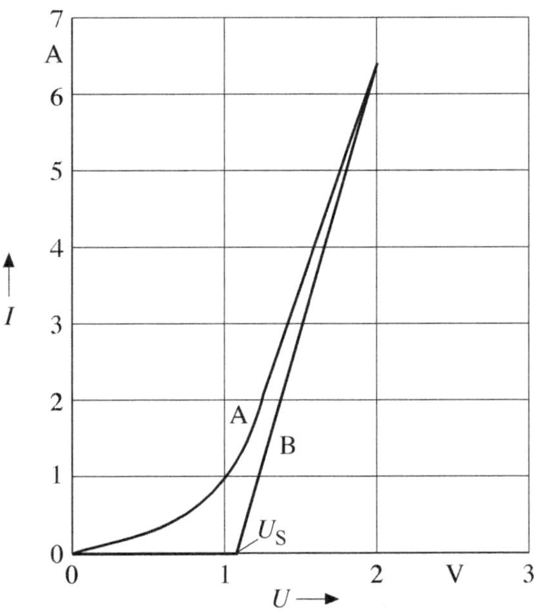

Bild 3.11 Annäherung der Diodenkennlinien
A) vorgegebene nichtlineare Kennlinien, B) linearisierte Kennlinien

Die Diodenkennlinien nach den Gln. (3.39) und (3.40) sind in **Bild 3.11** dargestellt.

Die Bestimmung einer nichtlinearen Strom-Spannung-Kennlinie kann durch Messungen erfolgen. Dann liegt der Zusammenhang in Form von Wertetabellen vor. Zwischenwerte sind durch Interpolation zu gewinnen. Zur mathematischen Behandlung kann man für die Kennlinie eine Gleichung ansetzen und deren Parameter bestimmen. Bei der Wahl der Gleichungen geht man gern von einem Modell aus, das die Anordnungen physikalisch beschreibt. Dies soll am Beispiel einer Glühlampe demonstriert werden.

Beispiel 3.8

In **Bild 3.12** ist die Strom-Spannung-Kennlinie einer Glühlampe dargestellt. Als Ansatz für die Beschreibungsgleichung wählen wir

$$I = I_A \left[\frac{U}{U_A} - \left(\frac{U}{U_A} \right)^n \right] \tag{3.43}$$

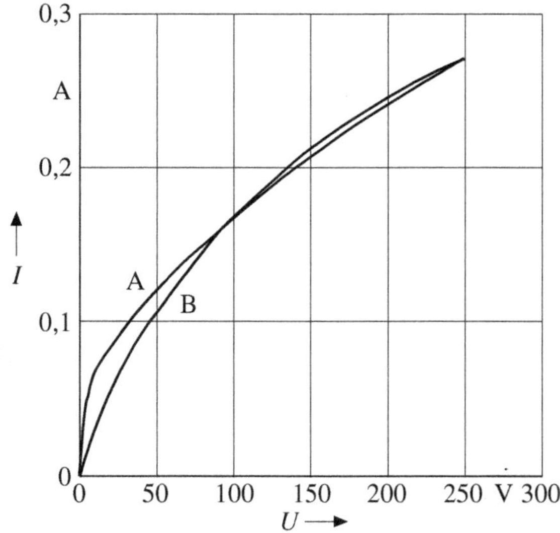

Bild 3.12 Strom-Spannung-Kennlinie einer Glühlampe
A: Messung, B: Modell

Diese Beziehung enthält drei Parameter I_A, U_A und n. Zu deren Bestimmung benötigen wir drei Gleichungen, die wir uns durch Messung in drei Betriebspunkten beschaffen, z. B. bei Netzspannung $U_2 = 230$ V, bei halber Netzspannung $U_1 = U_2/2$ und bei geringer Spannung. Den Zustand der halben Spannung können wir erreichen, indem wir zwei Glühlampen in Reihe schalten. Den Wert für kleine Spannungen können wir aus dem Ohm'schen Widerstand R_0, der mit einem Ohmmeter gemessen wird, ableiten.

$$\frac{dI}{dU} = \frac{I_A}{U_A} - I_A\, n \frac{U^{n-1}}{U_A^n}$$

$$U \to 0$$

$$I = I_A \cdot \frac{U}{U_A}$$

$$\left.\frac{dI}{dU}\right|_{U=0} = \frac{I_A}{U_A} = \frac{1}{R_0}$$

Für die beiden Spannungen U_1 und U_2 erhalten wir aus Gl. (3.43)

$$\frac{I_2 - I_A \cdot \frac{U_2}{U_A}}{I_1 - I_A \cdot \frac{U_1}{U_A}} = \frac{\left(\frac{U_2}{U_A}\right)^n}{\left(\frac{U_1}{U_A}\right)^n} = \left(\frac{U_2}{U_1}\right)^n$$

Aus Bild 3.12 ist abzulesen

$$\begin{aligned} U_0 &= 5\text{ V} & I_0 &= 0{,}048\text{ A} \\ U_1 &= 115\text{ V} & I_1 &= 0{,}179\text{ A} \\ U_2 &= 230\text{ V} & I_2 &= 0{,}258\text{ A} \end{aligned}$$

Daraus folgt

$$G_A = \frac{I_A}{U_A} \approx \frac{I_0}{U_0} = \frac{0{,}048}{5}\text{ S} = 0{,}0096\text{ S}$$

$$\frac{0{,}258-0{,}0096\cdot 230}{0{,}179-0{,}0096\cdot 115}=2{,}11=2^{n}$$

$$n=\frac{\lg 2{,}11}{\lg 2}=1{,}0759$$

Aus Gl. (3.43) folgt dann für den Punkt 2

$$I_2 \quad =\frac{I_\mathrm{A}}{U_\mathrm{A}}U_2-\frac{I_\mathrm{A}}{U_\mathrm{A}}\frac{U_2^n}{U_\mathrm{A}^{n-1}}=G_\mathrm{A}\cdot U_2-G_\mathrm{A}\frac{U_2^n}{U_\mathrm{A}^{n-1}}$$

$$U_\mathrm{A}^{n-1} \quad =\frac{G_\mathrm{A}\,U_2^n}{\left(G_\mathrm{A}\,U_2-I_2\right)}=\frac{0{,}0096\ \mathrm{S}\cdot 230^n\ V^n}{0{,}0096\ \mathrm{S}\cdot 230\ \mathrm{V}-0{,}258\ \mathrm{A}}=1{,}711\ \mathrm{V}^{n-1}$$

$$U_\mathrm{A} \quad =\sqrt[0{,}0759]{1{,}711}\ \mathrm{V}=1183\ \mathrm{V}$$

$$I_\mathrm{A} \quad =G_\mathrm{A}\cdot U_\mathrm{A}=0{,}0096\ \mathrm{S}\cdot 1183\ \mathrm{V}=11{,}4\ \mathrm{A}$$

Die Funktion nach Gl. (3.43) ist zusätzlich in Bild 3.12 eingezeichnet. Beachten Sie bitte bei der Kontrolle, dass mit dem Messwert von $U = 5$ V die Anfangssteigerung bei $U \to 0$ nur sehr ungenau zu bestimmen ist! Überzeugen Sie sich davon, indem Sie mit den berechneten Parametern in Gl. (3.43) für die drei oben angegebenen Spannungen die gemessenen Ströme errechnen! Sie werden für $G_0 = I_0/U_0$ eine schlechte Übereinstimmung finden. Wählen Sie deshalb auch kleinere Spannungen!

4 Gleichstromkreise, die aus mehreren Elementen bestehen

In diesem Kapitel werden Sie nur wenig physikalisch Neues erfahren. Sie sollen vor allem das Ohm'sche Gesetz intensiv einüben. Dabei steht zunächst die Verknüpfung von Widerständen im Vordergrund. Solche Schaltungen bezeichnet man als Netzwerke. In diese integrieren wir Spannungsquellen und vereinfachen die Schaltungen. Sie werden sich fragen: „Zu welchem Zweck benötigt man Schaltungen, in denen eine Vielzahl von Wi-

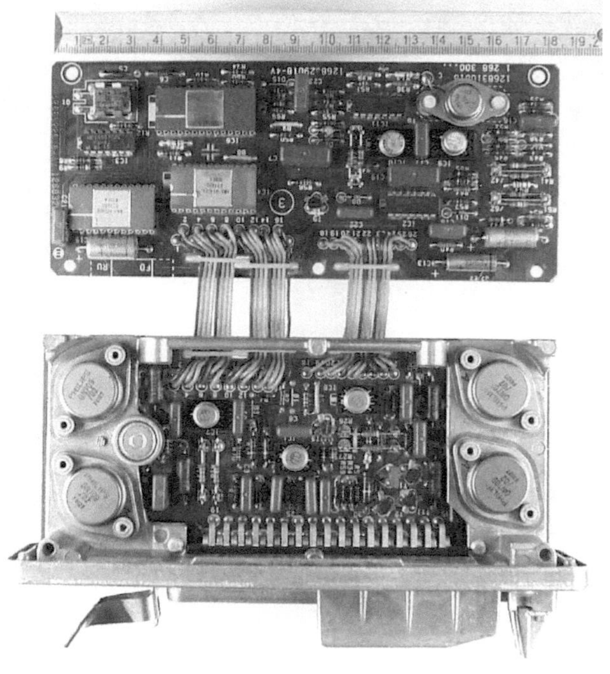

a)

Bild 4.1 Leiterplatinen mit gedruckten Schaltungen aus dem Bereich Kfz-Elektronik. Aufgesetzt sind Widerstände, Kondensatoren, Transistoren und Digitalbauteile, insbesondere Prozessoren sowie Speicher.

a) ABS-Steuerung aus dem Jahr 1978; b) und c) umseitig (ABS = Antiblockiersystem); Quelle: Bosch

derständen verknüpft wird?“ Da muss ich sagen: „Solche Schaltungen sind selten, aber Schaltungen, in denen Widerstände, Kondensatoren, Spulen, Transistoren und Digitalbausteine verknüpft werden, sind häufig.“ **Bild 4.1** zeigt solche gedruckte Schaltungen. Man sieht dort auch den Fortschritt der Miniaturisierung. (Beachten Sie den Maßstab!)

b)

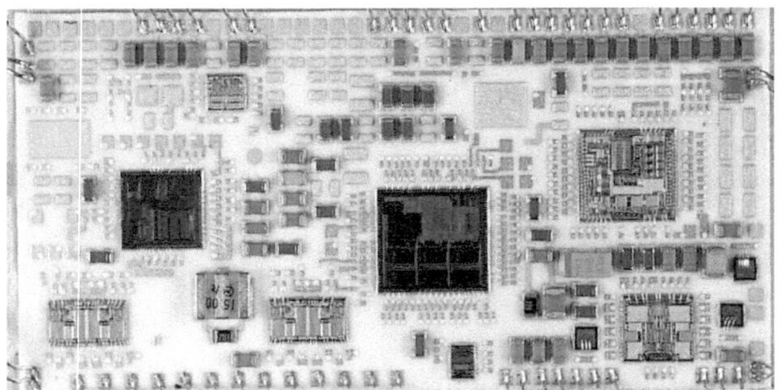

c)

Bild 4.1 (Fortsetzung) Leiterplatinen mit gedruckten Schaltungen aus dem Bereich Kfz-Elektronik. Aufgesetzt sind Widerstände, Kondensatoren, Transistoren und Digitalbauteile, insbesondere Prozessoren sowie Speicher.

b) ABS-Steuerung aus dem Jahr 2000,

c) ESP-Steuerung aus dem Jahr 2000

(ABS = Antiblockiersystem; ESP = Elektronisches Stabilisierungsprogramm); Quelle: Bosch

4.1 Reihen- und Parallelschaltung von Widerständen

Wir gehen von dem Strömungsfeld in einem Körper aus, um die Widerstände von Teilkörpern zu bestimmen. Dann befassen wir uns mit mehreren Widerständen, die in Reihe und parallel geschaltet sind.

4.1.1 Unterteilung des Strömungsfelds

In **Bild 4.2** ist ein Körper dargestellt, den wir noch von der Behandlung des homogenen Strömungsfelds her kennen (Abschnitt 3.4, Bild 3.3). Der Widerstand des dort abgebildeten Körpers ergibt sich nach Gl. (3.23) zu

$$R = \frac{\rho \cdot l}{b \cdot h} = \frac{l}{\gamma \cdot b \cdot h} \tag{4.1}$$

Für Feldstärke und Stromdichte gilt nach Gln. (3.20) und (3.21)

$$E = \frac{U}{l} \qquad J = \frac{I}{b \cdot h} \tag{4.2}$$

In dem Quader ist ein Unterkörper dargestellt, dessen Widerstand sich analog zu Gl. (4.1) ergibt

$$R_1 = \frac{\rho \cdot l_1}{b_1 \cdot h_1} = \frac{l_1}{\gamma \cdot b_1 \cdot h_1} \tag{4.3}$$

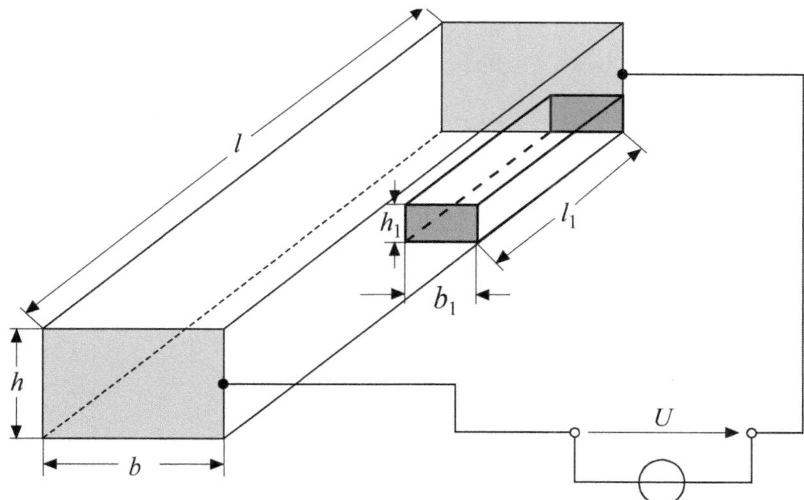

Bild 4.2 Rechteckiger Körper

4.1.2 Reihenschaltung

Mit $b_1 = b$ und $h_1 = h$ wird der Quader (Bild 4.2) der Länge nach in zwei Teile der Längen l_1 und $l_2 = l - l_1$ unterteilt. Diese haben die Widerstände

$$R_1 = \frac{\rho \cdot l_1}{b \cdot h} \qquad R_2 = \frac{\rho \cdot l_2}{b \cdot h}$$

Addieren wir beide Widerstände, so ergibt sich

$$R_1 + R_2 = \frac{\rho}{b \cdot h}\left(l_1 + l_2\right) = \frac{\rho \cdot l}{b \cdot h} = R$$

Wenn wir die Widerstände beider hintereinander liegenden Körper addieren, ergibt sich der Gesamtwiderstand.

Das Gleiche gilt für die Spannung

$$U = E \cdot l_1 + E \cdot l_2 = E \cdot l = U_1 + U_2$$

> **Zwei Widerstände in Reihe:**
>
> Die Widerstände von hintereinander geschalteten Elementen addieren sich zu einem Gesamtwiderstand.
>
> $R = R_1 + R_2$
>
> Ebenso addieren sich die Teilspannungen:
>
> $U = U_1 + U_2$
>
> Die Ströme, die durch in Reihe geschaltete Elemente fließen, sind gleich:
>
> $I = I_1 = I_2$

Dieser Zusammenhang ist in **Bild 4.3a** dargestellt.

Die getroffene Aussage lässt sich auf n in Reihe geschaltete Widerstände R_i verallgemeinern.

> **Reihenschaltung:**
>
> $$R = \sum_n R_i \tag{4.4}$$
>
> $$U = \sum_n U_i \tag{4.5}$$
>
> $$I = I_1 = I_2 = \ldots = I_i = \ldots = I_n \tag{4.6}$$

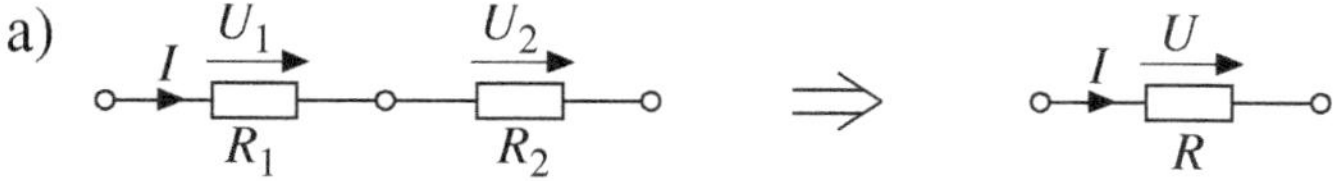

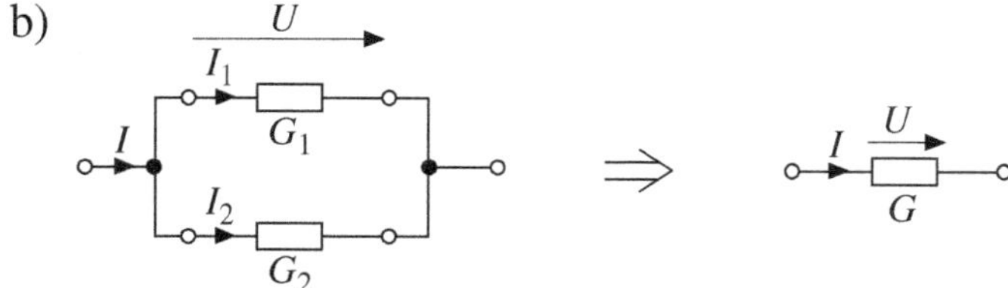

Bild 4.3 Verknüpfung von Widerständen
a) Reihenschaltung, b) Parallelschaltung

4.1.3 Parallelschaltung

Nun unterteilen wir den Querschnitt des Körpers in Bild 4.2 $l_1 = l$; $b_1 = b$, $h_1 + h_2 = h$ und gehen zu dem Leitwert über

$$G_1 = \frac{\gamma \cdot b \cdot h_1}{l} \qquad G_2 = \frac{\gamma \cdot b \cdot h_2}{l}$$

$$G_1 + G_2 = \frac{\gamma\, b}{l}\left(h_1 + h_2\right) = \frac{\gamma\, b}{l}\, h = G$$

Bei den parallel liegenden Elementen 1 und 2 addieren sich die Leitwerte. Das Gleiche gilt für die Ströme

$$I = J \cdot b \cdot h_1 + J \cdot b \cdot h_2 = J \cdot b\left(h_1 + h_2\right) = J \cdot b \cdot h = I_1 + I_2$$

Zwei Leitwerte parallel:

Die zwei Leitwerte von parallel liegenden Elementen addieren sich.

$G = G_1 + G_2$

Ebenso addieren sich die Ströme:

$I = I_1 + I_2$

Die Spannungen an den parallel geschalteten Elementen sind gleich:

$U = U_1 = U_2$

Dieser Zusammenhang ist in **Bild 4.3b** dargestellt und wird ebenfalls auf n parallel geschaltete Leitwerte G_i verallgemeinert.

Parallelschaltung:

$$G = \sum_{n} G_i \qquad (4.7)$$

$$I = \sum_{n} I_i \qquad (4.8)$$

$$U = U_1 = U_2 = \ldots = U_i = \ldots = U_n \qquad (4.9)$$

So einfach die gefundenen Zusammenhänge sind, so fundamental sind sie auch. Gehen Sie das Ganze noch einmal in Ruhe durch, bevor Sie weiterarbeiten!

4.2 Zusammenfassung von Widerständen

In diesem Abschnitt geht es ums Üben. Wir wollen jetzt die Gln. (4.4) und (4.7) anwenden. Hierzu wird zunächst Gl. (4.7) auf Widerstandsform gebracht.

$$\frac{1}{R} = \sum_{i=1}^{n} \frac{1}{R_i} = \frac{1}{R_1} + \frac{1}{R_2} + \frac{1}{R_3} + \ldots + \frac{1}{R_n} \qquad (4.10)$$

oder

$$R = \frac{1}{\frac{1}{R_1} + \frac{1}{R_2} + \frac{1}{R_3} + \ldots + \frac{1}{R_n}} \qquad (4.11)$$

Für den Sonderfall $n = 2$ ergibt sich

$$\frac{1}{R} = \frac{1}{R_1} + \frac{1}{R_2} = \frac{R_2 + R_1}{R_1 \cdot R_2}$$

$$R = \frac{R_1 \cdot R_2}{R_1 + R_2} = R_1 \parallel R_2 \qquad (4.12)$$

Die Darstellung mit den beiden Strichen für parallel ist nicht genormt, aber üblich. Gl. (4.12) ist mit Vorteil bei zwei Widerständen anzuwenden, eine Erweiterung auf mehr parallele Elemente ist nicht sinnvoll. Will man Gl. (4.12) trotzdem bei drei Widerständen anwenden, muss man zunächst zwei Widerstände zu einem Widerstand zusammenfassen und dann den dritten hinzunehmen.

Die Verknüpfung von Widerständen und Spannungsquellen bezeichnet man als *Schaltung*. Ihre grafische Darstellung heißt *Schaltplan*.

Nun rechnen wir einige Beispiele und Aufgaben.

Beispiel 4.1

Bild 4.4a zeigt ein Netzwerk aus den Widerständen R_1 bis R_6. Welcher Eingangswiderstand ergibt sich?

$R_1 = 100\,\Omega$	$R_2 = 20\,\Omega$	$R_3 = 10\,\Omega$
$R_4 = 10\,\Omega$	$R_5 = 10\,\Omega$	$R_6 = 1\,\Omega$

Die Rechnung erfolgt in Teilschritten. Für jeden Schritt gilt eine neue Ersatzschaltung. Bei diesem Vorgehen benutzen wir die oben erlernten Gleichungen.

$$R_7 = R_1 + R_2 = 100\,\Omega + 20\,\Omega = 120\,\Omega$$

$$G_5 = \frac{1}{R_5} = \frac{1}{10\,\Omega} = 0{,}1\,\text{S}$$

$$G_6 = \frac{1}{R_6} = \frac{1}{1\,\Omega} = 1\,\text{S}$$

$$G_8 = G_5 + G_6 = 0{,}1\,\text{S} + 1\,\text{S} = 1{,}1\,\text{S}$$

$$R_8 = \frac{1}{G_8} = \frac{1}{1{,}1\,\text{S}} = 0{,}91\,\Omega$$

Es ist nun die Schaltung in **Bild 4.4b** entstanden. Aus $R_1 + R_2$ wurde R_7 und aus $R_5 \| R_6$ wurde R_8.

Wir sehen:

> Bei der Reihenschaltung wird der Gesamtwiderstand bzw. Ersatzwiderstand größer als der größte Einzelwiderstand.
>
> Bei der Parallelschaltung wird der Gesamtwiderstand kleiner als der kleinste Einzelwiderstand.

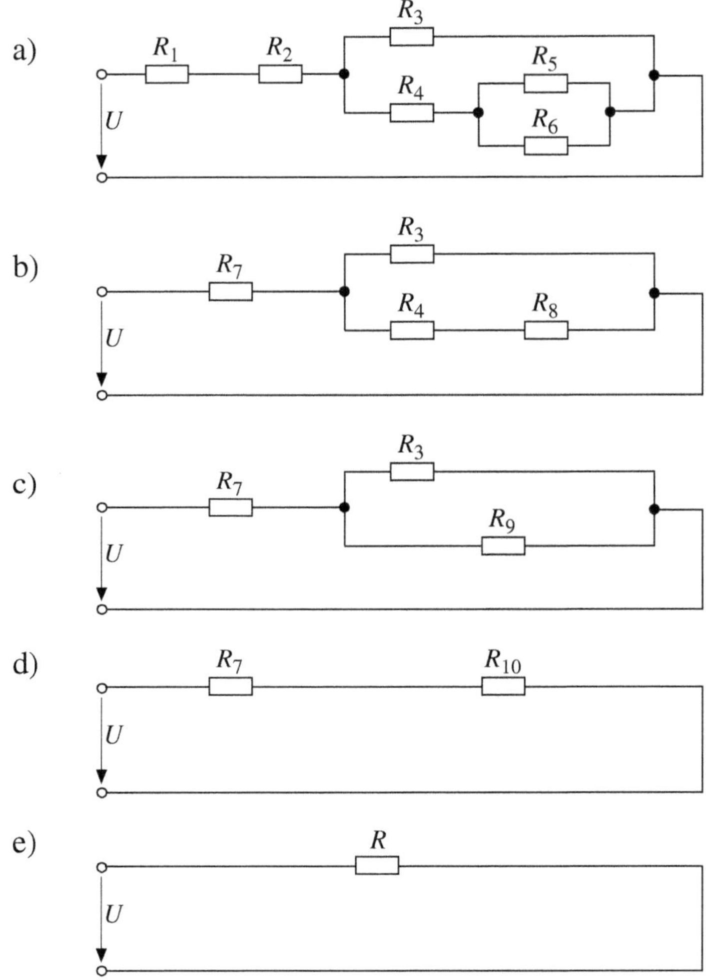

Bild 4.4 Zusammenfassung von Widerständen
a) Ausgangsnetzwerk, b) ... d) Zwischenschritte, e) Ersatzwiderstand

Sie lächeln über diesen trivialen Satz? Glauben Sie mir, es werden sehr viele Übungsaufgaben abgegeben, bei denen diese Bedingung nicht eingehalten ist! Nutzen Sie jede Plausibilitätskontrolle, die sich Ihnen bietet!

Doch weiter mit der Rechnung!

Von Bild 4.4b gehen wir nun schrittweise weiter.

$R_9 = R_4 + R_8 = 10\,\Omega + 0{,}91\,\Omega = 10{,}91\,\Omega$

Nun gilt **Bild 4.4c**.

$$R_{10} = \frac{R_3 \cdot R_9}{R_3 + R_9} = \frac{10\,\Omega \cdot 10{,}91\,\Omega}{10\,\Omega + 10{,}91\,\Omega} = 5{,}218\,\Omega$$

Es entsteht **Bild 4.4d**.

$R = R_7 + R_{10} = 120\,\Omega + 5{,}218\,\Omega = 125{,}218\,\Omega$

Nun sind wir bei **Bild 4.4e** angelangt.

Da die Widerstandswerte im Allgemeinen nur auf 1 % genau eingehalten werden, genügt das Ergebnis

$R = 125\,\Omega$

Aus dem Beispiel haben wir eine weitere Erkenntnis gewonnen.

> Zwei gleich große parallele Widerstände halbieren sich.

Beweisen Sie diesen Satz!

Aufgabe 4.1

In dem vorherigen Beispiel sind für die Schaltung in Bild 4.4a der Widerstand $R = 125\,\Omega$ und die Widerstände $R_1 - R_5$ gegeben. Der Widerstand R_6 ist gesucht. Rechnen Sie bitte mit dem Näherungswert $R = 125\,\Omega$ und vergleichen Sie das Ergebnis mit dem Vorgabewert $R_6 = 1\,\Omega$ im Beispiel! Wenn Sie sich wundern und das Ergebnis nicht verstehen, wiederholen Sie die Rechnung mit dem exakten Widerstand $R = 125{,}218\,\Omega$! Denken oder arbeiten!

Aufgabe 4.2

Zwei Widerstände sind in Reihe geschaltet; der eine ist fest $R_1 = 1\,\Omega$, der zweite variiert $R_2 = 0\,\Omega$ ... $5\,\Omega$. Zeichnen Sie die Funktion $R_S = f(R_2)$ für die Serienschaltung auf! Welche Funktion $R_P = f(R_2)$ ergibt sich, wenn beide Widerstände parallel geschaltet sind?

Aufgabe 4.3

Es werden n gleiche Widerstände $R = 1\,\Omega$ in Reihe bzw. parallel geschaltet. Zeichnen Sie die Funktion $R_S(n)$ und $R_P(n)$ für $n = 1, ..., 5$ auf! Dabei ist $R_S(n)$ eine verkürzte Schreibweise für $R_S = f(n)$.

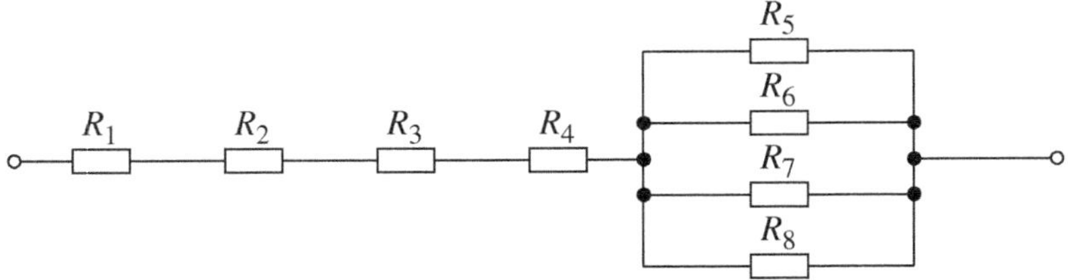

Bild 4.5 Widerstandsnetz zu Aufgabe 4.4

Aufgabe 4.4

Berechnen Sie für die Schaltung in **Bild 4.5** den Ersatzwiderstand!

$R_1 = 1\ \Omega;\ R_{i+1} = R_i + 1\ \Omega\ (i = 1, \ldots, 7)$

Aufgabe 4.5

In der Schaltung nach **Bild 4.6** kann man durch Schließen von Schaltern bestimmte Leitwerte realisieren. Welche ergeben sich beim Schließen der Schalter 1 und 2 sowie 1, 2 und 8? Welche Werte sind möglich, wenn alle möglichen Schalterstellungen permutiert werden? Erkennen Sie eine Gesetzmäßigkeit für die Leitwerte? Geben Sie eine entsprechende Schaltung für Widerstände in Reihe an!

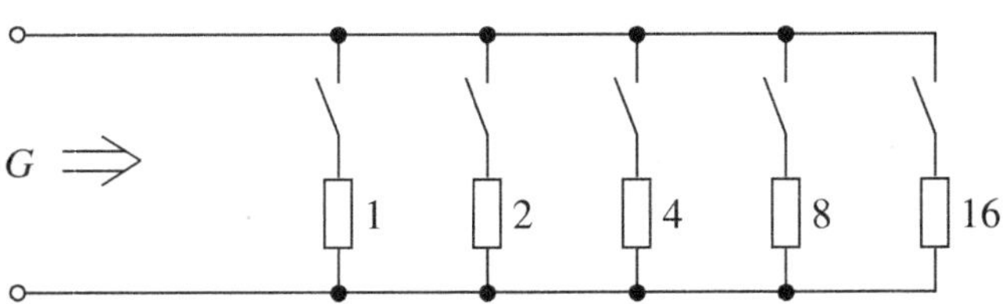

Bild 4.6 Binär einstellbarer Widerstandsblock
Die Zahlenwerte sind Leitwerte in S.

Beispiel 4.2

Auf den Mastspitzen einer Freileitung ist ein *Blitzschutzseil* angebracht, das über die Erdungswiderstände der Maste mit dem Erdreich verbunden ist. Eine solche Konfiguration zeigt **Bild 4.7**. Sie wird als *Kettenleiter* bezeichnet.

Bitte rechnen Sie den Eingangswiderstand R aus, wenn nur die bis Knoten 3 dargestellten Elemente vorhanden sind, d. h. alle, die mit einem Buchstaben

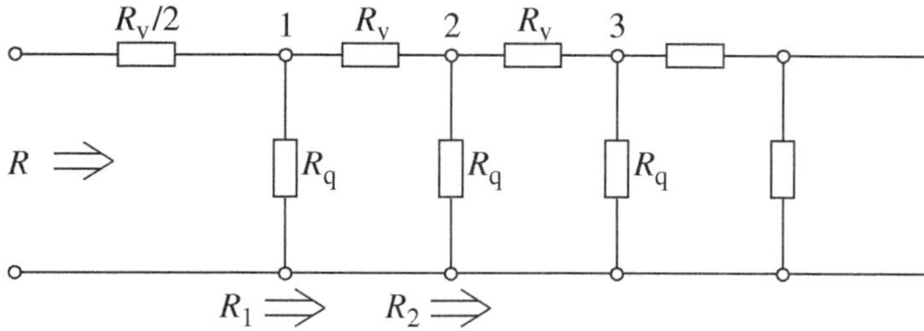

Bild 4.7 Kettenleiter

gekennzeichnet sind. Die Lösung ist so einfach, dass ich sie Ihnen vollständig überlasse.

$R_v = 0{,}5\ \Omega \qquad\qquad R_q = 2\ \Omega$

Wenn Sie ein Computerfreak sind, sollten Sie ein Programm schreiben, das den Eingangswiderstand R für n Knoten bestimmt, und dann n von „1" bis „?" wandern lassen. Zeichnen Sie die Funktion $R(n)$ auf!

Der Abstand zwischen zwei Masten sei 300 m. Wie groß ist der Eingangswiderstand, wenn der Kettenleiter unendlich lang ausgedehnt ist?

Um dies zu bestimmen, nehmen wir an, dass der Widerstand R_2 von Punkt 2 aus nach rechts bekannt ist. Damit bestimmen wir den Widerstand von Punkt 1 aus. Beide müssen gleich sein, weil von Punkt 1 aus betrachtet der unendlich lange Leiter das gleiche Bild liefert wie von Punkt 2 aus betrachtet.

$$R_1 = R_q \parallel (R_v + R_2) = R_q \parallel (R_v + R_1) = \frac{R_q(R_v + R_1)}{R_q + R_v + R_1}$$

$$R_1\,R_q + R_1\,R_v + R_1^2 = R_q\,R_v + R_q\,R_1$$

$$R_1^2 + R_1\,R_v - R_q\,R_v = 0$$

$$R_1 = -\frac{R_v}{2} \pm \sqrt{\left(\frac{R_v}{2}\right)^2 + R_q\,R_v}$$

Da das negative Vorzeichen der Wurzel zu einem negativen Widerstand führt, ist nur das positive von Interesse. Der Eingangswiderstand der gesamten Anordnung ergibt sich zu

$$R = \frac{R_{\text{v}}}{2} + R_{\text{l}} = \sqrt{\left(\frac{R_{\text{v}}}{2}\right)^2 + R_{\text{q}}\, R_{\text{v}}} \tag{4.13}$$

$$R = \sqrt{\left(\frac{0{,}5}{2}\right)^2 + 2 \cdot 0{,}5}\ \Omega = 1{,}03\ \Omega$$

Bei einem in der Erde liegenden Leiter ist der Abstand zwischen den Ableitelementen R_{q} (Bild 4.7) sehr klein. Man rechnet dann mit längenbezogenen Größen.

$$R_{\text{v}}' = \frac{R_{\text{v}}}{l} \qquad G_{\text{q}}' = \frac{G_{\text{q}}}{l}$$

Diese können wir auch für den Kettenleiter mit l = 300 m Mastabstand angeben.

$$R_{\text{v}}' = \frac{0{,}5\ \Omega}{0{,}3\ \text{km}} = 1{,}67\ \Omega/\text{km}$$

$$G_{\text{v}}' = \frac{\frac{1}{(2\ \Omega)}}{0{,}3\ \text{km}} = 1{,}67\ \text{S}/\text{km}$$

Für ein Element der Länge dx, bestehend aus Längswiderstand dR_{l} und Querleitwert dG_{q}, ergibt sich dann analog zu Gl. (4.13)

$$\text{d}R_{\text{v}} = R_{\text{v}}' \cdot \text{d}x \qquad \text{d}G_{\text{q}} = G_{\text{q}}' \cdot \text{d}x$$

$$R = -R_{\text{v}}' \cdot \text{d}x + \sqrt{\left(R_{\text{v}}' \cdot \frac{\text{d}x}{2}\right)^2 + \frac{R_{\text{v}}' \cdot \text{d}x}{G_{\text{q}}' \cdot \text{d}x}}$$

Wenn nun die Elementlänge zu null wird, erhält man den so genannten *Wellenwiderstand* R_{w}.

$$R_{\text{w}} = \sqrt{\frac{R_{\text{v}}'}{G_{\text{q}}'}} = \sqrt{\frac{1{,}67\ \Omega/\text{km}}{1{,}67\ \text{S}/\text{km}}} = 1\ \Omega \tag{4.14}$$

Er unterscheidet sich nur unwesentlich von dem *Kettenleiterwiderstand* $R = 1{,}03\ \Omega$. ❑

4.3 Kirchhoff'sche Regeln

Bitte sehen Sie sich noch einmal die Gln. (4.4) bis (4.9) an. Sie sollen jetzt auf einen vollständigen Stromkreis angewandt werden. Hierzu dient **Bild 4.8a**. Aus Gl. (4.5) ergibt sich die Spannung an dem Ersatzwiderstand aus R_1, R_2, R_3.

$U = U_1 + U_2$

Gl. (4.6) besagt:

$I = I_1$

Aus Gl. (4.8) folgt:

$I_1 = I_2 + I_3$

Schließlich liefert Gl. (4.9)

$U_2 = U_3$

Wenn wir die Zählpfeile der Spannung U und der beiden Ströme I_2 und I_3 umkehren, so folgt nach **Bild 4.8b**:

$U + U_1 + U_2 = 0$
$I_1 + I_2 + I_3 = 0$

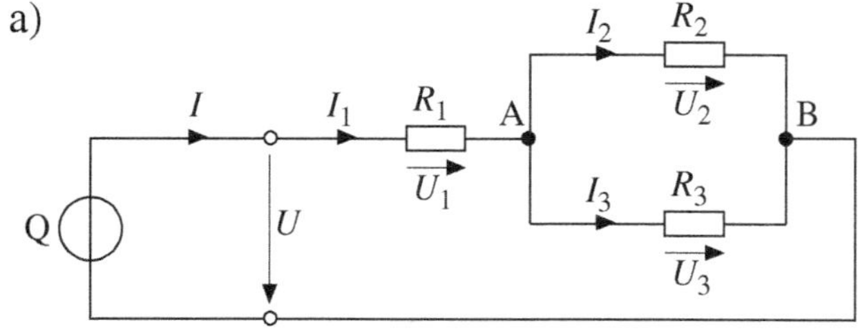

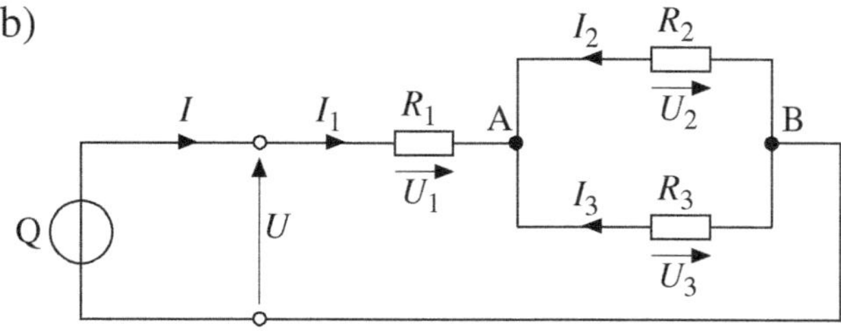

Bild 4.8 Zu den Kirchhoff'schen Regeln
a) übliches Zählpfeilsystem, b) Zählpfeilsystem zur Ableitung der Regeln

Die Spannungsgleichung gilt für einen geschlossenen Stromkreis, die Stromgleichung für den Knoten A. Voraussetzung für die Spannungsgleichungen ist, dass alle Spannungen entlang eines Umlaufs in dieselbe Richtung orientiert sind. Wir nennen die Schleife, die durchlaufen wurde, eine *Masche.*

Die Stromgleichung gilt für den Fall, dass alle Ströme gleichsinnig in den Verzweigungspunkt hinein zeigen oder alle heraus zeigen. Der Verzweigungspunkt wird *Knoten* genannt. Das Element zwischen zwei Knoten, d. h. die Verbindung, die durch einen Widerstand oder eine Spannungsquelle hergestellt wird, heißt *Zweig.*

Wir fassen nun die Regeln zusammen, die Gustav Robert Kirchhoff, 1822 bis 1884, geb. in Königsberg, aufgestellt hat. Bekannt wurde Kirchhoff auch noch durch seine Arbeiten auf dem Gebiet der Spektrallinien des Sonnenlichts.

Kirchhoff'sche Regeln:

Knotenregel: Die Summe der Ströme, die in einem Knoten fließen, ist null.

$$\Sigma I_i = 0 \tag{4.15}$$

Maschenregel: Die Summe der Spannungen in einer Masche (geschlossener Umlauf) ist null.

$$\Sigma U_i = 0 \tag{4.16}$$

Man vermeidet den Begriff Gesetz wie beim Ohm'schen Gesetz, weil es sich hier nicht um ein Naturgesetz handelt, das mathematisch formuliert wurde, sondern um Regeln der Logik. Diese Regeln lassen sich auch anwenden, wenn die Zählpfeile nicht wie oben beschrieben gewählt wurden. Dies zeigen wir an Bild 4.8a.

Masche über Q, R_1, R_2

$$-U + U_1 + U_2 = 0$$

Masche über Q, R_1, R_3

$$-U + U_1 + U_3 = 0$$

Masche über R_1, R_2

$$U_2 - U_3 = 0$$

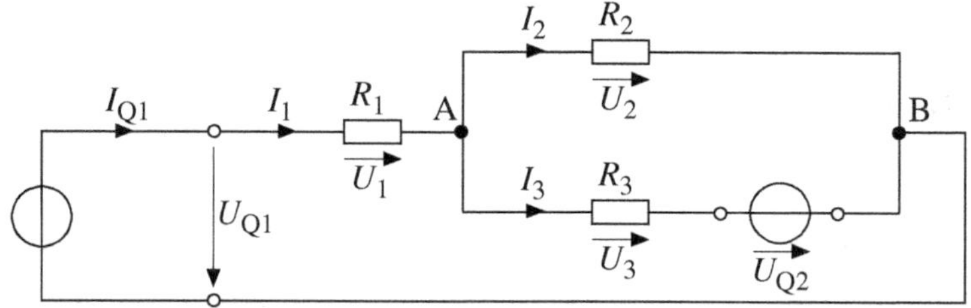

Bild 4.9 Netz mit zwei Spannungsquellen

Knoten A

$-I_1 + I_2 + I_3 = 0$

Knoten B

$I_2 + I_3 - I_1 = 0$

Noch eine Bemerkung zu den Zählpfeilen: Wenn wir das Netz in Bild 4.8a berechnen, ergibt sich z. B. $I_1 = 5$ A. Beim Netz nach Bild 4.8b erhalten wir dann $I_1 = -5$ A.

Wichtige Regeln zur Berechnung von Stromkreisen:

1. Knoten bezeichnen!
2. Zweige bezeichnen!
3. Stromzählpfeile festlegen!
4. Spannungszählpfeile festlegen!
5. Gleichungen aufstellen!
6. Gleichungen lösen! (In vielen Fällen wird man gleich Zahlenwerte einsetzen.)
7. Kontrollieren! (Plausibilität)

Wir haben bisher mit nur einer Spannungsquelle im Netzwerk gearbeitet. Bei mehreren Spannungsquellen ergeben sich keine prinzipiellen Unterschiede, wie **Bild 4.9** zeigt. Hier bekommen wir beispielsweise eine Maschengleichung:

$-U_{Q1} + U_1 + U_3 + U_{Q2} = 0$

Noch einige Bemerkungen zu Bild 4.9: Wenn beide Spannungen der Spannungsquellen bei den eingezeichneten Zählpfeilen positive Werte haben, heben sie sich teilweise auf, d. h. sie arbeiten gegeneinander.

In dem Bild wurde ein Teil der Knoten durch Punkte gekennzeichnet, die alle zusammentreffenden Linien verbinden. Die Kreise als Knoten haben keine zusätzliche Bedeutung, sie sollen nur die Klemmen spezieller Betriebsmittel hervorheben.

4.4 Spannungsquelle

Die bisher verwendeten Spannungsquellen zeichnen sich durch eine konstante, stromunabhängige Spannung aus. Dies ist unrealistisch. Bei jeder realen Spannungsquelle wird mit steigendem Strom die Klemmenspannung abgesenkt. Diesen Effekt wollen wir näher untersuchen.

4.4.1 Kennlinien der Spannungsquelle

In der Regel lässt sich die reale Spannungsquelle durch eine stromunabhängige Spannung U_Q und einen Widerstand R_Q entsprechend **Bild 4.10a** dar-

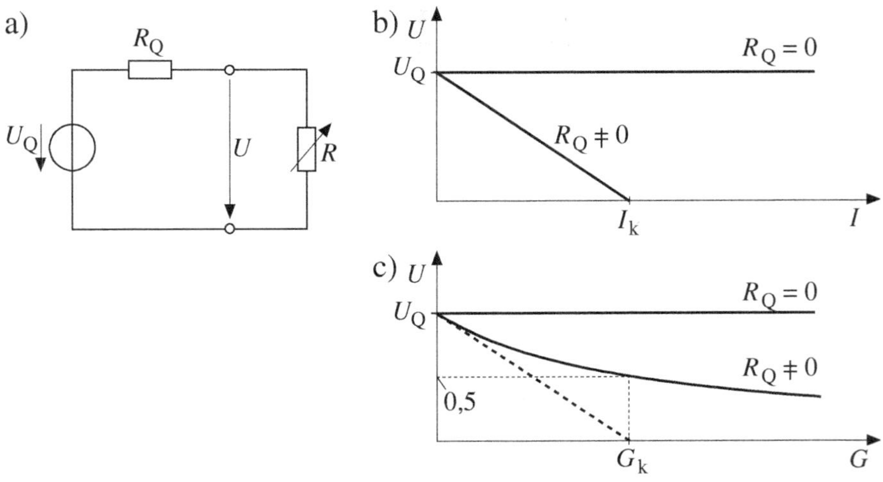

Bild 4.10 Spannungsquelle mit Innenwiderstand

stellen. Die Klemmenspannung U ist dann entsprechend **Bild 4.10b** vom Strom bzw. dem Lastwiderstand $R = 1/G$ abhängig. Der Widerstand R_Q innerhalb der Spannungsquelle wird Quellenwiderstand oder *Innenwiderstand* $R_i = R_Q$ genannt. Die Quellenspannung bezeichnet man auch als *innere Spannung* $U_i = U_Q$.

Die Klemmenspannung kann in Abhängigkeit vom Laststrom I oder dem Lastleitwert G angegeben werden.

$$U = U_Q - R_Q\, I \tag{4.17}$$

$$U = U_Q - R_Q\, G\, U$$

$$U = U_Q \frac{1}{1 + R_Q\, G} \tag{4.18}$$

Für kleine Quellenwiderstände ($R_Q \to 0$) lässt sich Gl. (4.18) in Gl. (4.17) überführen.

$$U \approx U_Q \left(1 - R_Q\, G\right) = U_Q - R_Q\, G\, U_Q \approx U_Q - R_Q\, G\, U$$

Dabei ist $G\, U_Q$ der Strom, der sich ohne Innenwiderstand einstellen würde. Bei geringem Quellenwiderstand gilt $U \approx U_Q$.

Beispiel 4.3

Die Funktionen $U\,(I)$ und $U\,(G)$ sind für folgende Daten zu berechnen:

$$U_Q = 1\,\text{V} \qquad R_Q = 1\,\Omega \qquad I = 0\,\text{A} \ldots 1\,\text{A}$$

Die Funktion $U(I)$ liefert nach Gl. (4.17) eine Gerade, die für $I = 0$ bei $U = U_Q = 1$ V, dem *Leerlaufpunkt,* beginnt und für $I = I_k = 1$ A bei $U = 0$ endet. Dies ist der *Kurzschlusspunkt*, bei dem der Leitwert G zu unendlich bzw. der Lastwiderstand $R = 1/G$ zu null wird (Bild 4.10b). Wir führen nun den Kurzschlussleitwert G_k ein, der die Leerlaufspannung, d. h. die innere Spannung U_Q, mit dem Kurzschlussstrom I_k verknüpft.

$$G_k = \frac{I_k}{U_Q} = G_Q = \frac{1\,\text{A}}{1\,\text{V}} = 1\,\text{S} \tag{4.19}$$

Wird die Spannungsquelle mit diesem Widerstand $R_k = 1/G_k = R_Q = 1\ \Omega$ belastet, so sinkt die Klemmenspannung auf $U = 0{,}5$ V, d. h. auf die Hälfte der Leerlaufspannung, ab. Dies ist in **Bild 4.10c** dargestellt. ❑

> Spannungsquellen zur Stromversorgung werden so betrieben, dass sich ihre Klemmenspannung bei Belastung maximal um 10 % absenkt. Die Annahme $U \approx U_Q$ ist demnach berechtigt.

4.4.2 Leistungsabgabe

Wenden wir uns nun der Leistung zu, die eine Spannungsquelle abgibt. Sie errechnet sich zu

$$P = U \cdot I = U \cdot \frac{(U_Q - U)}{R_Q}$$

Diese Gleichung lässt sich nach der Klemmenspannung U auflösen. Es entsteht eine quadratische Gleichung.

$$U^2 - U_Q\, U + R_Q\, P = 0$$

$$U = \frac{U_Q}{2} \pm \sqrt{\left(\frac{U_Q}{2}\right)^2 - R_Q\, P} \tag{4.20}$$

Für kleine Leistungen geht die Gleichung über in

$$U = U_{1;2} = \frac{U_Q}{2} \pm \frac{U_Q}{2} \sqrt{1 + \frac{4\, R_Q\, P}{U_Q^2}}$$

Die Näherung $\sqrt{1 - \varepsilon} = 1 - \frac{\varepsilon}{2}$ liefert

$$U = U_{1;2} = \frac{U_Q}{2} \pm \frac{U_Q}{2} \left(1 - \frac{2\, R_Q\, P}{U_Q^2}\right)$$

$$U_1 = U_Q - \frac{R_Q}{U_Q} P$$

$$U_2 = \frac{R_Q}{U_Q} P$$

Dies sind zwei Geraden $U_1(P)$ und $U_2(P)$, wobei die Gleichung für U_1 in Gl. (4.17) zu überführen ist.

$$\frac{P}{U_Q} \approx \frac{P}{U} = I$$

4.4.3 Anpassung

Die Grenze der reellen Lösung in Gl. (4.20) ist erreicht bei

$$\left(\frac{U_Q}{2}\right)^2 = R_Q\, P$$

$$P = P_{max} = \frac{U_Q^2}{4\, R_Q} \tag{4.21}$$

Dies ist die maximale Leistung, die aus den Spannungsquellen herausgezogen werden kann. Ein solcher Betrieb wird *Anpassung* genannt. Er ist in der Nachrichtentechnik von Bedeutung, weil hier die maximale Signalleistung wichtig ist und nicht der Wirkungsgrad.

Setzen wir Gl. (4.21) in Gl. (4.20) ein, so ergibt sich

$$U = \frac{U_Q}{2} \tag{4.22}$$

Die Klemmenspannung ist also die Hälfte der inneren Spannung. Damit wird der Lastwiderstand R gleich dem inneren Widerstand R_Q der Spannungsquelle. Das bedeutet aber auch, dass in der Spannungsquelle ebenso viel Leistung umgesetzt wird, wie sie abgibt. Dies entspricht einem Wirkungsgrad $\eta = 0{,}5$ und ist für die Energieversorgung nicht zu tolerieren. **Bild 4.11** zeigt den Zusammenhang zwischen Leistung und Spannung. Im oberen Ast ist die Leistungsabgabe größer als die Verlustleistung, im unteren ist sie kleiner.

Aufgabe 4.6

Eine Spannungsquelle $U_Q = 230$ V; $R_Q = 1\ \Omega$ wird mit einem Motor belastet, der bei der Bemessungsspannung $U_r = 230$ V die Leistung $P_r =$ 10 kW aufnimmt.

a) Welche Motorspannung ergibt sich für eine Näherung, nach der die Stromaufnahme I aus der Bemessungsleistung P_r und der Bemes-

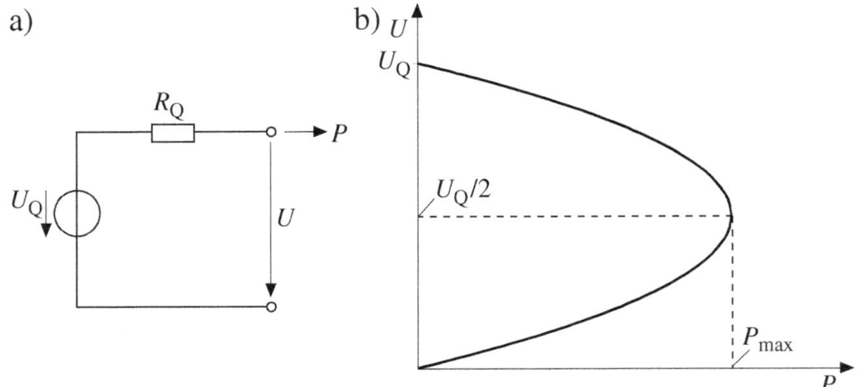

Bild 4.11 Leistungsabgabe einer Spannungsquelle
a) Schaltbild, b) Spannungsabhängigkeit

sungsspannung $U_r = U_Q$ errechnet wird? Welche Leistungsaufnahme hat der Motor?

b) Welche Spannung ergibt sich, wenn der Motorwiderstand $R = R_r$ aus der Leistung P_r bei der Bemessungsspannung $U_r = U_Q$ errechnet wird?

c) Welche Spannung ergibt sich für den Fall, dass der Motor tatsächlich die Leistung P_r aufnimmt? Vergleichen Sie die Leistungsaufnahme des Motors für die drei Fälle!

4.5 Stromquelle

Im vorhergehenden Abschnitt hatten wir die Spannungsquelle mit ihrem Innenwiderstand behandelt. Sie besteht aus einer festen Spannung U_Q, die ihren Betrag auch dann nicht ändert, wenn große Ströme fließen. Ein Kurzschluss führt theoretisch zu unendlichem Strom. Die reale Spannungsquelle hat stets einen Innenwiderstand R_{SQ}, der als Serienelement den Strom begrenzt. Bei praktischen Lösungen ist dieser Innenwiderstand so klein, dass an ihm maximal 10 % bis 20 % Spannung abfallen, wenn die Belastung im Bemessungsbereich bleibt. Im Kurzschlussfall stellt sich dementsprechend ein Strom vom fünf- bis zehnfachen Bemessungswert ein. Wie hängen diese Zahlen mit dem oben genannten Spannungsfall von 10 % bis 20 % zusammen? In den öffentlichen Netzen, z. B. an der Steckdose, kann der Kurzschlussstrom auch den 100- oder 1 000-fachen Bemessungswert annehmen. Hier müssen Sicherungen als Schutzorgan eingreifen. Sie tun dies innerhalb von 1 ms bis 5 ms.

Wir haben nun mehrfach die Begriffe Bemessungsspannung U_r und Bemessungsstrom I_r genannt. *Bemessungsgrößen* sind die Werte, für die ein Gerät bemessen, d. h. ausgelegt ist. Der Index r kommt von *rated.*

In elektronischen Schaltungen, z. B. bei Transistoren, ist der Strom einer Quelle I_Q weitgehend lastunabhängig. Die Klemmenspannung ergibt sich dann auf Grund des Lastwiderstands. Der Klemmenstrom einer realen *Stromquelle* wird durch einen Innenwiderstand R_{PQ} als Parallelelement reduziert. Die Dualität zwischen Spannungs- und Stromquelle ist in **Bild 4.12** dargestellt. Beachten Sie bitte die unterschiedlichen Schaltzeichen für Spannungs- und Stromquelle!

Beide Schaltungen sind gleichwertig und lassen sich ineinander umrechnen.

Im Leerlauf ($R = \infty$) gilt:

$$U = U_Q = U_\infty = R_{PQ}\, I_Q$$

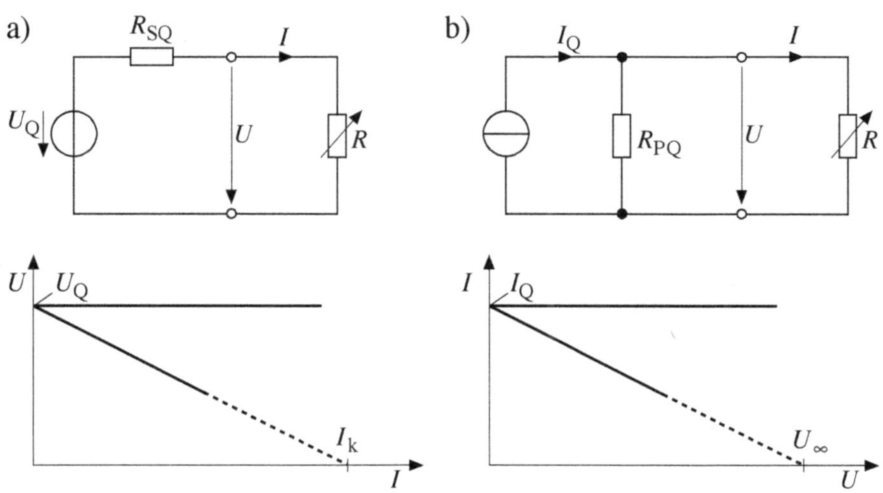

Bild 4.12 Spannungs- und Stromquelle
a) Spannungsquelle, b) Stromquelle

Im Kurzschluss ($R = 0$) gilt:

$$I = I_k = \frac{U_Q}{R_{SQ}} = I_Q$$

Daraus folgt für die Umrechnung von einer Spannungsquelle in eine Stromquelle:

$$R_{PQ} = R_{SQ} = R_Q$$

$$I_Q = \frac{U_Q}{R_Q} \tag{4.23}$$

Das Modell der Spannungsquelle wird vorzugsweise angewandt, wenn im üblichen Betriebsbereich die Spannung annähernd konstant ist. Stromquellen verwendet man, wenn der Strom im Betriebsbereich annähernd konstant ist. Wir sprechen dann von einem eingeprägten Strom.

4.6 Zweipole

Die Spannungs- und Stromquellen aus den beiden vorangehenden Abschnitten haben zwei Klemmen und werden deshalb *Zweipole* oder *Zweitore* genannt. Da sie eine innere Spannung enthalten, die sich an den Klemmen auswirkt, werden sie als *aktive Zweipole* bezeichnet – im Gegensatz zu einem *passiven Zweipol*, der nur aus Widerständen besteht.

Zweipol

Ein Zweipol ist eine elektrische Schaltung, die im Innern aus Spannungsquellen und Widerständen besteht und über zwei Klemmen von außen zugänglich ist. Aktiv ist ein Zweipol, wenn er bei geeigneter Klemmenbeschaltung Leistung abgeben kann (Bild 4.12). Er muss demnach mindestens eine Spannungsquelle enthalten. Bei Verwendung von Zweipolen interessiert nur das Klemmenverhalten, der innere Aufbau ist uninteressant. Diese Vorgehensweise ist für den Planungsingenieur wichtig, wenn viele Betriebsmittel zu einem System zusammengefasst werden. Es entstehen dann *Ersatznetze*.

Aus den eben getroffenen Aussagen folgt:

Die beiden Zweipole in **Bild 4.13a** und **4.13b** verhalten sich an den Klem-

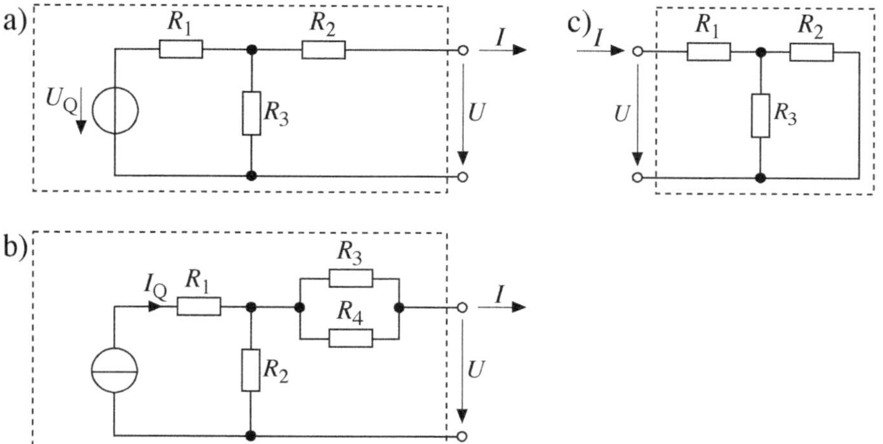

Bild 4.13 Zweipole
a) aktiver Zweipol mit Spannungsquelle, b) aktiver Zweipol mit Stromquelle, c) passiver Zweipol

men wie die einfacher aufgebauten Zweipole in Bild 4.12a und 4.12b. Deshalb ist es möglich, für die Zweipole in Bild 4.13 Ersatzzweipole anzugeben. Dies soll anhand eines Beispiels gezeigt werden.

Beispiel 4.4

Die Zweipole in Bild 4.13 sollen reduziert werden: $R_1 \dots R_4 = 1\ \Omega$.

(Bild 4.13a: $U_Q = 1$ V; Bild 4.13b: $I_Q = 1$ A)

Beginnen wir mit dem passiven Zweipol in **Bild 4.13c**. Zwischen den beiden Klemmen liegt der Widerstand

$$R_{ers} = R_1 + R_2 \parallel R_3 = 1\,\Omega + \frac{1\,\Omega \cdot 1\,\Omega}{1\,\Omega + 1\,\Omega} = 1{,}5\,\Omega$$

Für den aktiven Zweipol in Bild 4.13a bestimmen wir Leerlaufspannung und Kurzschlussstrom.

a) Leerlauf ($I = 0$)

$$U = U_3 = I_3 \cdot R_3 = \frac{U_Q}{R_1 + R_3} \cdot R_3 = \frac{1}{1+1} U_Q = 0{,}5\,U_Q$$

$$U_{Qers} = 0{,}5\,U_Q = 0{,}5\text{ V}$$

Wichtig:

Wenn Sie einen Rechenschritt nicht verstehen, gehen Sie nicht weiter, sondern nehmen Sie das Blatt Papier, das ich in der Einleitung erwähnt habe, und versuchen Sie abzuleiten!

b) Kurzschluss ($U = 0$)

$$I_1 = \frac{U_Q}{R_1 + R_2 \parallel R_3} = \frac{U_Q}{(1+0{,}5)\,\Omega} = \frac{U_Q}{1{,}5\,\Omega}$$

$$U_3 = I_1 \cdot \left(R_2 \parallel R_3\right) = U_2$$

$$I = I_k = I_2 = \frac{U_3}{R_2} = \frac{R_2 \parallel R_3}{R_2} I_1 = 0{,}5\, I_1$$

$$I_k = \frac{0{,}5}{1{,}5\,\Omega} \cdot U_Q = \frac{U_Q}{3\,\Omega} = \frac{1}{3}\,\text{A} = 0{,}33\,\text{A}$$

$$R_{Qers} = \frac{U_{Qers}}{I_k} = \frac{0{,}5\, U_Q}{\dfrac{U_Q}{3\,\Omega}} = 1{,}5\,\Omega$$

Wenn wir nun von den Klemmen in die Schaltung nach Bild 4.13a schauen und dabei die Spannungsquellen kurzschließen, erhalten wir

$$R = R_2 + R_1 \parallel R_3 = 1{,}5\,\Omega = R_{Qers}$$

Diese Übereinstimmung mit dem oben berechneten Wert ist kein Zufall, wie später noch gezeigt wird.

Ersatzspannungsquelle

Ein beliebig komplexes Netzwerk, bestehend aus Widerständen und Spannungsquellen, kann durch einen Innenwiderstand und eine innere Spannung nachgebildet werden. Der Innenwiderstand R_{Qers} der Ersatzspannungsquelle ist der Widerstand von den Klemmen des Netzwerks aus gesehen, wenn die Spannungsquellen kurzgeschlossen (nicht wirksam) sind. Die innere Spannung ist die Spannung U_{Qers}, die an den Klemmen des Zweipols gemessen wird, wenn dieser unbelastet ist (Leerlauf). Aus Innenwiderstand R_{Qers} und Leerlaufspannung U_{Qers} ergibt sich der Kurzschlussstrom $I_k = U_{Qers}/R_{Qers}$.

Für die Schaltung in Bild 4.13b erhalten wir:

$$R_3 \parallel R_4 = R_5 = 0{,}5\,\Omega$$

$$U_{\text{Qers}} = R_2 \cdot I_{\text{Q}} = 1\,\Omega \cdot 1\,\text{A} = 1\,\text{V}$$

$$I_{\text{k}} = \frac{U_5}{R_5} = I_{\text{Q}} \frac{R_5 \parallel R_2}{R_5}$$

Verstanden? Nein? ⇒ Ableiten!

$$I_{\text{k}} = \frac{R_2}{R_5 + R_2} I_{\text{Q}} = \frac{1}{0{,}5 + 1} I_{\text{Q}} = 0{,}667\, I_{\text{Q}} = 0{,}667\,\text{A}$$

Verstanden? Nein? ⇒ Ableiten! Die obigen Rechengänge kommen häufig vor!

$$R_{\text{Qers}} = \frac{U_{\text{Qers}}}{I_{\text{k}}} = \frac{1\,\text{V}}{0{,}667\,\text{A}} = 1{,}5\,\Omega$$

Schauen wir von den Klemmen in die Schaltung hinein und betrachten dabei die Stromquelle als unterbrochen, so ergibt sich:

❏ $R = R_{\text{Qers}} = R_2 + R_3 \parallel R_4 = 1{,}5\,\Omega$

Aufgabe 4.7

In **Bild 4.14a** ist ein Netz mit zwei Einspeisungen Q_1 und Q_2 dargestellt. Es besteht aus der Reihenschaltung von drei Leitungen L1, L2 und L3 mit den Widerständen R_1, R_2 und R_3. An dem Verbindungsknoten A zwischen den Leitungen L1 und L2 ist ein Verbraucher R_{A} angeschlossen. Wie groß ist die Spannung an dem Knoten B zwischen den Leitern L2 und L3, an denen später ein zweiter Verbraucher angeschlossen werden soll?

$R_{\text{Q1}} = R_{\text{Q2}} = 1\,\Omega$ $\quad U_{\text{Q1}} = 200\,\text{V}$ $\quad U_{\text{Q2}} = 240\,\text{V}$

$R_1 = R_2 = R_3 = 2\,\Omega$ $\quad R_{\text{A}} = 10\,\Omega$

Um die Aufgabe zu lösen, betrachten Sie zweckmäßigerweise die linke Seite von der Klemme A aus gesehen als die Klemme einer Spannungsquelle mit Q_1. In sie wird die Last R_{A} mit einbezogen. Bilden Sie zunächst eine Ersatzspannungsquelle Q_{A}! Berechnen Sie anschließend mit den Spannungen und Strömen die Leistungen an den einzelnen Knoten

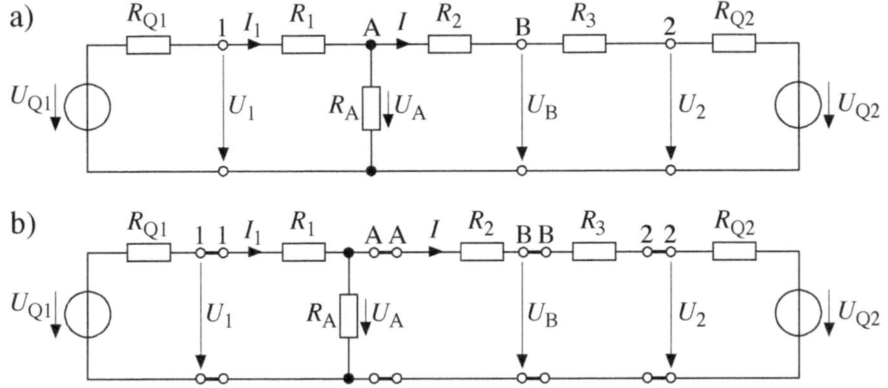

Bild 4.14 Netz zur Stromversorgung
a) Netzschaltung, b) Auftrennung des Netzes in Zwei- und Vierpole

und die Verlustleistungen der Elemente! Ziehen Sie schließlich eine Leistungsbilanz und berechnen Sie den Wirkungsgrad der Stromversorgung, d. h. das Verhältnis der Leistung im Verbraucher A zu der inneren Leistungserzeugung der Spannungsquellen 1 und 2!

Die Aufgabe ist nicht ganz einfach, denn es ist viel zu rechnen. Nehmen Sie sich Zeit! Übrigens: Mit dieser Aufgabe werde ich Sie später noch mehr „quälen“.

Haben Sie die Aufgabe gerechnet? Ich hoffe in Ihrem Interesse: Ja!

Zur Abrundung des Abschnitts will ich noch den *Vierpol* erklären. Wir haben ihn bereits in der vorhergehenden Aufgabe kennen gelernt. Das Netz zwischen den Klemmen der Spannungsquellen 1 und 2 ist ein solcher Vierpol. Eine Leitung ist ebenfalls ein Vierpol mit zwei Klemmen am Anfang und zwei Klemmen am Ende.

In **Bild 4.14a** gibt es drei Leitungen als Vierpole, wobei der Widerstand R_A dem Vierpol 1 oder 2 zugeschlagen wird. Wir können aber auch den Lastwiderstand R_A als separaten Zweipol auffassen und mit dem Vierpol der Leitung verbinden. Die Spannungsquellen sind Zweipole. Ein Beispiel für die Auftrennung des Netzes in Zwei- und Vierpole zeigt **Bild 4.14b**.

5 Spezielle Methoden zur Berechnung von Gleichstromkreisen

Es sollen einige Verfahren vorgestellt werden, die die Berechnung von Netzwerken vereinfachen. Dann will ich etwas über die Probleme der Messtechnik sagen und zeigen, wie man vorgeht, wenn ein nichtlineares Element im Netz liegt. Das Kapitel wird mit Betrachtungen zum Zeitverhalten abgeschlossen.

5.1 Überlagerungsprinzip

Es gibt ein „Kochrezept", um in Widerstandsnetzwerken mit Spannungs- und Stromquellen die Ströme und Spannungen zu berechnen. Hierzu müssen wir die beiden Kirchhoff'schen Regeln anwenden, um ein Gleichungssystem aufzustellen und dieses konsequent lösen. Einfach? Nein! Systematisch machen wir das im nächsten Kapitel. Jetzt wollen wir noch versuchen, ohne ein Kochrezept auszukommen. Dabei will ich anschaulich vorgehen.

Das *Überlagerungsprinzip* wurde in dem vorhergehenden Abschnitt schon laufend angewandt, ohne dass ich es angesprochen habe. Wir wenden es auch im täglichen Leben an, ohne uns Gedanken darüber zu machen. Voraussetzung für das Überlagerungsprinzip ist die *Linearität*. Was ist das? Sie wissen es? Vorsicht!

5.1.1 Formulierung des Überlagerungsprinzips

In einem linearen Netzwerk besteht ein linearer Zusammenhang zwischen Strom und Spannung. Dies ist nur der Fall, wenn in den Netzwerken alle Widerstände konstant, d. h. unabhängig von Strom und Spannung, sind. Fälschlicherweise redet man oft vom linearen Widerstand und meint einen konstanten Widerstand.

Linearität eines Netzwerks bedeutet: Werden alle Spannungen im Netzwerk um den Faktor K vergrößert, so werden alle Ströme um den Faktor K größer.

In einem Netz mit mehreren Spannungsquellen kann man für jede Spannungsquelle eine Stromverteilung berechnen und dabei die anderen Quellenspannungen null setzen. Dies entspricht einem Kurzschluss der Spannungsquellen. Bei n Spannungsquellen berechnen wir dann in jedem Zweig n Ströme. Die Summe der Ströme in den einzelnen Zweigen ist gleich dem Strom, der sich im vollständigen Netzwerk ergibt. Bei Stromquellen ist analog zu verfahren. Man speist jeweils einen Strom ein und macht die anderen Quellenströme null.

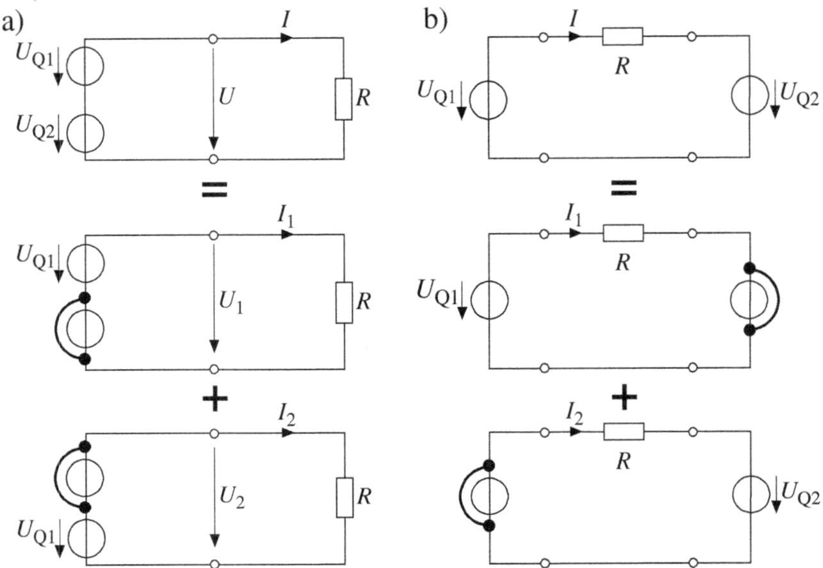

Bild 5.1 Überlagerungsprinzip
a) Spannungsquellen in Reihe, b) zwei Spannungsquellen

Der erste Teil dieses wichtigen Zusammenhangs ist klar. Den zweiten Teil belegen wir mit zwei Beispielnetzen nach **Bild 5.1**.

5.1.2 Einfacher Nachweis des Überlagerungsprinzips

Bei dem Netz in **Bild 5.1a** verläuft die Berechnung nach dem Überlagerungsprinzip wie folgt:

$$I_1 = \frac{U_{Q1}}{R} \qquad I_2 = \frac{U_{Q2}}{R}$$

$$I = I_1 + I_2 = \frac{U_{Q1} + U_{Q2}}{R}$$

Nun wenden wir uns dem Netz in **Bild 5.1b** zu.

$$I_1 = \frac{U_{Q1}}{R} \qquad I_2 = -\frac{U_{Q1}}{R}$$

$$I = I_1 + I_2 = \frac{U_{Q1} - U_{Q2}}{R}$$

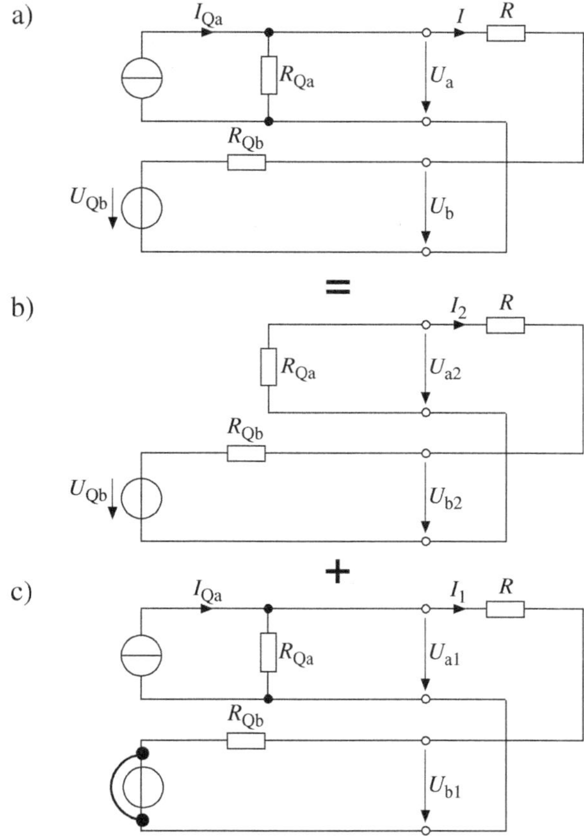

Bild 5.2 Strom- und Spannungsquellen

a) Gesamtnetz, b) nur die Spannungsquelle ist wirksam, c) nur die Stromquelle ist wirksam

Um Fehler zu vermeiden, sind die Teilströme in den einzelnen Zweigen in die gleiche Richtung zu orientieren.

5.1.3 Überlagerungsprinzip an einem Beispiel

Beispiel 5.1

Die Kombination von Strom- und Spannungsquellen zeigt **Bild 5.2a**. Es sollen die Klemmenspannungen U_a und U_b sowie der Strom I nach dem Überlagerungsprinzip berechnet werden.

$U_{Qb} = 120\ \text{V} \qquad I_{Qa} = 10\ \text{A} \qquad R_{Qa} = 10\ \Omega \qquad R_{Qb} = 5\ \Omega \qquad R = 50\ \Omega$

Zunächst wirkt nur die Spannungsquelle mit U_{Qb} (**Bild 5.2b**).

$$I_2 = \frac{-U_{Qb}}{R_{Qb} + R + R_{Qa}} = \frac{-120\ \text{V}}{5\,\Omega + 50\,\Omega + 10\,\Omega} = -1{,}846\ \text{A}$$

$$U_{b2} = U_{Qb} + I_2 \cdot R_{Qb} = 120\ \text{V} - 1{,}846\ \text{A} \cdot 5\,\Omega = 110{,}77\ \text{V}$$

$$U_{a2} = U_{Qb} + I_2\left(R_{Qb} + R\right) = 120\ \text{V} - 1{,}846\ \text{A} \cdot (5 + 50)\,\Omega = 18{,}47\ \text{V}$$

oder

$$U_{a2} = -I_2 \cdot R_{Qa} = 1{,}846\ \text{A} \cdot 10\,\Omega = 18{,}46\ \text{V}$$

Wir haben U_{a2} auf zwei verschiedenen Wegen berechnet und etwas unterschiedliche Ergebnisse erhalten. Ich behaupte, das liegt an den Rundungen. Beweisen Sie es. Aber wie? Einfach mit mehr Stellen rechnen. Mit Rundungen muss ein Ingenieur rechnen.

Nun wirkt die Stromquelle mit I_{Qa} (**Bild 5.2c**).

$$U_{a1} = I_{Qa} \cdot R_{Qa} \,\|\, \left(R + R_{Qb}\right)$$

$$U_{a1} = 10\ \text{A} \cdot \frac{10 \cdot (50 + 5)}{10 + (50 + 5)}\,\Omega = 84{,}6\ \text{V}$$

$$I_1 = \frac{U_{a1}}{R + R_{Qb}} = \frac{84{,}6}{50 + 5}\ \text{A} = 1{,}54\ \text{A}$$

$$U_{b1} = I_1 \cdot R_{Qb} = 1{,}54\ \text{A} \cdot 5\,\Omega = 7{,}7\ \text{V}$$

Beide Ergebnisse werden zusammengefasst.

$$U_a = U_{a1} + U_{a2} = 84{,}6\ \text{V} + 18{,}3\ \text{V} = 103\ \text{V}$$

$$U_b = U_{b1} + U_{b2} = 7{,}7\ \text{V} + 111\ \text{V} = 119\ \text{V}$$

$$I = I_1 + I_2 = 1{,}54\ \text{A} - 1{,}85\ \text{A} = -\,0{,}31\ \text{A}$$

Längere Rechengänge muss man immer kontrollieren. Hierzu dient ein Maschenumlauf, der alle Ergebnisse enthält.

$$-U_a + I \cdot R + U_b \overset{!}{=} 0$$

❑ $-103\,\text{V} - 0{,}31\,\text{A} \cdot 50\,\text{V} + 119\,\text{V} = 0{,}5\,\text{V} \approx 0\ \text{V}$

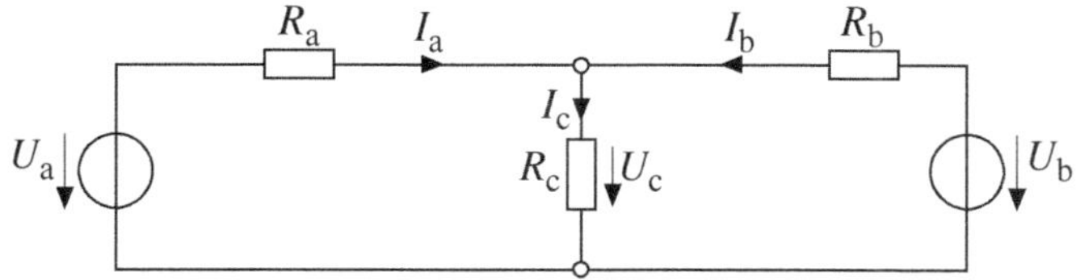

Bild 5.3 Reduziertes Versorgungsnetz

Beispiel 5.2

Nun wenden wir uns noch einmal Bild 4.14 zu. Ich habe es angedroht. Sie erinnern sich an die aufwändige Aufgabe? Sie soll nun nach dem Überlagerungsprinzip gelöst werden. Zur Vereinfachung integrieren wir die Widerstände R_1, R_2, R_3 in die Innenwiderstände und benennen die Größen um, sodass **Bild 5.3** entsteht.

$U_a = 200\ \mathrm{V}$ $\qquad$ $U_b = 240\ \mathrm{V}$

$R_a = R_{Q1} + R_1 = 3\ \Omega$ $\qquad$ $R_b = R_{Q2} + R_3 + R_2 = 5\ \Omega$ $\qquad$ $R_c = R_A = 10\ \Omega$

Zunächst gehen wir konventionell vor.

Die Regeln nach Kirchhoff liefern zwei Maschengleichungen und eine Knotengleichung.

$$U_a = R_a\ I_a + R_c\ I_c$$

$$U_b = R_b\ I_b + R_c\ I_c$$

$$I_c = I_a + I_b$$

Aus den drei Gleichungen für die Unbekannten I_a, I_b, I_c werden der Reihe nach I_c und I_b eliminiert. Die verbleibende Gleichung liefert I_a

$$U_a = \left(R_a + R_c\right) I_a + R_c\ I_b$$

$$U_b = \left(R_b + R_c\right) I_b + R_c\ I_a$$

$$I_b = \frac{U_b - R_c\ I_a}{R_b + R_c}$$

$$U_a = \left(R_a + R_c\right) I_a + \frac{R_c}{R_b + R_c}\ U_b - \frac{R_c^2}{R_b + R_c}\ I_a$$

Nun wird eine Abkürzung eingeführt:

$$R_N^2 = (R_a + R_c)(R_b + R_c) - R_c^2 = R_a\, R_b + R_a\, R_c + R_b\, R_c$$

$$U_a\,(R_b + R_c) - R_c\, U_b = R_N^2\, I_a$$

$$I_a = \frac{R_b + R_c}{R_N^2}\, U_a - \frac{R_c}{R_N^2}\, U_b = G_{a1}\, U_a - G_{a2}\, U_b$$

Wir setzen I_a in die obige Gleichung für I_b ein.

$$I_b = \frac{U_b}{R_b + R_c} - \frac{R_c}{R_N^2}\, U_a + \frac{R_c^2}{(R_b + R_c)\, R_N^2}\, U_b$$

$$= -\frac{R_c}{R_N^2}\, U_a + \frac{(R_a + R_c)\,(R_b + R_c) - R_c^2 + R_c^2}{(R_b + R_c)\, R_N^2}\, U_b$$

$$I_b = -\frac{R_c}{R_N^2}\, U_a + \frac{R_a + R_c}{R_N^2}\, U_b = -G_{b1}\, U_a + G_{b2}\, U_b$$

Die Schaltung in **Bild 5.3** ist vom Widerstand R_c aus gesehen symmetrisch aufgebaut. Dies spiegelt sich in den Ausdrücken für die Ströme wider. Kontrollieren Sie das für I_a!

Jetzt wenden wir das Überlagerungsprinzip an.

Die Ströme I_a und I_b bestehen aus zwei Komponenten, die von den beiden Quellenspannungen U_a und U_b hervorgerufen werden.

Fall 1 $\quad \boldsymbol{U_b = 0}$

$$I_{a1} = \frac{U_a}{R_a + R_b \parallel R_c} = \frac{(R_c + R_b)\, U_a}{R_a\, R_c + R_a\, R_b + R_c\, R_b}$$

$$= \frac{R_c + R_b}{R_N^2}\, U_a = G_{a1}\, U_a$$

$$I_{b1} = -\frac{R_c}{R_b + R_c}\, I_{a1} = -\frac{R_c}{R_N^2}\, U_a = -G_{b1}\, U_a$$

Fall 2 $U_a = 0$

$$I_{b2} = \frac{R_c + R_a}{R_N^2} U_b = G_{b2} U_b$$

$$I_{a2} = -\frac{R_c}{R_N^2} U_b = -G_{a2} U_b$$

$$\begin{aligned} I_a &= I_{a1} + I_{a2} = G_{a1} U_a - G_{a2} U_b \\ I_b &= I_{b1} + I_{b2} = -G_{b1} U_a + G_{b2} U_b \end{aligned} \tag{5.1}$$

Die Ströme in den Zweigen a und b werden durch Überlagerung der Ströme gebildet, die von den Spannungen U_a und U_b hervorgerufen werden.

Das war eine schwere Geburt! Aber wir haben das Ohm'sche Gesetz und die Kirchhoff'schen Regeln intensiv geübt und dabei auch neue Erkenntnisse gewonnen. Welche? Wir hatten sie bereits in Abschnitt 5.1.1 formuliert.

Überlagerungsprinzip

Jede Spannungsquelle verursacht im Netz eine Stromverteilung. So ergibt sich in jedem Zweig ein Teilstrom pro Spannungsquelle.

In jedem Zweig liefert die Summe der Teilströme den Gesamtstrom, der sich durch die Wirkung aller Spannungsquellen einstellt. Dieses Überlagerungsprinzip ist nach Helmholtz benannt.

Hermann Ludwig Ferdinand Helmholtz (1821–1894), geb. in Potsdam, hat auch die Dreifarbentheorie des Lichts entwickelt.

5.1.4 Rekursionsmethode

Ich will gleich mit einer Aufgabe anfangen. Wenn Sie diese gerechnet haben, haben Sie die Methode verstanden.

Aufgabe 5.1

In Beispiel 4.2 wurde ein Kettenleiter nach Bild 4.7 behandelt, von dem wir nun nur die ersten drei Glieder betrachten. Liegt am Eingang die Spannung $U_0 = 100$ kV an, so ergibt sich am Ende eine Spannung U_3. Wie groß ist sie, wenn nur die voll gezeichneten Kettenglieder, d. h. die mit Buchstaben gekennzeichneten Widerstände, vorhanden sind? ($R_v = 0{,}5\ \Omega$, $R_q = 2\ \Omega$)

Rechnen Sie die Aufgabe zunächst so, wie Sie es mit dem in den früheren Abschnitten erlernten Stoff gemacht hätten! Anschließend nutzen Sie das Überlagerungsprinzip. Dazu wählen Sie eine Spannung $U_3' = 1\,\text{V}$ und rechnen die Spannung U_0' am Eingang aus. Sie stimmt nicht mit dem vorgegebenen Wert U_0 überein. Wegen der Linearität können Sie aber proportional umrechnen.

Die in der Aufgabe angewandte Methode wird *rekursives Verfahren* genannt (rekursiv = zurückgehend [auf bekannte Werte]).

Rekursionsmethode

In einem von nur einer Spannung gespeisten Widerstandsnetzwerk wird an einer Stelle eine beliebige Spannung gewählt. Von dort ausgehend sind alle Ströme und Spannungen zu berechnen. So ergibt sich an der Einspeisestelle eine andere als die vorgegebene Spannung. Die Ströme und Spannungen des Netzwerks werden dann proportional umgerechnet.

5.2 Stern-Dreieck-Umformung

Der Stoff in diesem Abschnitt wird normalerweise später im Studium gebracht. Sollten Sie sich bisher schwer getan haben oder in Eile sein, überspringen Sie diesen Abschnitt! Ansonsten können Sie auch hier das Erlernte vertiefen.

Sie wissen, wie man ein kompliziertes Netzwerk aus Widerständen schrittweise so reduziert, dass ein Ersatzwiderstand übrig bleibt? Sehen Sie sich einmal die so genannte *Brückenschaltung* in **Bild 5.4** an! Sie ist einfach, hat es aber in sich! Wie groß ist der Eingangswiderstand $R = U/I$? Wie groß ist der Strom I_d?

Denken Sie fünf Minuten darüber nach, aber nicht länger!

Wir wollen nun das Problem mit Hilfe der Ersatzspannungsquelle angehen und dabei noch etwas üben.

Aufgabe 5.2

Für das Netzwerk in Bild 5.4 gelten die Werte $R_1 = 1\ \Omega$; $R_2 = 2\ \Omega$; $R_3 = 3\ \Omega$; $R_4 = 4\ \Omega$; $R_5 = R_d = 5\ \Omega$. Wie groß ist der Strom durch R_d? Zur Lösung bestimmen Sie zunächst die Spannung U_{AB} für den Fall $R_d = \infty$ und dann den Strom I_d für den Fall $R_d = 0$. Damit haben Sie eine Spannungsquelle mit Innenwiderstand R_Q und innerer Spannung U_Q. An sie wird der Widerstand R_d angelegt. Als Eingangsspannung wählen wir $U = 1$ V.

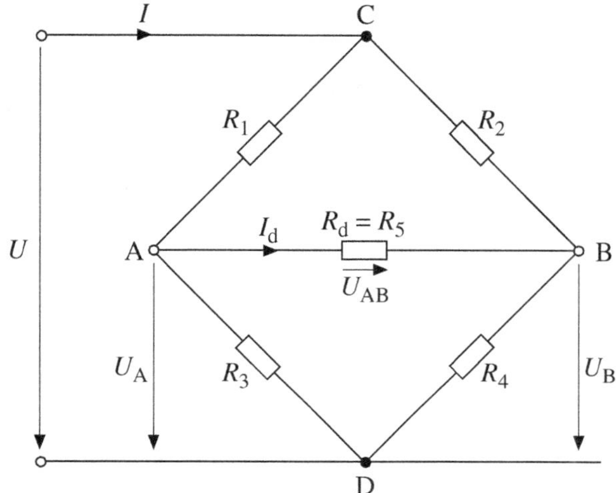

Bild 5.4 Brückenschaltung

Den Eingangswiderstand der Schaltung haben wir immer noch nicht berechnet. Aber wir wollen zunächst noch etwas zu der Schaltung sagen.

Das Verhältnis der Widerstände R_1 R_2 R_3 R_4 kann man so wählen, dass die Spannung in der Brücke zwischen A und B zu $U_{AB} = 0$ wird. Es fließt dann unabhängig von dem Widerstand R_d und der Quellenspannung U kein Strom im Brückenzweig ($I_d = 0$). Als Bedingung für diesen Sonderfall ergibt sich

$$U_A = U_B = I_3\ R_3 = I_4\ R_4$$

$$U - U_A = U - U_B = I_1\ R_1 = I_2\ R_2$$

$$I_3 = I_1 \qquad I_4 = I_2$$

Daraus folgt:

$$I_3\ R_1 = I_4\ R_2 = \frac{R_3}{R_4}\ I_3 \cdot R_2$$

$$\frac{R_1}{R_2} = \frac{R_3}{R_4}$$

Mit $R_1 = R_2$ folgt $R_3 = R_4$.

Wenn man nun in den Zweig d ein sehr empfindliches Messinstrument legt und den Widerstand R_4 so lange verändert, bis der Strom I_d null wird, dann ist obige Bedingung erfüllt. Bei genau bekannten Widerständen R_1, R_2, R_4 kann der unbekannte Widerstand R_3 bestimmt werden. Eine derartige Einrichtung zur *Widerstandsmessung* wird *Wheatstone'sche Brücke* genannt.

Abgleichbedingung der Wheatstone'schen Brücke

$$\frac{R_1}{R_2} = \frac{R_3}{R_4} \tag{5.2}$$

Aber nun zum Widerstand des Netzwerks. Hierzu eine Vorbetrachtung. Die *Sternschaltung* in **Bild 5.5a** soll in eine *Dreieckschaltung* nach **Bild 5.5b** umgewandelt werden.

Für die Schaltung a gilt:

$$I_1 = \frac{U_1 - U_0}{R_1} \qquad I_2 = \frac{U_2 - U_0}{R_2} \qquad I_3 = \frac{U_3 - U_0}{R_3}$$

$$I_1 + I_2 + I_3 = \frac{U_1}{R_1} + \frac{U_2}{R_2} + \frac{U_3}{R_3} - \left(\frac{1}{R_1} + \frac{1}{R_2} + \frac{1}{R_3}\right) U_0 \stackrel{!}{=} 0$$

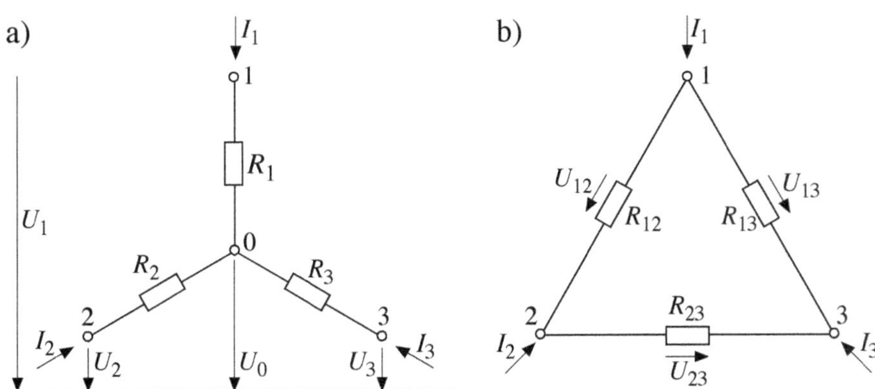

Bild 5.5 Stern-Dreieck-Umwandlung
a) Sternschaltung, b) Dreieckschaltung

Der Klammerausdruck wird abgekürzt.

$$R_0 = R_1 \parallel R_2 \parallel R_3 = \frac{1}{\dfrac{1}{R_1} + \dfrac{1}{R_2} + \dfrac{1}{R_3}}$$

$$U_0 = R_0 \left(\frac{U_1}{R_1} + \frac{U_2}{R_2} + \frac{U_3}{R_3} \right)$$

$$I_1 = \frac{U_1}{R_1} - \frac{U_0}{R_1} = \frac{U_1}{R_1} - \frac{R_0}{R_1} \left(\frac{U_1}{R_1} + \frac{U_2}{R_2} + \frac{U_3}{R_3} \right)$$

$$I_1 = \frac{R_1 - R_0}{R_1^2} \, U_1 - \frac{R_0}{R_1 \, R_2} \, U_2 - \frac{R_0}{R_1 \, R_3} \, U_3 \qquad (5.3)$$

Für die Schaltung b gilt:

$$I_1 = I_{12} + I_{13} = \frac{U_1 - U_2}{R_{12}} + \frac{U_1 - U_3}{R_{13}}$$

$$= \left(\frac{1}{R_{12}} + \frac{1}{R_{13}} \right) U_1 - \frac{1}{R_{12}} \, U_2 - \frac{1}{R_{13}} \, U_3 \qquad (5.4)$$

Ein Koeffizientenvergleich der Gln. (5.3) und (5.4) liefert:

$$\frac{R_1 - R_0}{R_1^2} = \frac{1}{R_{12}} + \frac{1}{R_{13}} \qquad (5.5)$$

$$\frac{R_0}{R_1 \, R_2} = \frac{1}{R_{12}} \qquad \frac{R_0}{R_1 \, R_3} = \frac{1}{R_{13}} \qquad (5.6)$$

Die beiden letzten Gleichungen führen zu

$$R_{12} = \frac{R_1 \, R_2}{R_0} \qquad R_{13} = \frac{R_1 \, R_3}{R_0}$$

Analogiebetrachtungen liefern R_{23}

Stern-Dreieck-Umwandlung

$$R_0 = R_1 \parallel R_2 \parallel R_3 = \frac{1}{\dfrac{1}{R_1} + \dfrac{1}{R_2} + \dfrac{1}{R_3}} \tag{5.7}$$

$$R_{12} = \frac{R_1\, R_2}{R_0} \qquad R_{13} = \frac{R_1\, R_3}{R_0} \qquad R_{23} = \frac{R_2\, R_3}{R_0}$$

Wir können nun aus den drei Widerständen der Sternschaltung die drei Widerstände der Dreieckschaltung berechnen.

Damit die Umformung gültig ist, muss aber auch Gl. (5.5) erfüllt sein. Um dies zu prüfen, setzen wir Gl. (5.6) ein.

$$\frac{R_1 - R_0}{R_1^2} = \frac{R_0}{R_1\, R_2} + \frac{R_0}{R_1\, R_3}$$

$$\frac{1}{R_1} = \frac{R_0}{R_1^2} + \frac{R_0}{R_1\, R_2} + \frac{R_0}{R_1\, R_3} = \frac{1}{R_1}\left(\frac{1}{R_1} + \frac{1}{R_2} + \frac{1}{R_3}\right) R_0 = \frac{1}{R_1} \cdot \frac{1}{R_0}\, R_0$$

Es ergibt sich kein Widerspruch.

Die Ableitung lässt sich von einem Stern mit $n = 3$ Strahlen auf eine solche mit $n \geq 3$ Strahlen erweitern **(Bild 5.6)**.

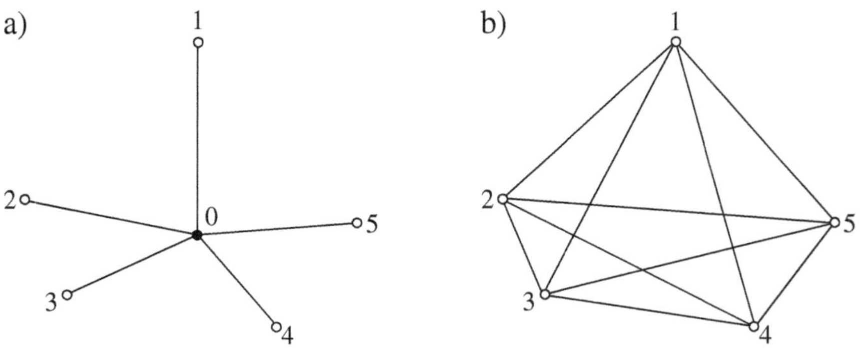

Bild 5.6 Stern-Vieleck-Umwandlung
(Die Widerstände in den Zweigen sind nicht gezeichnet.)
a) fünfstrahliger Stern, fünf Zweige, b) Fünfeck, zehn Zweige

Stern-Vieleck-Umwandlung

$$\frac{1}{R_0} = \sum_{i=1}^{n} \frac{1}{R_i} \tag{5.8}$$

$$R_{ik} = \frac{R_i \, R_k}{R_0} \tag{5.9}$$

Die Umkehrung von einem Dreieck in einen Stern ist ebenfalls möglich. Hierzu bilden wir den *Umfangswiderstand* des Dreiecks in Bild 5.5b und setzen die Gln. (5.7) ein.

$$R_u = R_{12} + R_{13} + R_{23} = \frac{R_1 \, R_2 + R_1 \, R_3 + R_2 \, R_3}{R_0} \tag{5.10}$$

Nun werden die Gln. (5.7) miteinander multipliziert.

$$R_{12} \cdot R_{13} = \frac{R_1^2 \, R_2 \, R_3}{R_0^2} = \frac{R_1^2 \, R_2 \, R_3}{R_0} \left(\frac{1}{R_1} + \frac{1}{R_2} + \frac{1}{R_3} \right)$$

$$= \frac{R_1^2 \, R_2 \, R_3}{R_0} \, \frac{R_2 \, R_3 + R_1 \, R_3 + R_1 \, R_2}{R_1 \, R_2 \, R_3}$$

$$= \frac{R_1}{R_0} \left(R_1 \, R_2 + R_1 \, R_3 + R_2 \, R_3 \right) = R_1 \, R_u$$

$$R_1 = \frac{R_{12} \, R_{13}}{R_u} \tag{5.11}$$

Analog hierzu ergeben sich R_2 und R_3.

Dreieck-Stern-Umwandlung

$$R_u = R_{12} + R_{13} + R_{23}$$

$$R_1 = \frac{R_{12} \, R_{13}}{R_u} \qquad R_2 = \frac{R_{12} \, R_{23}}{R_u} \qquad R_3 = \frac{R_{13} \, R_{23}}{R_u} \tag{5.12}$$

Diese Rücktransformation ist nur für $n = 3$ möglich. Ein n-Eck mit $n > 3$ lässt sich nicht in einen n-strahligen Stern umwandeln. Bei $n = 3$ werden aus den drei Sternelementen drei Dreieckelemente. Bei n_S Sternelementen entstehen durch die Umwandlung n_D Dreieckelemente. Dabei wird jeder Knoten mit jedem verbunden. Zwischen den Sternelementen n_S und den Dreieckelementen n_D ergibt sich der Zusammenhang

$$n_D = \frac{(n_S - 1) \cdot n_S}{2}$$

$$n_S = 3$$

$$n_D = \frac{(3-1) \cdot 3}{2} = 3 = n_S$$

$$n_S = 4$$

$$n_D = \frac{(4-1) \cdot 4}{2} = 6 > n_S$$

$$n_S = 5$$

$$n_D = \frac{(5-1) \cdot 5}{2} = 10 > n_S$$

Die Freiheitsgrade im n-Eck sind für $n > 3$ größer als im Stern. Deshalb kann ein Stern nur in Sonderfällen ein n-Eck ersetzen.

Bei der Stern-Dreieck-Umwandlung fällt der Knoten 0 weg.

Durch die Stern-Dreieck-Umwandlung wird ein Knoten eliminiert.

Diese Möglichkeit nutzen wir, um einen Knoten in Bild 5.4 zu eliminieren.

■ ***Beispiel 5.3***

Aus Aufgabe 5.2 werden die Zahlenwerte übernommen.

$R_1 = 1\,\Omega \quad R_2 = 2\,\Omega \quad R_3 = 3\,\Omega \quad R_4 = 4\,\Omega \quad R_5 = R_d = 5\,\Omega$

Zunächst zeichnen wir in **Bild 5.7a** nur die mit dem Knoten B verbundenen Elemente.

Bei der Elimination des Knotens B mit Hilfe der Stern-Dreieck-Umwandlung geht Bild 5.7a in **Bild 5.7b** über. Die Widerstände R_1 und R_3 aus der Schaltung 5.4 sind nicht eingezeichnet.

$$\frac{1}{R_0} = \frac{1}{R_2} + \frac{1}{R_4} + \frac{1}{R_5} = \left[\frac{1}{2} + \frac{1}{4} + \frac{1}{5}\right]\Omega^{-1}$$

$$R_0 = 1{,}05\,\Omega$$

$$R_{CD} = \frac{R_2\,R_4}{R_0} = \frac{2 \cdot 4}{1{,}05}\,\Omega = 7{,}6\,\Omega$$

$$R_{AC} = \frac{R_2\,R_5}{R_0} = \frac{2 \cdot 5}{1{,}05}\,\Omega = 9{,}5\,\Omega$$

$$R_{AD} = \frac{R_4 \cdot R_5}{R_0} = \frac{4 \cdot 5}{1{,}05}\,\Omega = 19\,\Omega$$

Es ist zu erkennen, dass die Widerstände in der Dreieckschaltung stets größer als die in der Sternschaltung sind.

Wir kontrollieren nun die Rechnung, indem wir den Widerstand zwischen den Klemmen C und D berechnen.

$$R_S = R_2 + R_4 = (2+4)\,\Omega = 6\,\Omega$$

$$R_D = R_{CD} \parallel (R_{AC} + R_{AD}) = 7{,}6\,\Omega \parallel (9{,}5+19)\,\Omega = 6\,\Omega$$

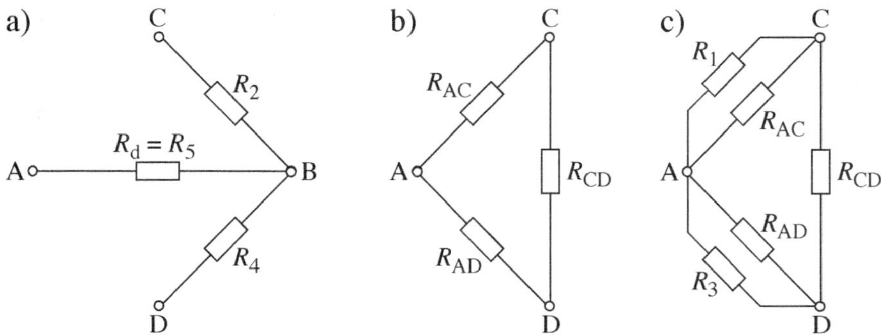

Bild 5.7 Reduktion der Brückenschaltung
a) Stern um den Knoten B, b) Dreieck, c) vollständige Brückenschaltung

Die drei errechneten Elemente werden nun in die Brücke integriert. Es entsteht **Bild 5.7c**. Diese Schaltung lässt sich mit klassischen Methoden weiter reduzieren.

$$R_6 = R_1 \parallel R_{AC} = 0{,}905\,\Omega$$

$$R_7 = R_3 \parallel R_{AD} = 2{,}591\,\Omega$$

$$R_8 = R_6 + R_7 = 3{,}496\,\Omega$$

$$R\ = R_8 \parallel R_{CD} = 2{,}395\,\Omega$$

Die Elimination eines Knotens in einem Netzwerk durch Stern-Vieleck-Umwandlung wird uns im nächsten Kapitel noch einmal begegnen. ❑

5.3 Messung

Sie haben die Widerstandsnetzwerke ausführlich behandelt und dabei mit Strömen und Spannungen gearbeitet. Wie diese in der Schaltung zu erfassen sind, ist Gegenstand der *Messtechnik*. Auf die Messgeräte und deren Genauigkeit wollen wir nur kurz eingehen, dafür aber ausführlich die Rückwirkungen des *Messkreises* auf den *Primärkreis* behandeln. Denn dies gibt uns die Möglichkeit, mit Ohm und Kirchhoff noch vertrauter zu werden.

5.3.1 Ankopplung der Messgeräte an das zu messende Element

In der klassischen elektrischen Messtechnik wird die Kraft einer stromdurchflossenen Spule im Feld eines Dauermagneten ausgenutzt, um einen Zeiger gegen eine Federkraft zu bewegen. Man bezeichnet diese Messgeräte als *Zeigerinstrumente*. In **Bild 5.8a** ist das obere Instrument als Voltmeter ausgeführt. Von den beiden unteren wird noch zu sprechen sein, aber nicht in diesem Band. Die Leistung, die zur Bewegung des Zeigers benötigt wird, muss aus dem Messkreis entnommen werden. Durch elektronische Verstärker, die zwischen Messkreis und Anzeigeinstrument geschaltet sind, ist es möglich, den Leistungsbedarf der Messeinrichtung erheblich zu reduzieren. Grenzen ergeben sich durch die Störempfindlichkeit. Wenn eine geringe Leistung im Messkreis ausreicht, um eine Anzeige hervorzuheben, verfälschen auch Störsignale, z. B. aus fremden magnetischen Feldern, die Anzeige. Selbstverständlich verwendet man im Zeitalter der Digitaltechnik häufig anstelle der *analogen Anzeige* mittels Zeiger eine *digitale Anzeige* (**Bild 5.8b**).

a)

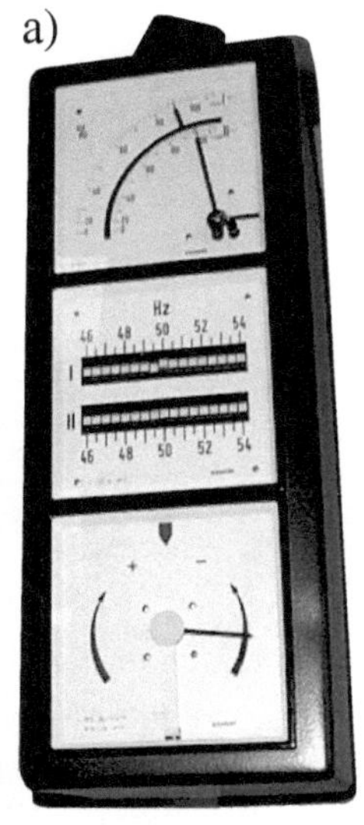

b)

Bild 5.8 Messgeräte

a) Zeigerinstrumente zur Spannungs-, Frequenz- und Phasenmessung,
b) Vielfachmessgerät mit digitaler Anzeige

Während das oben beschriebene *Drehspulmessgerät* den Strom als eigentliche Messgröße ausnutzt, wirkt bei Instrumenten mit Verstärkern die Eingangsspannung. Wenn ein Strom mit einem Spannungsmesser bestimmt werden soll, wird der Strom über einen genau bekannten Widerstand geschleift und der Spannungsfall dem Instrument zugeführt. Zur Messung einer großen Spannung wird ein hochohmiger Widerstand in Serie zu dem Messinstrument geschaltet. Die Spannung an diesem Widerstand verursacht einen spannungsproportionalen Strom, der durch den Strommesser fließt.

Bild 5.9 zeigt die Anordnung von Messinstrumenten im Stromkreis. Der *Strommesser (Amperemeter)* liegt in Reihe zu dem Element, dessen Strom gemessen werden soll **(Bild 5.9a)**. Der *Spannungsmesser (Voltmeter)* ist parallel zum Messobjekt angeordnet **(Bild 5.9b)**. Strommesser haben einen möglichst geringen Innenwiderstand, sodass die Spannung U_A, die an ihm abfällt, klein ist. Wird das Amperemeter nur zur Messung in den Stromkreis geschleift und anschließend während des Normalbetriebs wieder herausgenommen, so weicht der Strom im Element vom Messwert geringförmig ab. Der Strom I_V, der durch den Spannungsmesser in Bild 5.9b fließt, fließt am

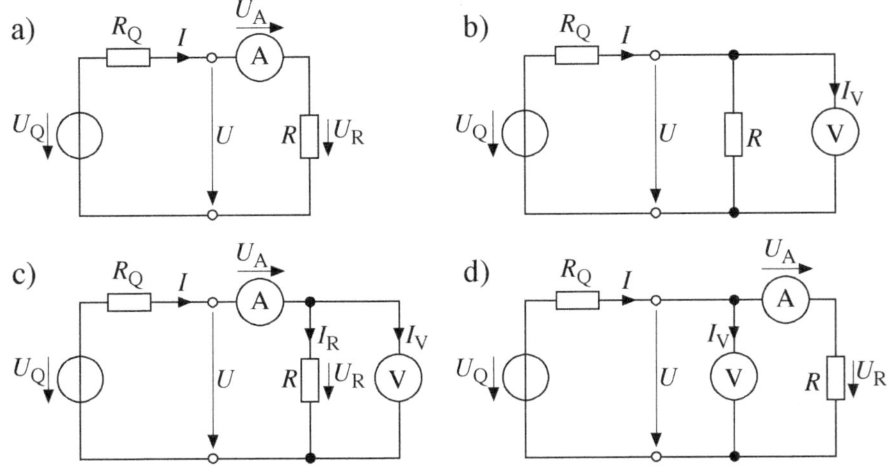

Bild 5.9 Messungen in einem Stromkreis
a) Strommessung, b) Spannungsmessung, c) Strom-Spannung-Messung, falscher Strom am Verbraucher, d) Strom-Spannung-Messung, falsche Spannung am Verbraucher

Primärkreis vorbei. Wird das Voltmeter aus der Schaltung herausgenommen, ändert sich die Spannung am zu messenden Element.

Durch die Einschleifung der Messgeräte entsteht eine Rückwirkung auf den *Primärkreis*.

Rückwirkung der Messung auf das beobachtete System

Messungen sind niemals rückwirkungsfrei. Durch einen möglichen niedrigen Widerstand im Strommesser und einen möglichst großen Widerstand im Spannungsmesser werden die Messfehler gering gehalten.

Die gleichzeitige Messung von Strom und Spannung kann entsprechend den **Bildern 5.9c** oder **5.9d** auf zwei verschiedene Arten erfolgen. Man muss sich dabei entscheiden, ob der Strommesser oder der Spannungsmesser den tatsächlichen Elementewert misst. Da im Allgemeinen die beiden Messwerte miteinander verknüpft werden, um z. B. die Leistung oder den Widerstand zu bestimmen, ist zu überlegen, welche der Schaltungen zu dem geringeren Fehler führt. Dies soll anhand eines Beispiels gezeigt werden, wobei die Verluste in den Instrumenten bewusst groß gewählt wurden, um besser handhabbare Zahlenwerte zu erhalten.

5.3.2 Strommessung

Die Rückwirkungen eines Amperemeters bei der *Strommessung* auf den Primärkreis sollen an einem Beispiel diskutiert werden.

Beispiel 5.4

Der Primärstromkreis in Bild 5.9 hat folgende Daten:

$U_Q = 1{,}1\ \text{V} \qquad R_Q = 0{,}1\ \Omega \qquad R = 1\ \Omega$

Die Messgeräte haben die Widerstände $R_A = 0{,}001\ \Omega$ und $R_V = 5\,000\ \Omega$. Zu berechnen sind Widerstand R und Leistung P des gemessenen Elements nach den unterschiedlichen Schaltungen. In diesem Beispiel beschränken wir uns auf den Strom.

Kreis ohne Messgeräte (Index 0)

$$I_0 = \frac{U_Q}{R_Q + R} = \frac{1{,}1\ \text{V}}{0{,}1\ \Omega + 1\ \Omega} = 1\ \text{A}$$

$$U_0 = R \cdot I_0 = 1\ \Omega \cdot 1\ \text{A} = 1\ \text{V}$$

$$R_0 = \frac{U_0}{I_0} = 1\ \Omega = R$$

$$P_0 = U_0 \cdot I_0 = 1\ \text{W}$$

Strommessung (Fall a, Index a)

$$I_a = \frac{U_Q}{R_Q + R_A + R} = \frac{1{,}1\ \text{V}}{0{,}1\ \Omega + 0{,}001\ \Omega + 1\ \Omega} = 0{,}99909\ \text{A}$$

$$U_{Ra} = R \cdot I_a = 0{,}99909\ \text{A}$$

Messfehler Strom

$$f_A = \frac{I_a - I_0}{I_0} = \frac{I_a}{I_0} - 1 = \frac{0{,}99909}{1} - 1 = -0{,}91 \cdot 10^{-3}$$

Es wird ein Strom I_a gemessen, der kleiner ist als der Strom I_0, der sich ohne Messinstrument einstellen würde. Deshalb ist der Messfehler f_A negativ.

5.3.3 Spannungsmessung

Bei der *Spannungsmessung* zieht der Messkreis des Spannungsmessers aus dem Primärkreis einen kleinen Strom I_V ab. Dieser verursacht im Innenwiderstand der Spannungsquelle einen zusätzlichen Spannungsfall. Die Auswirkung auf das Messergebnis soll anhand des Messkreises aus Beispiel 5.4 erfolgen.

■ ***Beispiel 5.5***

Wir wenden uns nun der Schaltung in Bild 5.9b zu.

Spannungsmessung (Fall b, Index b)

$$I_b = \frac{U_Q}{R_Q + R \| R_V} = \frac{1{,}1\,V}{0{,}1\,\Omega + 1\,\Omega \| 5000\,\Omega} = 1{,}000182\ A$$

$$I_{Rb} = I_b \cdot \frac{R_V}{R + R_V} = 1{,}000182\ A \frac{5000}{1+5000} = 0{,}999982\ A$$

$$U_{Rb} = R \cdot I_{Rb} = 0{,}999982\ V$$

Messfehler Spannung

$$f_V = \frac{U_{Rb} - U_0}{U_0} = \frac{U_{Rb}}{U_0} - 1 = -0{,}018 \cdot 10^{-3}$$

Ein Vergleich mit dem Fehler des Strommessers f_A zeigt: Die Spannung wird genauer als der Strom gemessen. Zwischen beiden liegt etwa der Faktor 50. Ein Faktor 5 ergibt sich, weil die im Spannungsmesser umgesetzte Leistung (U^2/R_V) nur 1/5 der Leistung ist, die im Strommesser verbraucht wird ($I^2\,R_A$). Der Faktor 10 ergibt sich durch das Verhältnis R/R_Q. Hätte die Spannungsquelle keinen Innenwiderstand ($R_Q = 0$), würde die Spannung exakt gemessen.

Aus den Messungen a und b werden Widerstand und Leistungsaufnahme des Elements R bestimmt.

$$R_{ab} = \frac{U_{Rb}}{I_{Ra}} = \frac{0{,}999982}{0{,}99909}\,\Omega = 1{,}00089\,\Omega$$

$$P_{ab} = U_{Rb} \cdot I_{Ra} = 0{,}999982\ V \cdot 0{,}99909\ A = 0{,}99907\ W$$

$f_R = 0{,}89 \cdot 10^{-3}$	$f_R \approx f_V - f_A$	Fall a, b
$f_P = -\,0{,}93 \cdot 10^{-3}$	$f_P \approx f_V + f_A$	

Diese Messfehler ergeben sich gegenüber dem Fall ohne Messgerät.

5.3.4 Strom- und Spannung-Messung

In den Bildern 5.9c und 5.9d werden Strom und Spannung gleichzeitig gemessen. Es gibt demnach einen Fehler f' zwischen den Messergebnissen und den wirklichen Werten im Element R und einen Fehler f zwischen den Messergebnissen und den Werten, die sich am Element ohne Messgeräte einstellen. Auch dieses Problem soll wieder in einem Beispiel behandelt werden.

Beispiel 5.6

Zunächst betrachten wir Bild 5.9c, in dem das Voltmeter die Spannung am Element korrekt misst. Das Amperemeter misst aber den Strom des Elements und den des Voltmeters gemeinsam.

Strom-Spannung-Messung (Fall c, Index c)

$$I_c = \frac{U_Q}{R_Q + R_A + R \,\|\, R_V} = \frac{1{,}1\ \text{V}}{0{,}1\ \Omega + 0{,}001\ \Omega + 1 \,\|\, 5000\ \Omega} = 0{,}99927\ \text{A}$$

$$I_{Rc} = I_c \frac{R_V}{R + R_V} = 0{,}99907\ \text{A}$$

$$U_{Rc} = R \cdot I_{Rc} = 0{,}99907\ \text{A}$$

Tatsächliche Werte mit Messgeräten im Stromkreis

$$R_{c0} = \frac{U_{Rc}}{I_{Rc}} = 1\ \Omega = R$$

$$P_{c0} = U_{Rc} \cdot I_{Rc} = 0{,}9981\ \text{W}$$

Durch die Messgeräte liegt eine geringe Spannung am Widerstand an. Deshalb ist seine Leistungsaufnahme geringer. Der Wert des Widerstands ist aber erhalten geblieben.

Aus den Anzeigen berechnete Werte

$$R_c = \frac{U_{Rc}}{I_c} = 0{,}9998\ \Omega$$

$$P_c = U_{Rc} \cdot I_c = 0{,}9983\ \mathrm{W}$$

Abweichung zwischen Messergebnis und tatsächlichen Werten

$$f'_{Rc} = \frac{R_c}{R_{c0}} - 1 = -\,0{,}2 \cdot 10^{-3}$$

Fall c

$$f'_{Pc} = \frac{P_c}{P_{c0}} - 1 = 0{,}2 \cdot 10^{-3}$$

Abweichung zwischen Messwert und tatsächlichem Wert ohne Messgeräte

$$f_{Rc} = \frac{R_c}{R_0} - 1 = -\,0{,}2 \cdot 10^{-3} = f'_{Rc}$$

$$f_{Pc} = \frac{P_c}{P_0} - 1 = 1{,}7 \cdot 10^{-3}$$

Nun wenden wir uns der Messung in Bild 5.9d zu, bei der der Strom exakt und die Spannung zu groß gemessen wird.

Strom-Spannung-Messung (Fall d, Index d)

$$I_d = \frac{U_Q}{R_Q + R_V \parallel (R_A + R)} = 0{,}99927\ \mathrm{A}$$

$$I_{Rd} = I_d \frac{R_V}{R_A + R + R_V} = 0{,}99907\ \mathrm{A}$$

$$U_{Rd} = R \cdot I_{Rd} = 0{,}99907\ \mathrm{V}$$

$$U_{Vd} = (R + R_A)\, I_{Rd} = 1{,}000069\ \mathrm{V}$$

Tatsächliche Werte mit Messgeräten im Stromkreis

$$R_{d0} = \frac{U_{Rd}}{I_{Rd}} = 1\ \Omega$$

$$P_{d0} = U_{Rd} \cdot I_{Rd} = 0{,}9981\ \text{W}$$

Aus der Anzeige berechnete Werte

$$R_d = \frac{U_{Vd}}{I_{Rd}} = 1{,}001\ \Omega$$

$$P_d = U_{Vd} \cdot I_{Rd} = 0{,}99914\ \text{W}$$

Abweichungen zwischen Messergebnis und tatsächlichen Werten

$$f'_{Rd} = \frac{R_d}{R_{d0}} - 1 = 10^3$$

$$f'_{Pd} = \frac{P_d}{P_{d0}} - 1 = 10^{-3}$$

Fall d

Abweichung zwischen Messwert und tatsächlichem Wert ohne Messgeräte

$$f_{Rd} = \frac{R_d}{R_0} - 1 = 10^{-3} = f'_{Rd}$$

$$f_{Pd} = \frac{P_d}{P_0} - 1 = -\,0{,}86 \cdot 10^{-3}$$

Sie sehen, die Schaltung c führt zu Fehlern in der Größenordnung $2 \cdot 10^{-4}$, während die Schaltung d Fehler in der Größenordnung 10^{-3} verursacht. Dies ist darauf zurückzuführen, dass der Strommesser fünfmal mehr Verluste hat als der Spannungsmesser. Der Strommesser verfälscht deshalb die Anzeige des Spannungsmessers mehr, als im anderen Fall der Spannungsmesser die Anzeige des Strommessers verfälscht. Die Schaltung c „Strommessung falsch“ ist der Schaltung d „Spannungsmessung falsch“ vorzuziehen.

Im Übrigen unterscheiden sich die Fehler f und f' nur wenig, d. h. die Rückwirkungen der Messinstrumente auf den Strom sind gering.

Messfehler entstehen, wenn nicht die richtige Größe gemessen wird, z. B. die gemeinsame Spannung von Amperemeter und Widerstand. Außerdem wirken die Instrumente auf die Ströme und Spannungen des Kreises zurück.

Wir haben in den vorherigen Beispielen viel mit der Parallelschaltung von großen und kleinen Widerständen gearbeitet und dabei erkannt, dass ein parallel geschalteter hochohmiger Widerstand den Gesamtwiderstand kaum beeinflusst. Wenn zu einem Widerstand R_0 ein hochohmiger Widerstand R_h parallel geschaltet wird, so ergibt sich der Gesamtwiderstand

$$R = \frac{R_\mathrm{h}\, R_0}{R_\mathrm{h} + R_0} = \frac{R_0}{1 + \dfrac{R_0}{R_\mathrm{h}}} \approx R_0 \left(1 - \frac{R_0}{R_\mathrm{h}} \right) = R_0 - \frac{R_0^2}{R_\mathrm{h}} \tag{5.14}$$

Diese Gleichung kann man anwenden, um den Einfluss von ungewollten Ableitwiderständen in einer elektronischen Schaltung abzuschätzen. Aus dem hochohmigen Parallelwiderstand R_h ist ein niederohmiger Reihenwiderstand R_0^2 / R_h entstanden. Bei dieser Umrechnung handelt es sich um eine Art Spiegelung am Widerstand R_0.

Sie sehen auch: Messen ist nicht so einfach. Aber durch die elektronischen Verstärker sind die Eingangswiderstände der Messgeräte im Allgemeinen so groß bzw. klein, dass die Fehler durch das Einschleifen der Messkreise in den Primärkreis geringer sind als die Fehler der Messgeräte selbst. Letztere betragen je nach Qualität 0,1 % ... 1 %.

Das Beispiel war aufwändig, aber ich hoffe, Sie haben beim Nachvollziehen ein Gefühl für den Umgang mit Stromkreisen erhalten, die extrem unterschiedliche Widerstandswerte besitzen. Hier spielt die Anzahl der führenden Stellen in der Berechnung eine große Rolle. Auch stellt sich die Frage, welche Widerstände man gegebenenfalls vernachlässigen kann.

5.3.5 Stromteilung

Die Messgeräte werden häufig nicht direkt in den Messkreis eingeschleift, sondern über Anpassglieder. Bei Strommessungen verwendet man *Shunts*, bei Spannungsmessungen *Spannungsteiler* oder *Vorwiderstände*. Der Widerstand des Shunts R_S ist kleiner als der Widerstand des Strommessers R_A **(Bild 5.10a)**. Wenn ein Strommesser für $I_\mathrm{A} = 10\ \mathrm{A}$

einen Strom von $I = 100$ A messen soll, ergibt sich der notwendige *Shunt-Widerstand* R_S zu

$$\frac{I_A}{G_A} = \frac{I}{G_A + G_S}$$

$$G_S = \left(\frac{I}{I_A} - 1\right) G_A = \left(\frac{100\text{ A}}{10\text{ A}} - 1\right) G_A = 9\,G_A$$

$$R_S = \frac{1}{9} R_A$$

Das Verhältnis von Messstrom I_A zu Gesamtstrom I wird als *Stromteilerverhältnis* V_I bezeichnet.

$$V_I = \frac{I_A}{I} = \frac{G_A}{G_A + G_S} = \frac{R_S}{R_A + R_S} = \frac{1}{1+9} = \frac{1}{10} \qquad (5.15)$$

5.3.6 Spannungsteiler

Beim Spannungsmesser ergeben sich die Verhältnisse nach **Bild 5.10b**.

Der Widerstand $R_0 = R_1 + R_2$ mit der Anzapfung bei R_2 wird *Spannungsteiler* genannt. Die gemessene Spannung $U_V = U_2$ steht zu der Spannung, die gemessen werden soll, in dem *Spannungsteilerverhältnis*

$$V_U = \frac{U_2}{U} = \frac{R_2}{R_1 + R_2} \qquad (5.16)$$

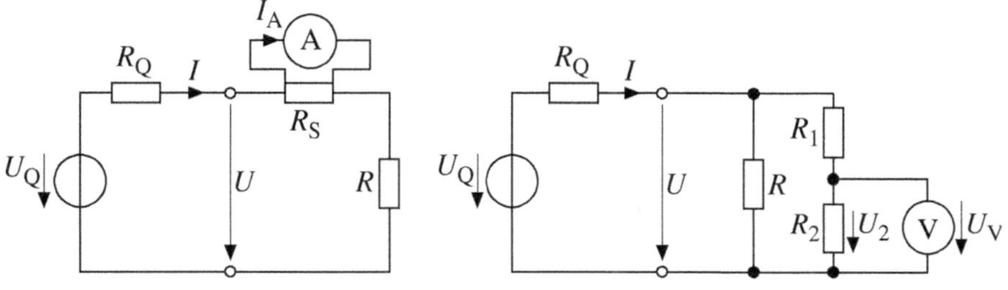

Bild 5.10 Strom- und Spannungsteilung
a) Mess-Shunt, b) Spannungsteiler

Die Dualität zu Gl. (5.15) fällt auf.

Das Spannungsverhältnis wird nur eingehalten, wenn der Widerstand des Messgeräts R_V groß gegenüber dem am Teiler abgegriffenen Widerstand R_2 ist. Im Spannungsteiler wird deshalb viel mehr Leistung umgesetzt als im Messgerät. Häufig entfällt der Widerstand R_2, sodass der Widerstand R_1 zu einem *Vorwiderstand* wird. An die Stelle der Gl. (5.16) tritt dann

$$V_U = \frac{R_V}{R_1 + R_V}$$

In diesem Fall geht die Genauigkeit des Eingangswiderstands im Voltmeter R_V stärker in den Messfehler ein als bei der Spannungsteilerlösung.

Den Spannungsteiler können wir mit Anzapfungen versehen und als variable Spannungsquelle auffassen. Damit kommen wir zur letzten Aufgabe in diesem Kapitel.

Aufgabe 5.3

In **Bild 5.11** ist ein Spannungsteiler mit der Eingangsspannung U_1 und der Ausgangsspannung U_2 dargestellt. Von dem Widerstand $R_0 = 100\ \Omega$ kann über einen Schleifer der Teilwiderstand R_2 abgegriffen werden, dessen Stellung von $\alpha = 0 \mathrel{\hat{=}} R_2 = 0$ bis $\alpha = 1 \mathrel{\hat{=}} R_2 = R_0$ variiert. Zeichnen Sie das Verhältnis $V_U = U_2/U_1$ in Abhängigkeit von α für folgende Lastwiderstände auf!

$R = \infty$ $\qquad$ $R = 100\ \Omega$ $\qquad$ $R = 10\ \Omega$

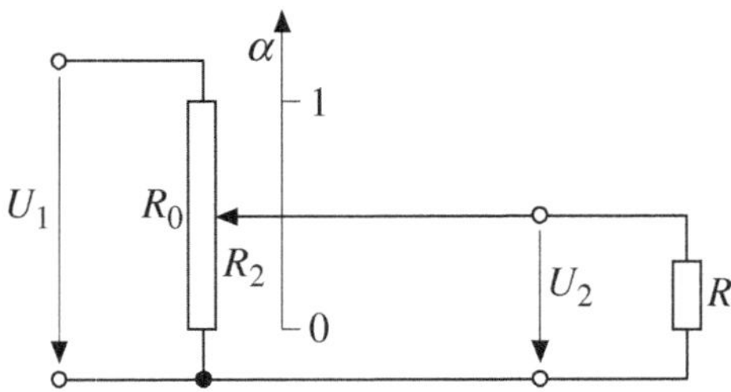

Bild 5.11 Spannungsteiler als variable Spannungsquellen

5.4 Netzwerke mit nichtlinearen Elementen

Die Überschrift ist übertrieben. Ich will mich auf ein nichtlineares Element beschränken und die Betrachtungen auf die Schaltung in **Bild 5.12a** konzentrieren. Dort liegt zwischen den Knoten 2 und 3 ein nichtlinearer Widerstand. Gesucht werden die Spannungen und Ströme im Netz. Hierzu wird das Netz, das den nichtlinearen Widerstand umgibt, zu einer Ersatzspannungsquelle zusammengefasst, sodass die Schaltung in **Bild 5.12b** entsteht. Sie lässt sich durch eine lineare Gleichung der Ersatzspannungsquelle und die nichtlineare Beziehung des Widerstands R_3 beschreiben.

$$U = U_Q - R_Q \cdot I$$
$$I = f(U) \qquad \text{bzw.} \qquad U = f^{-1}(I) \tag{5.17}$$

Diese beiden Gleichungen lassen sich grafisch oder iterativ lösen. Eine geschlossene Lösung ist nur in den seltensten Fällen möglich. Einen solchen Fall wollen wir uns für das nächste Beispiel auswählen.

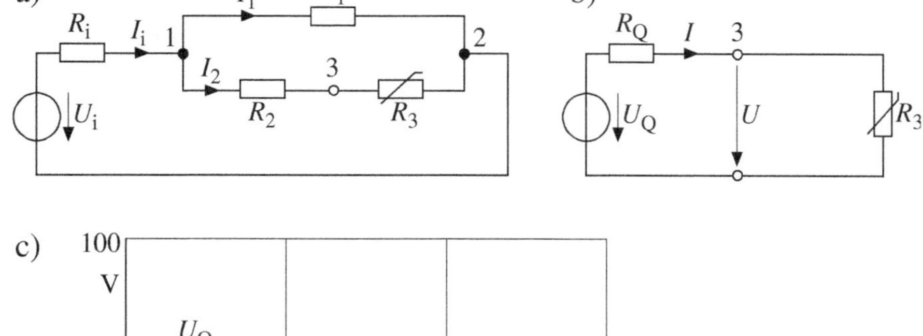

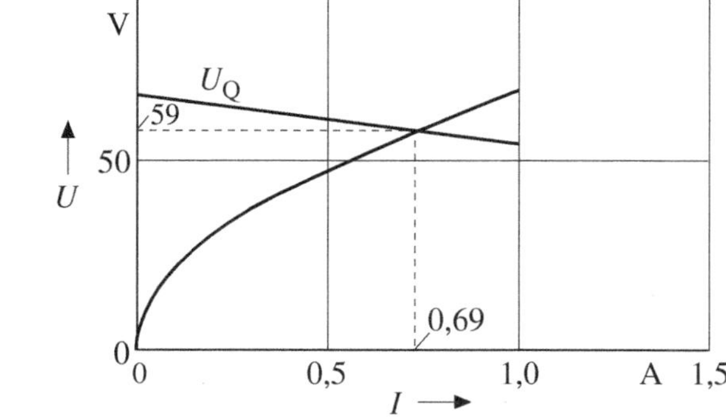

Bild 5.12 Nicht lineares Element in einem Netz
a) Schaltplan, b) Ersatzschaltung, c) grafische Lösung

■ ***Beispiel 5.7***

Für die Schaltungen in Bild 5.12a sind folgende Zahlenwerte gegeben:

$U_i = 100\ \text{V} \qquad R_i = 10\ \Omega \qquad R_1 = 20\ \Omega \qquad R_2 = 5\ \Omega$

$I_3 = KU_3^2 \qquad K = 2 \cdot 10^{-4}\ \text{A/V}^2$

Zunächst wird die Ersatzspannungsquelle bestimmt. Das ist eine Wiederholung des bekannten Stoffs. Hierzu nehmen wir das Element R_3 heraus und bestimmen die Leerlaufspannung. Sie ist mit der Quellspannung U_Q identisch.

$$U_Q = U_i \frac{R_1}{R_i + R_1} = 100\ \text{V} \frac{20}{10+20} = 67\ \text{V}$$

Sehen Sie, dass diese Gleichung stimmt?

$$R_Q = R_2 + R_i \parallel R_1 = 5\ \Omega + \frac{10 \cdot 20}{10+20}\ \Omega = 11{,}7\ \Omega$$

Wir zeichnen die Charakteristik der Ersatzspannungsquellen in **Bild 5.12c** ein, ebenso die Charakteristik des nichtlinearen Elements in der Form $U = \sqrt{I/K}$. Im Schnittpunkt beider ist abzulesen

$U = 59\ \text{V} \qquad I = 0{,}69\ \text{A}$

Nun versuchen wir die geschlossene Lösung.

$$U = U_Q - R_Q \cdot I = U_Q - R_Q \cdot K \cdot U^2$$

$$U^2 + \frac{1}{R_Q K} U - \frac{1}{R_Q K} U_Q = 0$$

$$U^2 + \frac{1}{11{,}7\ \Omega \cdot 2 \cdot 10^{-4} \dfrac{\text{A}}{\text{V}^2}} U - \frac{1}{0{,}00234\ \text{V}^{-1}} 67\ \text{V} = 0$$

$$U^2 = \left(214 \pm \sqrt{214^2 + 28\,600}\right) \text{V} = (214 \pm 273)\ \text{V}$$

$U = 58{,}88\ \text{V}$

Die negative Lösung ist nicht von Interesse. Auf die übliche Weise lässt sich eine nichtlineare Gleichung nicht lösen. Wir wollen deshalb eine iterative Lösung suchen. Da können Sie wieder mit dem Computer spielen.

Wir beginnen bei Gl. (5.17) mit $I = 0$.

$$U = 67\ \mathrm{V} - 11{,}7\ \Omega \cdot 0\ \mathrm{A} = 67\ \mathrm{V}$$

$$I = 2 \cdot 10^{-4}\ \frac{\mathrm{A}}{\mathrm{V}^2} \cdot (67\ \mathrm{V})^2 = 0{,}898\ \mathrm{A}$$

$$U = 67\ \mathrm{V} - 11{,}7\ \Omega \cdot 0{,}898\ \mathrm{A} = 56{,}5\ \mathrm{V}$$

$I = 0{,}638\ \mathrm{A}$ $\qquad U = 59{,}5\ \mathrm{V}$

$I = 0{,}709\ \mathrm{A}$ $\qquad U = 58{,}7\ \mathrm{V}$

$I = 0{,}689\ \mathrm{A}$ $\qquad U = 58{,}9\ \mathrm{V}$

Wir sehen, dass die Rechnung auf den exakten Wert konvergiert. Nun folgt nichts Neues, aber zur Übung berechnen wir noch die restlichen Ströme und Spannungen.

$$U_3 = U = 59\ \mathrm{V}$$

$$I_3 = I_2 = K \cdot U^2 = 2 \cdot 10^{-4} \cdot 59^2\ \mathrm{A} = 0{,}696\ \mathrm{A}$$

$$U_2 = R_2 \cdot I_2 = 5 \cdot 0{,}696\ \mathrm{V} = 3{,}48\ \mathrm{V}$$

$$U_1 = U_3 + U_2 = (59 + 3{,}48)\ \mathrm{V} = 62{,}48\ \mathrm{V}$$

$$I_1 = \frac{U_1}{R_1} = \frac{62{,}48\ \mathrm{V}}{20\ \Omega} = 3{,}124\ \mathrm{A}$$

$$I_\mathrm{i} = I_1 + I_2 = (3{,}124 + 0{,}696)\ \mathrm{A} = 3{,}82\ \mathrm{A}$$

$$U_\mathrm{i} = R_\mathrm{i}\ I_\mathrm{i} + U_1 = (10 \cdot 3{,}82 + 62{,}48)\ \mathrm{V} = 100{,}68\ \mathrm{V} \approx 100\ \mathrm{V}$$

Sie merken: In die Rechnung war eine Kontrolle eingebaut.

5.5 Zeitverhalten von Widerständen

Bisher sind wir von konstanten Strömen und Spannungen ausgegangen und fragen nun, wie sich der Strom eines Widerstands bei zeitlich veränderlichen Spannungen verhält. Ich betrachte die Spannung als Eingangs- und den Strom als Ausgangsgröße. Eine Umkehrung ist ohne Probleme möglich. Die Zeitabhängigkeit wird durch kleine Buchstaben angedeutet. Zur Verdeutlichung ist gegebenenfalls noch die Zeit in Klammern hinzugefügt.

$u(t) \qquad i(t)$

Fassen wir Spannung und Strom als *Signale* auf, d. h. deren Werte verbinden sich mit Informationen, so ist der Widerstand R als *Übertragungsfunktion* aufzufassen, die das Signal $u(t)$ auf $i(t)$ abbildet **(Bild 5.13)**. Da der Widerstand konstant ist, gilt das Ohm'sche Gesetz auch für Zeitfunktionen.

$$i(t) = \frac{1}{R} \cdot u(t) \tag{5.18}$$

Das Gleiche gilt für die Kirchhoff'schen Regeln. Als typische *Eingangssignale,* in unserem Fall die Spannung *u(t),* werden der Sprung, eine Rampe und eine Sinusfunktion angesetzt **(Bild 5.14)**.

Bei der *Sprungfunktion* wechselt die Spannung zum Zeitpunkt $t = 0$ von null auf den Wert U_0. Dieser Vorgang wird in **Bild 5.14a** dargestellt.

$$u_1 = U_0\, \sigma(t) \tag{5.19}$$

Dabei ist $\sigma(t)$ der *Einheitssprung*, der zur Zeit $t = 0$ von 0 auf 1 springt. Die *Rampe* lässt sich beschreiben durch **(Bild 5.14b)**.

$$u_2 = U_0 \cdot t / \tau_n \cdot \sigma(t) \tag{5.20}$$

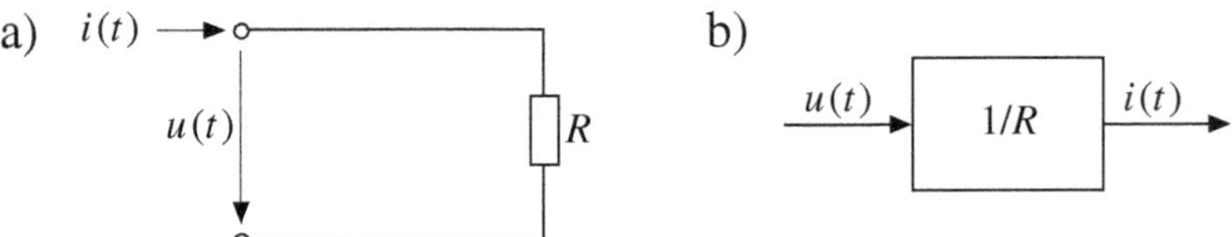

Bild 5.13 Dynamik eines Widerstands
a) Schaltbild, b) Blockschaltbild

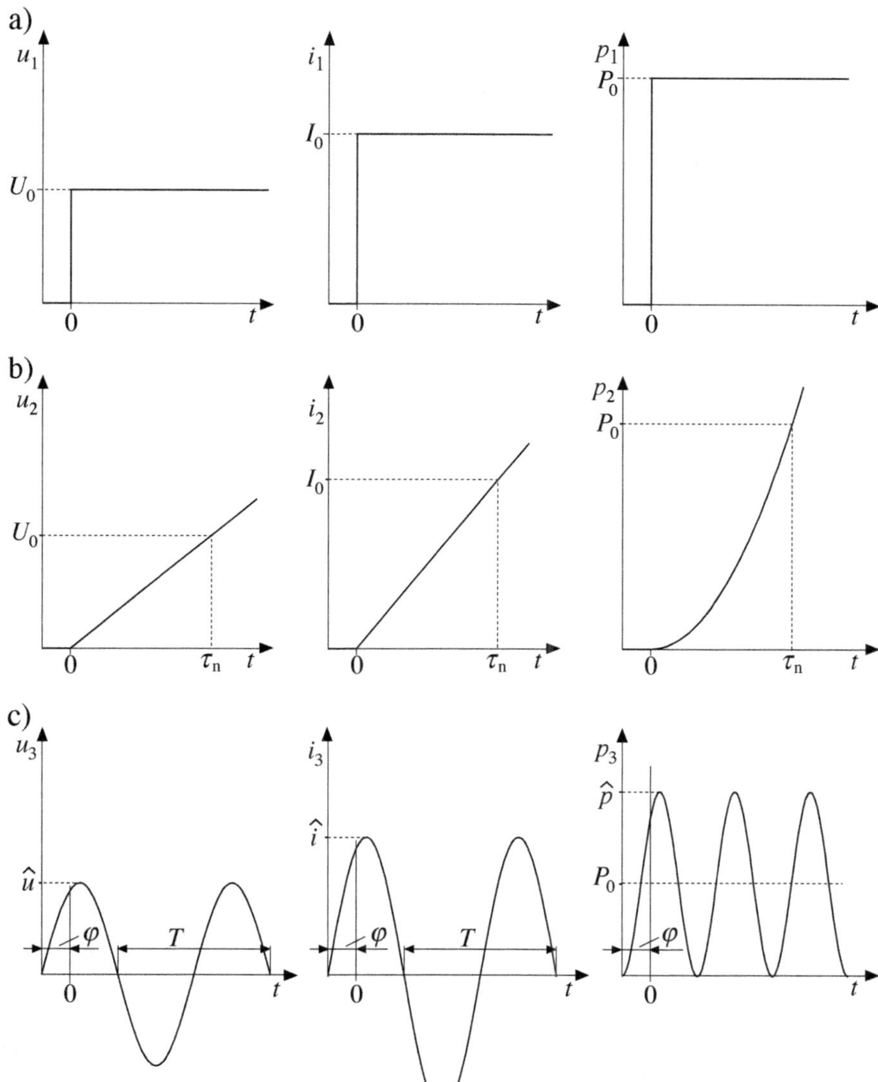

Bild 5.14 Zeitfunktion
a) Spannungssprung,
b) Spannungsrampe,
c) sinusförmige Spannung

Die Sprungfunktion σ (t) stellt sicher, dass der Spannungsverlauf erst bei $t = 0$ beginnt, d. h. für $t < 0$ null ist. τ_n ist als *Nachstellzeit* definiert. Für $t = \tau_n$ nimmt die Rampenfunktion den Wert $t/\tau_n = 1$ an ($u_2 = U_0$). Die *Sinusfunktion* wird häufig als permanent anstehend betrachtet, sodass bei der Beschreibung der Funktion die Sprungfunktion σ (t) nicht auftritt **(Bild 5.14c)**. Sie gilt demnach auch für $t < 0$.

$$u_3 = \hat{u} \sin\left(\omega t + \varphi\right) \tag{5.21}$$

$$\text{mit } \omega = 2\,\pi\, f = 2\,\frac{\pi}{T}$$

Die *Periodendauer T*, d. h. die Zeit, nach der sich ein Signal wiederholt, ist bei den Wechselspannungen im öffentlichen Versorgungsnetz Westeuropas 20 ms.

$$T = 20\text{ ms} \qquad f = 50\text{ Hz} \qquad \omega = 314\text{ s}^{-1} \tag{5.22}$$

Der Kehrwert der Periodendauer wird als Frequenz f bezeichnet. Sie gibt die Anzahl der Schwingungen pro Sekunde an. Schließlich ist die Kreisfrequenz ω die Größe, die zusammen mit der Zeit einen Winkel bildet. Nach der Zeit $t = T = 20$ ms nimmt dieser den Wert 2 π an.

$$\vartheta = \omega T = 2\,\pi \cdot 50\text{ s}^{-1} \cdot 20\text{ ms} = 2\,\pi = 360° \tag{5.23}$$

Der Winkel φ gibt die Phasenlage der Sinus-Funktion an. Für $\varphi = 0$ erhalten wir den Sinus, der bei $t = 0$ seinen Nulldurchgang besitzt. Für $\varphi = 90°$ entsteht der Kosinus, der bei $t = 0$ sein Maximum hat. Später werde ich übrigens anstelle von φ das Formelzeichen α einführen, weil φ auch noch eine andere Bedeutung hat. Die Spannung des öffentlichen Versorgungsnetzes ist sinusförmig. Genauer: Das soll sie sein. Wir sprechen von *Wechselspannung*, weil die Spannung ständig ihr Vorzeichen wechselt.

Die Einheit Hertz [Hz] ist eine Umbenennung von [s^{-1}]. Es ist üblich, als Einheit für die *Frequenz f* [Hz] und für die *Kreisfrequenz* ω [s^{-1}] zu verwenden. Heinrich Hertz (1857–1894), geboren in Hamburg, ist hauptsächlich durch seine Arbeit über das elektromagnetische Feld und damit über die Funkübertragung bekannt geworden.

Geben wir die drei Zeitfunktionen als Spannung auf einen Widerstand, so erhalten wir die Ströme

$$i_1 = \frac{U_0}{R}\,\sigma(t) = I_0\,\sigma(t)$$

$$i_2 = \frac{U_0}{R}\cdot\frac{t}{\tau_\mathrm{n}}\,\sigma(t) = I_0\cdot\frac{t}{\tau_\mathrm{n}}\,\sigma(t) \qquad (5.24)$$

$$i_3 = \frac{\hat{u}}{R}\cdot\sin(\omega t+\varphi) = \hat{i}\,\sin(\omega t+\varphi)$$

Abgesehen von einem Maßstabsfaktor decken sich die Zeitverläufe von Strom und Spannung miteinander.

Nun berechnen wir die im Widerstand umgesetzte Leistung.

$$p_1 = u_1\cdot i_1 = U_0\,\sigma(t)\cdot I_0\,\sigma(t) = U_0\,I_0\,\sigma(t) = P_0\,\sigma(t) \qquad (5.25)$$

$$p_2 = u_2\cdot i_2 = U_0\,\frac{t}{\tau_\mathrm{n}}\,\sigma(t)\cdot I_0\,\frac{t}{\tau_\mathrm{n}}\,\sigma(t) = P_0\left(\frac{t}{\tau_\mathrm{n}}\right)^2\sigma(t) \qquad (5.26)$$

$$\begin{aligned} p_3 &= \hat{u}\,\sin(\omega t+\varphi)\cdot\hat{i}\,\sin(\omega t+\varphi) \\ &= \hat{p}\,\sin^2(\omega t+\varphi) = \hat{p}\cdot\frac{1}{2}\left[1-\cos(2\,\omega t+2\,\varphi)\right] \\ &= P_0\left[1-\cos(2\,\omega t+2\,\varphi)\right] \end{aligned} \qquad (5.27)$$

Bei rampenförmig ansteigender Spannung wächst die Leistungsaufnahme des Widerstands nach Gl. (5.26) quadratisch. (Das hatten wir schon.) Bei dem sinusförmigen Verlauf besteht die Leistung p_3 aus einem konstanten Anteil und einem Anteil, der mit der Frequenz $2\,f$ wechselt. So ist aus Strom und Spannung, die periodisch ihr Vorzeichen wechseln, eine Leistung entstanden, die stets positiv ist, aber ihren Betrag ständig ändert, d. h. der Leistungsverbrauch des Widerstands ist nicht konstant. Wird die Leistung zur Erzeugung von Wärme benutzt, so mittelt die thermische Trägheit des Elements den *Wechselanteil* $\cos 2\,\omega t$ auf null, und es bleibt nur der konstante Term übrig, den wir durch Integration über eine Periode T erhalten.

$$\frac{1}{T}\int_0^T p_3\,\mathrm{d}t = P_0 \qquad (5.28)$$

Dies ist z. B. auch bei dem *Glühfaden* einer Lampe der Fall, die fast konstant leuchtet und nicht mit 100 Hz flackert. (Weshalb mit 100 Hz?)

Die Maximalwerte von sinusförmigen Strömen und Spannungen werden Amplituden $\hat{u}, \hat{i}$ genannt und mit einem Dach gekennzeichnet. Für sie gilt:

$$\hat{u} \cdot \hat{i} = \hat{p} = \frac{\hat{u}^2}{R} = \hat{i}^2 \cdot R = 2\, P_0$$

Wir führen eine neue Definition ein.

$$\frac{\hat{i}}{\sqrt{2}} = \sqrt{\frac{P_0}{R}} = I_{\text{eff}} = I \tag{5.29}$$

$$\frac{\hat{u}}{\sqrt{2}} = \sqrt{P_0 \cdot R} = U_{\text{eff}} = U \tag{5.30}$$

$$P_0 = \frac{1}{2}\,\hat{u} \cdot \hat{i} = U_{\text{eff}} \cdot I_{\text{eff}} = U \cdot I \tag{5.31}$$

Die Größen I_{eff} und U_{eff} bzw. I und U werden *Effektivwerte* genannt, weil nur sie bei der Leistungsumsetzung effektiv wirken.

Effektivwerte

Bei sinusförmigen Größen sind die Spitzenwerte $\hat{u}, \hat{i}$ um den Faktor $\sqrt{2}$ größer als die Effektivwerte U, I. Die Effektivwerte bilden die Leistung, die in einem Element umgesetzt wird. Bei Gleichstrom sind Effektivwerte und Spitzenwerte gleich.

Solange Widerstände konstant sind, ist ihr dynamisches Verhalten denkbar einfach. Auf das Verhalten von stromabhängigen Widerständen wollen wir nicht eingehen. Aber nur Geduld! Später wird es etwas komplizierter. Bis dahin kann sich das oben Gesagte noch etwas setzen.

6 Lineare Netzwerke

Zur Berechnung großer *Netzwerke* ist es notwendig, die Aufstellung der Beschreibungsgleichungen zu systematisieren. Dies ist insbesondere für die Programmierung von Computern wichtig. Die Beschreibungsgleichungen des Netzes entstehen durch Anwendung des Ohm'schen Gesetzes und der Kirchhoff'schen Regeln. Entsprechend den beiden Regeln gibt es ein *Knotenpunktverfahren* und ein *Maschenverfahren.* Doch bevor wir uns diesen zuwenden, soll zunächst die Netzstruktur beschrieben werden.

Bei der Behandlung von großen Gleichungen ist die *Matrizenrechnung* vorteilhaft. Möglicherweise sind Sie noch nicht damit vertraut. Das Kapitel ist deshalb so aufgebaut, dass es auch ohne Kenntnis der Matrixschreibweise zu verstehen ist. Schauen Sie sich die Matrizengleichungen trotzdem an. Sie haben dann schon einen Vorteil, wenn sie in der Mathematik gebracht werden. Übrigens, Matrizen werden fett geschrieben, weil so viel drin ist.

Die Inhalte dieses Kapitels werden nicht an allen Hochschulen im Rahmen der Grundlagenvorlesung gelehrt. Häufig gehören sie zu dem Fach Theoretische Elektrotechnik. Wenn Sie das Kapitel überspringen, ist es deshalb nicht so schlimm. Nachholen müssen sie den Stoff aber in jedem Fall.

6.1 Topologie

In **Bild 6.1a** ist ein Netz dargestellt. Es besteht aus $n_\mathrm{K} = 9$ *Knoten* und $n_\mathrm{Z} = 13$ *Zweigen* (Abschnitt 4.3). Dabei ist ein Zweig die Verbindung zwischen zwei Knoten, die hier als Kreise gezeichnet sind. Zwischen den Knoten 2 und 3 liegen zwei Zweige. Die Stromquelle, die in die Knoten 6 und 7 einspeist, zählt nicht als Zweig, sondern nur ihr Innenwiderstand, der zwischen den Knoten 6 und 7 liegt. Die Zweige enthalten Widerstände als *passive Elemente* und *Stromquellen* bzw. *Spannungsquellen* als *aktive Elemente.* Strom- und Spannungsquellen lassen sich ineinander umrechnen (Abschnitt 4.5), sodass abhängig vom Berechnungsverfahren mit nur einem der beiden Typen gearbeitet wird. Bei der Spannungsquelle kann zwischen Innenwiderstand und innerer Spannung noch ein Knoten eingeführt werden, wie es in einem Zweig zwischen den Knoten 4 und 5 angedeutet ist. Ein

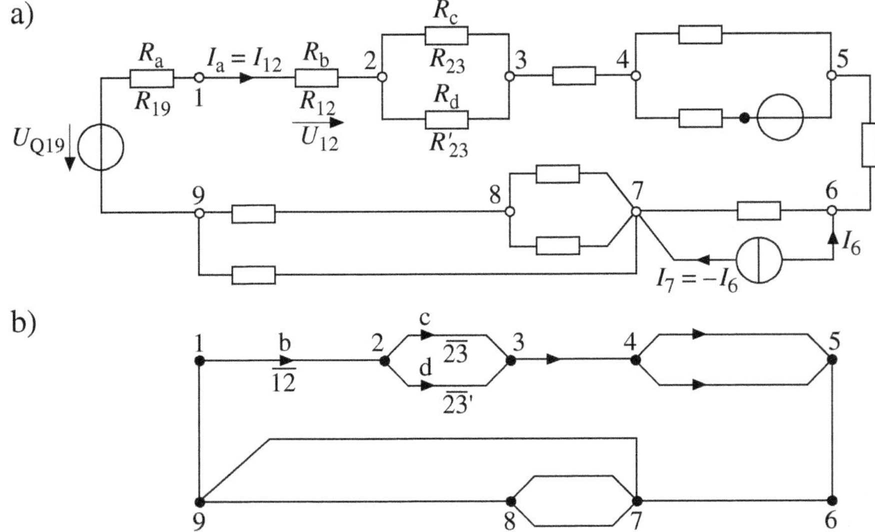

Bild 6.1 Netz mit Strom- und Spannungsquelle
a) Netzschaltplan, b) Graph des Netzes

Zweig enthält dann eine feste Spannung, der andere einen Widerstand. Dies erleichtert unter Umständen das Aufstellen der Gleichungen.

Die Struktur des Netzes in Bild 6.1a ist in **Bild 6.1b** wiedergegeben. Eine solche Darstellung wird *Graph* genannt. Die Theorie des Graphen ist Bestandteil der *Topologie*, die sich als Teil der Geometrie nur mit strukturellen Fragen beschäftigt. Abstände usw. spielen dabei keine Rolle.

Graph

Ein Graph besteht aus Knoten und Zweigen. Die Zweige verbinden die Knoten miteinander. Im Normalfall entsteht so ein zusammenhängendes Gebilde.

Physikalische Eigenschaften kommen den Zweigen nicht zu. Die geometrische Lage der Knoten und die Linienführung der Zweige enthalten keine Information.

Wird einem Zweig eine Richtung zugeordnet, die durch einen Pfeil gekennzeichnet ist, so handelt es sich um einen *orientierten Graphen.*

Beschreibung der Netzelemente in einem Graphen

1. Die Knoten sind durchgehend nummeriert: 1, 2, 3, ...

2. Die Zweige sind ebenfalls nummeriert. Zur Unterscheidung von den Knoten werden sie mit Buchstaben oder Doppelindizes gekennzeichnet. Die beiden Indizes geben an, zwischen welchen Knoten der Zweig liegt.

   $R_b = R_{12}$

3. Die Ströme werden in Richtung der Pfeile orientiert, ebenso die Spannung, z. B. I_{12}, U_{12}. Sinnvoll ist es weiterhin, die Richtung der Pfeile von Knoten mit der niedrigen Nummer zum Knoten mit der hohen Nummer zu orientieren, z. B.

   I_{12}, I_{34} und nicht I_{43}

4. Bei einem passiven Element (R) ist die Reihenfolge der Indizes gleichgültig.

   $R_{12} = R_{21}$

5. Bei der vorgeschlagenen Zählweise haben Ströme und Spannungen in einem passiven Element stets das gleiche Vorzeichen.

   $$\frac{U_{12}}{I_{12}} = R_{12} > 0$$

6. Bei Zweigen mit Spannungsquellen erhält die innere Spannung den Index Q, z. B. U_{Q19}. Damit gilt für die Spannung und den Widerstand zwischen den Knoten 1 und 9

   $U_{19} = U_{Q19} + R_{19}\, I_{19}$

7. Mit der beschriebenen Systematik haben die Gleichungen der Zweigelemente nur positive Komponenten. Die Zahlenwerte der einzelnen Größen können durchaus negativ sein, z. B.

   $U_{Q19} = -5\ \text{V}; \quad I_{12} = -4\ \text{A}.$

8. Von der Regel 3 wird in Sonderfällen abgewichen. Doch davon später.

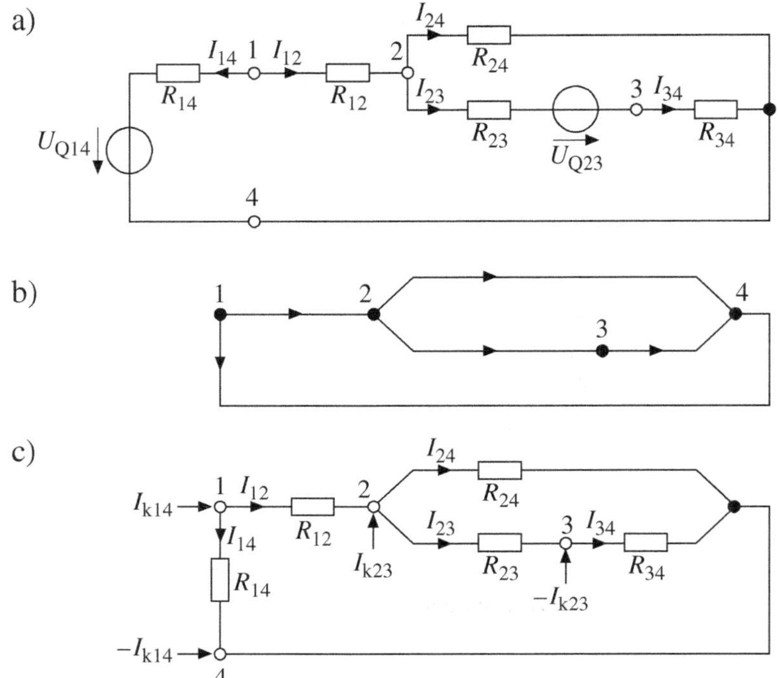

Bild 6.2 Vierknotennetz
a) Schaltbild mit Spannungsquelle, b) Graph, c) Schaltbild mit Ersatzstromquellen

Die Topologie liefert die Möglichkeit, Strom-, Verkehrs- oder Informationsflüsse in sehr abstrakter Form zu beschreiben. Wegen der Übersichtlichkeit sind die Elemente großer Netzwerke nach einer bestimmten Ordnung zu bezeichnen. Dies ist in Bild 6.1a geschehen. Ich habe nicht alle Elemente beschriftet, trotzdem ist die Systematik erkennbar.

In Bild 6.1 sind nicht alle Zweige vollständig gekennzeichnet. Holen Sie das bitte nach!

Nun wollen wir einen Graphen mathematisch beschreiben, aber dazu ein kleineres Netz verwenden **(Bild 6.2a)**.

Aus dem orientierten Graphen in **Bild 6.2b** lässt sich für jeden Knoten nach Kirchhoff eine Knotenbilanz aufstellen. Um die Allgemeingültigkeit zu erhalten, setzen wir in jedem Knoten noch einen Strom an, der von außen in den Knoten hineinfließt. Er wird *Knotenstrom* I_i genannt. In unserem Beispiel sind dies Ströme.

$$\begin{aligned}
&\text{Knoten 1: } I_1 = I_{12} + I_{14} &&= 0\\
&\text{Knoten 2: } I_2 = -I_{12} + I_{23} + I_{24} &&= 0\\
&\text{Knoten 3: } I_3 = -I_{23} + I_{34} &&= 0\\
&\text{Knoten 4: } I_4 = -I_{14} - I_{24} - I_{34} &&= 0
\end{aligned} \tag{6.1}$$

Beachten Sie bitte das Ordnungsschema dieser Gleichung.

Addieren wir die ersten drei Gleichungen auf, so ergibt sich die vierte Gleichung mit negativem Vorzeichen. Demnach gilt:

$$I_1 + I_2 + I_3 + I_4 = 0$$

$$\sum_{i=1}^{n_K} I_i = 0 \tag{6.2}$$

Diese Aussage ist trivial, weil alle Ströme I_i, die von außen in die Knoten fließen, null sind. Aber auch für ein allgemeines Netz, in das Ströme an den Knoten hineinfließen, muss die Summe der Ströme null sein. Daraus folgt:

> Eine der Knotengleichungen ist linear von den anderen abhängig. Sie kann somit entfallen.

Wir streichen die Gleichungen für den Knoten 4, der damit eine Sonderstellung einnimmt und als *Bezugsknoten* bezeichnet wird.

Die restlichen drei Gleichungen sind in **Tabelle 6.1** dargestellt. Vergleichen Sie diese Struktur mit den Gln. (6.1).

Knoten	**Zweig**				
	12	**14**	**23**	**24**	**34**
1	1	1			
2	–1		1	1	
3			–1		1

Tabelle 6.1 Topologie des Graphen nach Bild 6.2

Systeme von Gleichungen lassen sich gut in Matrizenform angeben. Aus den ersten drei Gln. (6.1) ergibt sich

$$\begin{pmatrix} I_1 \\ I_2 \\ I_3 \end{pmatrix} = \begin{pmatrix} 1 & 1 & 0 & 0 & 0 \\ -1 & 0 & 1 & 1 & 0 \\ 0 & 0 & -1 & 0 & 1 \end{pmatrix} \cdot \begin{pmatrix} I_{12} \\ I_{14} \\ I_{23} \\ I_{24} \\ I_{34} \end{pmatrix} = \begin{pmatrix} 0 \\ 0 \\ 0 \end{pmatrix} \tag{6.3}$$

$$\boldsymbol{I}_\mathrm{K} = \boldsymbol{K}\boldsymbol{I}_\mathrm{Z} = \boldsymbol{0} \tag{6.4}$$

Bevor wir weitermachen, noch ein Wort zu den *Matrizen.* Eine Matrix ist eine Anordnung von Zahlen oder Größen. Sie hat n_Z Zeilen und n_S Spalten. Für die obige Matrix $\boldsymbol{K}$ gilt $n_\mathrm{Z} = 3$, $n_\mathrm{S} = 5$. Eine Matrix mit nur einer Spalte – wie die Matrizen $\boldsymbol{I}_\mathrm{K}$ und $\boldsymbol{I}_\mathrm{Z}$ – wird als *Spaltenmatrix* oder *Vektor* bezeichnet. So lässt sich der Vektor der Feldstärke im Raum als Spaltenmatrix schreiben, die die Komponenten in die drei Richtungen x, y, z enthält.

$$\vec{E} = \begin{pmatrix} E_x \\ E_y \\ E_z \end{pmatrix}$$

Die Formelzeichen der Matrix werden hier groß und fett geschrieben, auch die der Vektoren. Es ist allerdings auch üblich, Vektoren, also Spaltenmatrizen, klein zu schreiben. Im Gegensatz dazu werden räumliche Vektoren nicht fett geschrieben, dafür aber mit einem Pfeil gekennzeichnet.

Wenn zwei Matrizen miteinander multipliziert werden, muss die Spaltenzahl der ersten gleich der Zeilenzahl der zweiten sein. Die Zeilenzahl der ersten gibt die Zeilenzahl der Ergebnismatrix an. Die Spaltenzahl der zweiten Matrix ergibt die Spaltenzahl der Ergebnismatrix. Überzeugen Sie sich davon, ob diese Bedingungen in Gl. (6.3) erfüllt sind. Führen Sie die Matrizengleichung (6.3) in die ersten drei Gln. (6.1) über!

Vergleichen Sie diese Darstellungsform in Gl. (6.3) mit den Gln. (6.1)! Sie wissen nun ohne lange Erklärung, wie man aus Matrizengleichungen ein System von gewöhnlichen Gleichungen macht. Wenn nein, so beachten Sie bitte das Folgende. Die Matrix $\boldsymbol{K}$ besteht aus drei Zeilen und fünf Spalten. Jedes Element in ihr wird mit einem kleinen Buchstaben und Doppelindex k_{ij} bezeichnet, wobei der erste Laufindex i für die Zeile steht ($i = 1 \ldots 3$) und der zweite Laufindex j für die Spalte ($j = 1 \ldots 5$).

$$\boldsymbol{K} = \begin{pmatrix} k_{11} & k_{12} & k_{13} & k_{14} & k_{15} \\ k_{21} & k_{22} & k_{23} & k_{24} & k_{25} \\ k_{31} & k_{32} & k_{33} & k_{34} & k_{35} \end{pmatrix}$$

Dabei gilt für unser Beispiel:

$k_{11} = 1 \qquad k_{13} = 0 \qquad k_{21} = -1$

Ergänzen Sie die Matrizengleichung um die Knotengleichung für I_4! Diesen Vorgang nennt man *Rändern einer Matrix*. Die Matrix $\boldsymbol{K}$ besteht aus $n_K - 1 = 3$ Zeilen und $n_Z = 5$ Spalten. Die geränderte Matrix $\boldsymbol{K'}$ hat $n_K = 4$ Zeilen. In ihr enthält jede Spalte eine +1 und eine –1. In der Spalte für den Zweigstrom I_{ij}, der vom Knoten i zum Knoten j fließt, steht in der Zeile des ersten Index i ein +1 und in der Zeile des zweiten Index j ein –1. In jeder Zeile stehen so viele +1 und –1, wie Zweige von den betreffenden Knoten abgehen. Wenn zwischen den Knoten i und j ein Zweig liegt, steht in der Zeile i am Platz j eine +1, falls $j > i$ gilt, und eine –1, falls $j < i$ ist. Da die Matrix $\boldsymbol{K}$ die Verknüpfung der Knoten festlegt, wird sie *Knoteninzidenzmatrix* genannt. Sie beschreibt die Topologie.

Bilden Sie zur Übung einmal die Knoteninzidenzmatrix für das Netz in Bild 6.1! Wählen Sie dabei den Knoten 9 als Bezugsknoten!

Ich fasse die Regeln der Matrixmultiplikation am Beispiel von kleinen Matrizen zusammen.

$$\boldsymbol{A} = \boldsymbol{B} \cdot \boldsymbol{C} = \begin{pmatrix} b_{11} & b_{12} & b_{13} \\ b_{21} & b_{22} & b_{23} \end{pmatrix} \cdot \begin{pmatrix} c_{11} & c_{12} \\ c_{21} & c_{22} \\ c_{31} & c_{32} \end{pmatrix} = \begin{pmatrix} a_{11} & a_{12} \\ a_{21} & a_{22} \end{pmatrix}$$

$$a_{11} = b_{11}\,c_{11} + b_{12}\,c_{21} + b_{13}\,c_{31}$$

$$a_{12} = b_{11}\,c_{12} + b_{12}\,c_{22} + b_{13}\,c_{32}$$

$$a_{21} = b_{21}\,c_{11} + b_{22}\,c_{21} + b_{23}\,c_{31}$$

$$a_{22} = b_{21}\,c_{12} + b_{22}\,c_{22} + b_{23}\,c_{32}$$

Allgemein gilt

$$a_{ik} = \sum_{j=1}^{n} b_{ij} \cdot c_{jk}$$

Das Rechenschema folgt dem Motto **Zeile mal Spalte.** Dies will ich wie folgt veranschaulichen.

$$\begin{pmatrix} b_{11} & b_{12} & b_{13} \\ \bullet & \bullet & \bullet \end{pmatrix}\begin{pmatrix} c_{11} & \bullet \\ c_{21} & \bullet \\ c_{31} & \bullet \end{pmatrix}=\begin{pmatrix} a_{12} & \bullet \\ \bullet & \bullet \end{pmatrix} \qquad \begin{pmatrix} b_{11} & b_{12} & b_{13} \\ \bullet & \bullet & \bullet \end{pmatrix}\begin{pmatrix} \bullet & c_{12} \\ \bullet & c_{22} \\ \bullet & c_{32} \end{pmatrix}=\begin{pmatrix} \bullet & a_{12} \\ \bullet & \bullet \end{pmatrix}$$

$$\begin{pmatrix} \bullet & \bullet & \bullet \\ b_{21} & b_{22} & b_{23} \end{pmatrix}\begin{pmatrix} c_{11} & \bullet \\ c_{21} & \bullet \\ c_{31} & \bullet \end{pmatrix}=\begin{pmatrix} \bullet & \bullet \\ a_{21} & \bullet \end{pmatrix} \qquad \begin{pmatrix} \bullet & \bullet & \bullet \\ b_{21} & b_{22} & b_{23} \end{pmatrix}\begin{pmatrix} \bullet & c_{11} \\ \bullet & c_{21} \\ \bullet & c_{31} \end{pmatrix}=\begin{pmatrix} \bullet & \bullet \\ \bullet & a_{22} \end{pmatrix}$$

Matrizenmultiplikation

Damit zwei Matrizen miteinander multiplizierbar sind, muss die Spaltenzahl der ersten gleich der Zeilenzahl der zweiten sein. Die Zeilenzahl der ersten legt die Zeilenzahl der Ergebnismatrix fest. Die Spaltenzahl der zweiten legt die Spaltenzahl der Ergebnismatrix fest.

$$\begin{pmatrix} b_{11} \cdots b_{1m} \\ \vdots \quad \vdots \\ b_{n1} \cdots b_{nm} \end{pmatrix}\begin{pmatrix} c_{11} \cdots c_{1j} \\ \vdots \quad \vdots \\ c_{m1} \cdots c_{mn} \end{pmatrix}=\begin{pmatrix} a_{11} \cdots a_{1j} \\ \vdots \quad \vdots \\ a_{n1} \cdots a_{nn} \end{pmatrix}$$

Aus dem Gesagten folgt unmittelbar: Die Reihenfolge von Matrixoperationen darf nicht vertauscht werden.

$$\boldsymbol{B} \cdot \boldsymbol{C} \neq \boldsymbol{C} \cdot \boldsymbol{B}$$

Wenn ich schon bei den Matrizenoperationen bin, will ich noch eine Definition bringen, die wir bald benötigen werden.

Transponierte Matrix

Wird eine Matrix transponiert, so sind die Plätze der Elemente a_{ik} und a_{ki} zu vertauschen. Die Transponierte einer Matrix wird durch ein T als Exponent angedeutet.

$$\boldsymbol{B} = \begin{pmatrix} b_{11} & b_{12} & b_{13} \\ b_{21} & b_{22} & b_{23} \end{pmatrix}$$

$$\boldsymbol{B}^T = \begin{pmatrix} b_{11} & b_{21} \\ b_{12} & b_{22} \\ b_{13} & b_{23} \end{pmatrix} = \boldsymbol{D} = \begin{pmatrix} d_{11} & d_{12} \\ d_{21} & d_{22} \\ d_{31} & d_{32} \end{pmatrix}$$

$$d_{ik} = b_{ki}$$

Aufgabe 6.1

Es sind die Matrizen ***B***, ***C*** und ***D*** gegeben.

$$\boldsymbol{B} = \begin{pmatrix} 1 & 3 & 0 & 4 \\ 0 & 1 & 1 & 0 \end{pmatrix} \qquad \boldsymbol{C} = \begin{pmatrix} 1 & 2 & 3 \\ 0 & 1 & 0 \\ 1 & 4 & 1 \\ 0 & 1 & 2 \end{pmatrix} \qquad \boldsymbol{D} = \begin{pmatrix} 1 & 2 \\ 0 & 1 \\ 1 & 4 \\ 0 & 1 \end{pmatrix}$$

Transponieren Sie die Matrix ***B***! Bilden Sie das Produkt $\boldsymbol{A} = \boldsymbol{B} \cdot \boldsymbol{C}$! Versuchen Sie, das Produkt $\boldsymbol{C} \cdot \boldsymbol{B}$ zu bilden! Bilden Sie die Produkte $\boldsymbol{E} = \boldsymbol{B} \cdot \boldsymbol{D}$ sowie $\boldsymbol{F} = \boldsymbol{D} \cdot \boldsymbol{B}$!

Nun kehren wir zu den Netzwerken zurück.

In den Bildern 6.1 und 6.2 sind Netze dargestellt, die mehr Zweige als Knoten haben. Ist das immer so? Diese Fragen können Sie sich an den beiden extrem aufgebauten Graphen in **Bild 6.3** klar machen.

Minimaler Graph

$$n_{\mathrm{Z\,min}} = n_{\mathrm{K}} - 1 \approx n_{\mathrm{K}} \tag{6.5}$$

Maximaler Graph

$$n_{\mathrm{Z\,max}} = \frac{n_{\mathrm{K}} - 1}{2} n_{\mathrm{K}} \approx \frac{n_{\mathrm{K}}^2}{2} \tag{6.6}$$

In Bild 6.1 gibt es parallele Zweige, z. B. zwischen den Knoten 2 und 3. Wenn wir solche parallelen Zweige nicht zulassen, enthält der maximale Graph bei

a)

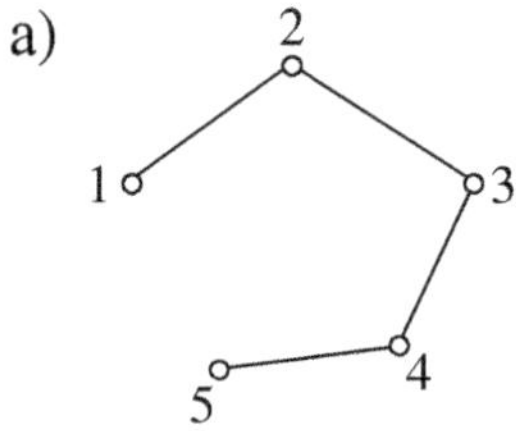

b)

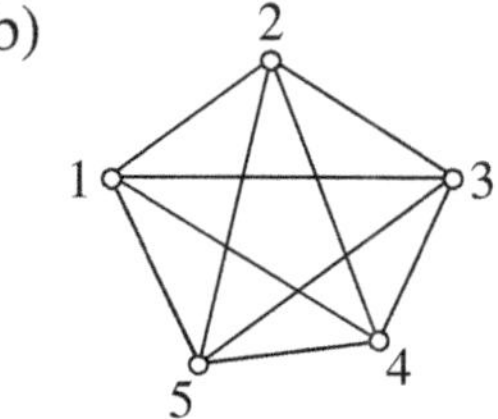

Bild 6.3 Extreme Graphen
a) minimaler Graph, b) maximaler Graph

gegebener Knotenzahl die größtmögliche Anzahl von Zweigen. Liegen zwischen zwei Knoten mehrere Zweige, so können diese stets zu einem Zweig zusammengefasst werden. In Bild 6.1b gibt es an drei Stellen solche parallelen Zweige. Die passiven Zweige zwischen den Knoten 2 und 3 sowie 7 und 8 werden zusammengefasst. In dem aktiven Zweig zwischen den Knoten 4 und 5 kann nach dem Prinzip der Ersatzspannungsquelle eine Ersatzschaltung gebildet werden, die dann nur noch einen Zweig enthält. Oder es wird der Knoten, der als Punkt gezeichnet und nicht nummeriert ist, neu eingeführt.

Wir gehen im Folgenden davon aus, dass zwischen zwei Knoten nur ein oder gar kein Zweig liegt. Der maximale Graph enthält dann die größtmögliche Anzahl von Zweigen. Ein Graph mit weniger Zweigen als der minimale Graph hängt nicht mehr zusammen.

Aufgabe 6.2

Zeichnen Sie für das Netz in **Bild 6.4** den orientierten Graphen! Wählen Sie 4 als Bezugsknoten und stellen Sie die Knoteninzidenzmatrix $\boldsymbol{K}$ sowie die geränderte Matrix $\boldsymbol{K}'$ auf!

Aufgabe 6.3

Die Matrix $\boldsymbol{K}$ ist gegeben. Rändern Sie sie und zeichnen Sie den Graphen!

$$\boldsymbol{K} = \begin{pmatrix} 1 & 1 & 0 & 0 & 0 & 0 & 0 & 0 \\ -1 & 0 & 1 & 0 & 0 & 0 & 0 & 0 \\ 0 & 0 & -1 & 1 & 1 & 0 & 0 & 0 \\ 0 & 0 & 0 & -1 & 0 & 1 & 1 & 0 \\ 0 & -1 & 0 & 0 & 0 & -1 & 0 & 1 \end{pmatrix}$$

Bevor wir den Abschnitt verlassen, müssen wir noch die Umkehrbarkeit der Gln. (6.1) bzw. (6.3) untersuchen. In den beiden Gleichungen werden die Knotenströme $\boldsymbol{I}_{\mathrm{K}}$ über die Matrix $\boldsymbol{K}$ aus dem Zweigstrom $\boldsymbol{I}_{\mathrm{Z}}$ berechnet. Die

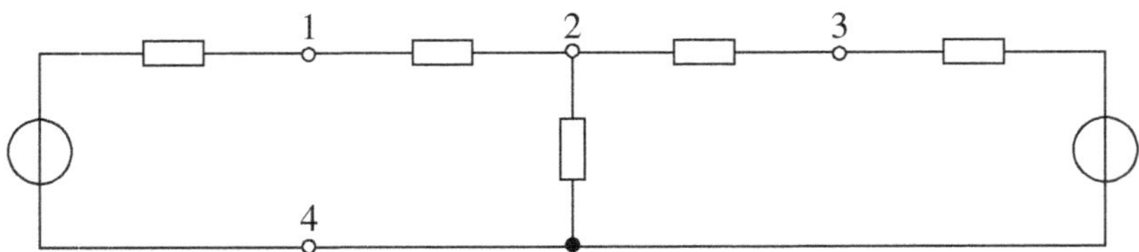

Bild 6.4 Netz mit zwei Spannungsquellen

Matrix $\boldsymbol{K}$ ist nicht quadratisch, sondern nur rechteckig mit mehr Spalten als Zeilen. Dies bedeutet, dass es weniger Knotengleichungen als Zweigströme gibt. Deshalb ist es nicht möglich, aus den Knotenströmen die Zweigströme zu berechnen bzw. die Knoteninzidenzmatrix zu invertieren. Eine Inversion, d. h. die Lösung des Gleichungssystems, führt zu dem Ausdruck

$$\boldsymbol{I}_{\mathrm{Z}} = \boldsymbol{K}^{-1}\,\boldsymbol{I}_{\mathrm{K}}$$

Eine solche Operation ist nur bei quadratischen Matrizen möglich und auch dann nicht immer.

Das Thema Topologie ist noch nicht abgeschlossen. Ich will aber im nächsten Abschnitt erst einmal eine Anwendung für das Erlernte bringen. Dann geht es weiter mit der Topologie. Sie erfahren etwas über Bäume und Sträucher.

6.2 Knotenpunktverfahren

Wir wollen einen Zusammenhang herstellen zwischen den in die Knoten hineinfließenden *Knotenströmen* $\boldsymbol{I}_{\mathrm{K}}$ und den *Knotenspannungen* $\boldsymbol{U}_{\mathrm{K}}$, die wir noch definieren müssen. In den Netzen nach Bild 6.1 bzw. Bild 6.2 sind *Zweigspannungen* $\boldsymbol{U}_{\mathrm{Z}}$ eingezeichnet; das sind Spannungen zwischen Knoten, die durch einen Zweig verbunden sind. Zusätzlich führen wir als Knotenspannung $\boldsymbol{U}_{\mathrm{K}}$ die Spannung zwischen den einzelnen Knoten und einem Bezugsknoten ein. Hier bietet sich an, denjenigen zu wählen, dessen Gleichung bei dem Aufbau der *Knoteninzidenzmatrix* $\boldsymbol{K}$ weggelassen wurde. Für das Bild 6.2 wird demzufolge Knoten 4 als Bezugsknoten eingesetzt.

Sind die *Knotenpunktspannungen* $U_{i4} = U_i$ bekannt, so lassen sich die Zweigspannungen leicht bestimmen.

$$\begin{aligned}
U_{12} &= U_{14} - U_{24} = U_1 - U_2 \\
U_{14} &= U_1 - U_4 = U_1 \\
U_{23} &= U_2 - U_3 \\
U_{24} &= U_2 - U_4 = U_2 \\
U_{34} &= U_3 - U_4 = U_3
\end{aligned} \tag{6.7}$$

In Matrixschreibweise ergibt sich

$$\begin{pmatrix} U_{12} \\ U_{14} \\ U_{23} \\ U_{24} \\ U_{34} \end{pmatrix} = \begin{pmatrix} 1 & -1 & 0 \\ 1 & 0 & 0 \\ 0 & 1 & -1 \\ 0 & 1 & 0 \\ 0 & 0 & 1 \end{pmatrix} \begin{pmatrix} U_1 \\ U_2 \\ U_3 \end{pmatrix} \tag{6.8}$$

$$\boldsymbol{U}_\mathrm{Z} = \boldsymbol{K}^\mathrm{T}\, \boldsymbol{U}_\mathrm{K}$$

Vergleichen Sie einmal die Matrix $\boldsymbol{K}^\mathrm{T}$ mit $\boldsymbol{K}$ in Gl. (6.3) bzw. Gl. (6.4)! Sie geht aus dieser durch Kippen hervor. Dabei werden die Elemente a_{ik} mit a_{ki} der Matrix $\boldsymbol{K}$ vertauscht. Aus einer 5 × 3-Matrix wird somit eine 3 × 5-Matrix. Diesen Vorgang hatten wir im letzten Abschnitt Transponieren genannt. Voraussetzung für diesen Zusammenhang ist, dass der Vektor der Zweigspannung $\boldsymbol{U}_\mathrm{Z}$ genau so geordnet ist wie der Vektor der Zweigströme $\boldsymbol{I}_\mathrm{Z}$.

Die Aussagen in den Gln. (6.3) und (6.8) sind dual.

Die Zweigspannungen und -ströme werden durch das Ohm'sche Gesetz miteinander verknüpft. Bevor wir dieses für die Zweige aufstellen, sollen in dem Beispielnetz (Bild 6.2a) die Spannungsquellen in Stromquellen umgewandelt werden. Es entsteht dann **Bild 6.2c**. Dadurch ändert sich nichts an der Topologie. Der Graph in Bild 6.2b gilt für beide Varianten. Die Knotenströme, d. h. die Ströme, die von außen in das Netz einströmen, sind nun die Kurzschlussströme der Spannungsquellen.

$$\begin{aligned} I_1 &= I_{\mathrm{k}14} = \frac{U_{\mathrm{Q}14}}{R_{14}} \\ I_2 &= I_{\mathrm{k}_{23}} = \frac{U_{\mathrm{Q}23}}{R_{23}} \\ I_3 &= -I_2 \\ I_4 &= -I_1 \end{aligned} \tag{6.9}$$

Wir haben nun ein Netz, in dem die Knotenströme $\boldsymbol{I}_\mathrm{K}$ nicht null sind und das rein aus passiven Zweigen, d. h. Widerständen, besteht.

Für die Zweige gilt:

$$I_{12} = G_{12} \cdot U_{12}$$
$$I_{14} = G_{14} \cdot U_{14}$$
$$I_{23} = G_{23} \cdot U_{23}$$
$$I_{24} = G_{24} \cdot U_{24}$$
$$I_{34} = G_{34} \cdot U_{34}$$

$$\begin{pmatrix} I_{12} \\ I_{14} \\ I_{23} \\ I_{24} \\ I_{34} \end{pmatrix} = \begin{pmatrix} G_{12} & 0 & 0 & 0 & 0 \\ 0 & G_{14} & 0 & 0 & 0 \\ 0 & 0 & G_{23} & 0 & 0 \\ 0 & 0 & 0 & G_{24} & 0 \\ 0 & 0 & 0 & 0 & G_{34} \end{pmatrix} \begin{pmatrix} U_{12} \\ U_{14} \\ U_{23} \\ U_{24} \\ U_{34} \end{pmatrix} \tag{6.10}$$

$$\boldsymbol{I}_{\mathrm{Z}} = \boldsymbol{G}_{\mathrm{Z}} \boldsymbol{U}_{\mathrm{Z}} \qquad \boldsymbol{U}_{\mathrm{Z}} = \boldsymbol{G}_{\mathrm{Z}}^{-1} \boldsymbol{I}_{\mathrm{Z}} = \boldsymbol{R}_{\mathrm{Z}} \boldsymbol{I}_{\mathrm{Z}}$$

Die Verknüpfung zwischen Strom und Spannung erfolgt durch die *Zweigleitwertmatrix* $\boldsymbol{G}_{\mathrm{Z}}$. Sie ist eine *Diagonalmatrix,* weil nur auf der *Hauptdiagonalen*, die von links oben nach rechts unten verläuft, Nichtnull-Elemente stehen. Eine Inversion dieser Matrix ist einfach.

Wir haben nun drei Gleichungen, die sämtliche Größen des Netzes miteinander verknüpfen: Gl. (6.3), Gl. (6.8) und Gl. (6.10).

$$\boldsymbol{I}_{\mathrm{K}} = \boldsymbol{K} \boldsymbol{I}_{\mathrm{Z}}$$
$$\boldsymbol{U}_{\mathrm{Z}} = \boldsymbol{K}^{\mathrm{T}} \boldsymbol{U}_{\mathrm{K}}$$
$$\boldsymbol{I}_{\mathrm{Z}} = \boldsymbol{G}_{\mathrm{Z}} \boldsymbol{U}_{\mathrm{Z}}$$

Wenn die Knotenströme $\boldsymbol{I}_{\mathrm{K}}$ gegeben sind, ist es nicht ohne weiteres möglich, die Zweigströme $\boldsymbol{I}_{\mathrm{Z}}$ zu berechnen, denn $\boldsymbol{K}$ lässt sich nicht invertieren. Das hatten wir schon. Wir müssen erst die drei Gleichungen ineinander einsetzen. Dann ergibt sich eine Gleichung, mit der die Knotenspannungen berechenbar sind.

$$\begin{aligned} \boldsymbol{I}_{\mathrm{K}} &= \boldsymbol{K} \boldsymbol{I}_{\mathrm{Z}} = \boldsymbol{K} \boldsymbol{G}_{\mathrm{Z}} \boldsymbol{U}_{\mathrm{Z}} = \boldsymbol{K} \boldsymbol{G}_{\mathrm{Z}} \boldsymbol{K}^{\mathrm{T}} \boldsymbol{U}_{\mathrm{K}} = \boldsymbol{G}_{\mathrm{K}} \boldsymbol{U}_{\mathrm{K}} \\ \boldsymbol{G}_{\mathrm{K}} &= \boldsymbol{K} \boldsymbol{G}_{\mathrm{Z}} \boldsymbol{K}^{\mathrm{T}} \end{aligned} \tag{6.11}$$

Die *Knotenleitwertmatrix* $\boldsymbol{G}_\mathrm{K}$ ist quadratisch und erlaubt im Allgemeinen die Berechnung der Knotenspannungen aus den Knotenströmen. Allerdings muss ein Gleichungssystem gelöst werden.

Zunächst berechnen wir die Matrix $\boldsymbol{G}_\mathrm{K}$ für das Beispielnetz in Bild 6.2. Bitte vollziehen Sie die Rechnung nach!

$$\boldsymbol{G}_\mathrm{K} = \boldsymbol{K} \cdot \boldsymbol{G}_\mathrm{Z} \cdot \boldsymbol{K}^\mathrm{T} = \boldsymbol{K} \begin{pmatrix} G_{12} & & & & \\ & G_{14} & & & \\ & & G_{23} & & \\ & & & G_{24} & \\ & & & & G_{34} \end{pmatrix} \begin{pmatrix} 1 & -1 & 0 \\ 1 & 0 & 0 \\ 0 & 1 & -1 \\ 0 & 1 & 0 \\ 0 & 0 & 1 \end{pmatrix}$$

$$\boldsymbol{G}_\mathrm{K} = \boldsymbol{K} \begin{pmatrix} G_{12} & -G_{12} & 0 \\ G_{14} & 0 & 0 \\ 0 & G_{23} & -G_{23} \\ 0 & G_{24} & 0 \\ 0 & 0 & G_{34} \end{pmatrix}$$

$$= \begin{pmatrix} 1 & 1 & 0 & 0 & 0 \\ -1 & 0 & 1 & 1 & 0 \\ 0 & 0 & -1 & 0 & 1 \end{pmatrix} \begin{pmatrix} G_{12} & -G_{12} & 0 \\ G_{14} & 0 & 0 \\ 0 & G_{23} & -G_{23} \\ 0 & G_{24} & 0 \\ 0 & 0 & G_{34} \end{pmatrix}$$

$$\boldsymbol{G}_\mathrm{K} = \begin{pmatrix} G_{12} + G_{14} & -G_{12} & 0 \\ -G_{12} & G_{12} + G_{23} + G_{24} & -G_{23} \\ 0 & -G_{23} & G_{23} + G_{34} \end{pmatrix} \tag{6.12}$$

Diese Matrix ist quadratisch und verknüpft die drei Knotenströme mit den drei Knotenspannungen. Unter bestimmten Randbedingungen können aus den Strömen die Spannungen berechnet (Gl. (6.11)) werden. Die Matrix $\boldsymbol{G}_\mathrm{K}$ ist dann invertierbar.

Unabhängig davon, ob Sie diese Ableitung mit den Matrizen verstanden haben, sollten Sie die Gleichungen in normaler Schreibweise behandeln, um das Ergebnis auch selbst zu erhalten.

$$\boldsymbol{I}_{\mathrm{K}} = \boldsymbol{G}_{\mathrm{K}}\, \boldsymbol{U}_{\mathrm{K}} \tag{6.13}$$

$$\begin{aligned}
I_1 &= (G_{12} + G_{14})\, U_1 - G_{12}\, U_2 \\
I_2 &= -G_{12}\, U_1 + (G_{12} + G_{23} + G_{24})\, U_2 - G_{23}\, U_3 \\
I_3 &= -G_{23}\, U_2 + (G_{23} + G_{34})\, U_3
\end{aligned}$$

Diese Gleichung wollen wir diskutieren. Die *Diagonalelemente* – das sind die Klammerausdrücke in den Gleichungen – enthalten alle Leitwerte, die von den jeweiligen Knoten abgehen, z. B. $g_{\mathrm{K}11} = G_{12} + G_{14}$. Die Nichtdiagonalelemente enthalten jeweils das Element, das zwischen den entsprechenden Knoten liegt, mit negativem Vorzeichen, z. B. $g_{\mathrm{K}12} = -G_{12}$.

Knotenleitwertmatrix $\boldsymbol{G}_{\mathrm{K}}$

Die Matrix ist quadratisch von der Ordnung n.

Diagonalelemente $i = j$

$$g_{\mathrm{K}ii} = \sum_{j=1}^{n} G_{ij} \quad \text{oder} \quad g_{\mathrm{K}ii} = \sum_{j=0}^{n} G_{ji} \qquad j \neq i \tag{6.14}$$

Nichtdiagonalelemente $i \neq j$

$$g_{\mathrm{K}ij} = -G_{ij} \tag{6.15}$$

Dabei ist zu beachten, dass die Summe in Gl. (6.14) den Zweig zum Bezugsknoten mit einschließt. Dieser wäre dann mit G_{ii} zu bezeichnen. Häufig wird jedoch der Zweig zum Bezugsknoten mit G_{i0} bezeichnet. Es ist dann von $j = 0$ bis $j = n$ zu summieren, wobei $j = i$ entfällt. Die Summe der Matrixelemente einer Zeile und einer Spalte ergeben jeweils den Leitwert zum Bezugsknoten. Die Leitwerte zwischen den einzelnen Knoten heben sich heraus. Wird der Bezugsknoten als neue Spalte und Zeile hinzugefügt, so entsteht die geränderte Leitwertmatrix.

Die Leitwertmatrix ist symmetrisch $g_{\mathrm{K}ij} = g_{\mathrm{K}ji}$, denn der Leitwert ist nicht von der Stromrichtung abhängig ($G_{ij} = G_{ji}$).

$$\boldsymbol{G}_{\mathrm{K}}^{\mathrm{T}} = \boldsymbol{G}_{\mathrm{K}}$$

Sind die Knotenströme gegeben, so lassen sich die Knotenspannungen $\boldsymbol{U}_\mathrm{K}$ ausrechnen, denn – wie oben gesagt – die Matrix $\boldsymbol{G}_\mathrm{K}$ ist quadratisch. Von Sonderfällen abgesehen, ist sie auch invertierbar, d. h. das Gleichungssystem (6.13) ist lösbar.

Das Lösen des Gleichungssystems ist aufwändig. In geschlossener Form ist dies kaum durchzuführen. In Matrixschreibweise sieht es einfacher aus:

$$\boldsymbol{U}_\mathrm{K} = \boldsymbol{G}_\mathrm{K}^{-1}\,\boldsymbol{I}_\mathrm{K} \tag{6.16}$$

> $\boldsymbol{G}_\mathrm{K}^{-1}$ ist die Inverse von $\boldsymbol{G}_\mathrm{K}$.

Auf die Bildung der Inversen will ich hier nicht eingehen.

Sind die Knotenspannungen $\boldsymbol{U}_\mathrm{K}$ bestimmt, so ist es einfach, die restlichen Größen $\boldsymbol{I}_\mathrm{K}$, $\boldsymbol{U}_\mathrm{Z}$, $\boldsymbol{I}_\mathrm{Z}$ zu berechnen. Die Knotenspannungen haben deshalb eine zentrale Bedeutung in der Beschreibung des Netzzustands. Sie werden *Zustandsgrößen* genannt.

Aufgabe 6.4

Für das Netz in Bild 6.2a sind folgende Zahlenwerte gegeben:

$U_{Q14} = 10\ \mathrm{V}$ $\quad U_{Q23} = 5\ \mathrm{V}$

$R_{12} = 0{,}2\ \Omega$ $\quad R_{14} = 0{,}5\ \Omega$ $\quad R_{23} = 1\ \Omega$

$R_{24} = 0{,}1\ \Omega$ $\quad R_{34} = 1\ \Omega$

Wie groß sind die Knoten- und Zweigspannungen sowie die Zweigströme?

Aufgabe 6.5

Die Aufgabe 4.7 in Abschnitt 4.6 sollen Sie nun mit dem Knotenpunktverfahren lösen, dabei aber etwas anders vorgehen. In den Spannungsquellen wird zwischen starrer Spannung und Widerstand ein neuer Knoten eingeführt. Nummerieren Sie die Knoten von links nach rechts neu durch! Und stellen Sie die Knotenpunktgleichungen auf! Lösen Sie das Gleichungssystem nach dem Gaußverfahren, das Sie in der Lösung der vorherigen Aufgabe kennen gelernt haben! Nehmen Sie nicht die in der letzten Aufgabe durchgeführte Umwandlung der Spannungsquellen in Stromquellen vor!

Nun wollen wir in einem Beispiel noch einmal auf die Stern-Dreieck-Transformation zurückkommen und dabei zeigen, dass die Elimination eines Knotens nichts anderes ist als die Elimination der zugehörigen Knotenspannung im Gleichungssystem.

Beispiel 6.1

In Abschnitt 5.2 wurde als Aufgabe 5.3 und Beispiel 5.3 eine Brückenschaltung behandelt. Sie ist in Bild 5.4 dargestellt. Durch Umbenennung der Knotenpunkte entsteht **Bild 6.5a** mit den Zahlenwerten $R_{13} = 1\ \Omega$; $R_{14} = 2\ \Omega$; $R_{23} = 3\ \Omega$; $R_{24} = 4\ \Omega$; $R_{34} = 5\ \Omega$

Um eine einfach aufgebaute Leitwertmatrix zu erhalten, wählen wir den Knoten 3 als Bezugsknoten. Damit sind Gleichungen für die Knotenströme I_1, I_2, I_4 aufzustellen, aus denen mit $I_4 = 0$ die Spannung U_4 zu eliminieren ist. (S ist die Einheit Siemens.)

$$I_1 = 1{,}5\ \text{S} \cdot U_1 - 0{,}5\ \text{S} \cdot U_4$$

$$I_2 = + 0{,}58\ \text{S} \cdot U_2 - 0{,}25\ \text{S} \cdot U_4$$

$$I_4 = -0{,}5\ \text{S} \cdot U_1 - 0{,}25\ \text{S} \cdot U_2 + 0{,}95\ \text{S} \cdot U_4 = 0$$

Nun beginnt die Lösung.

$$U_4 = 0{,}526 \cdot U_1 + 0{,}263 \cdot U_2$$

$$I_2 = -0{,}132\ \text{S} \cdot U_1 + 0{,}517\ \text{S} \cdot U_2$$

$$I_1 = 1{,}237\ \text{S} \cdot U_1 - 0{,}132\ \text{S} \cdot U_2$$

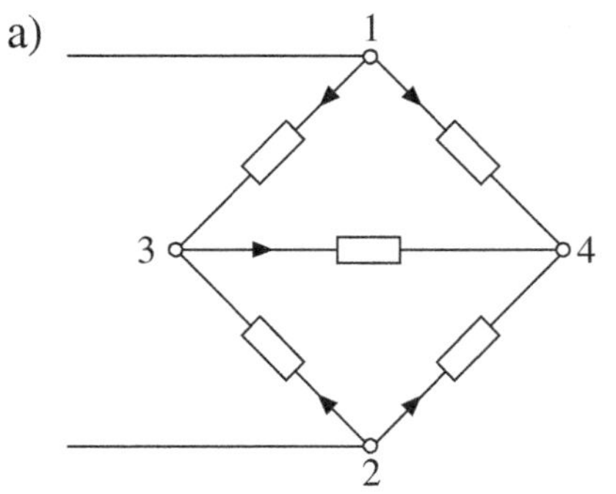

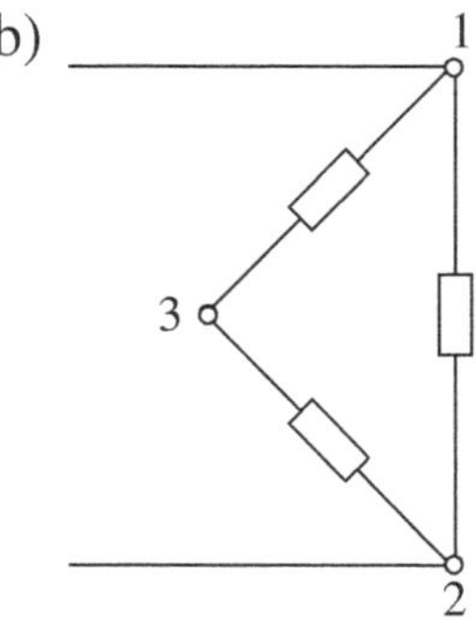

Bild 6.5 Brückenschaltung zur Elimination des Knotens 4
a) Ausgangsschaltung, b) reduzierte Schaltung

Die beiden letzten Gleichungen beschreiben ein Netz, das noch aus den Knoten 1 und 2 sowie dem Bezugsknoten 3 besteht. Es ist in **Bild 6.5b** dargestellt. Aus ihnen lassen sich die Leitwerte und damit die Widerstände des Netzes berechnen.

$G_{12} = 0{,}132$ S $\qquad R_{12} = 7{,}57\ \Omega$

$G_{13} = (1{,}237 - 0{,}132)$ S $= 1{,}105$ S $\qquad R_{13} = 0{,}905\ \Omega$

$G_{23} = (0{,}517 - 0{,}132)$ S $= 0{,}385$ S $\qquad R_{23} = 2{,}597\ \Omega$

Diese Werte stimmen mit denen in Beispiel 5.2 für das Netz nach Bild 5.4 überein.

❑ $R_{12} = R_{CD} \qquad R_{13} = R_6 = R_{AC} \parallel R_1 \qquad R_{23} = R_7 = R_{AD} \parallel R_3$

> Die Elimination eines Knotens geschieht durch die Elimination einer Knotenspannung und entspricht der Stern-Vieleck-Umwandlung. Dies gilt auch für den Sonderfall eines Sterns mit zwei Strahlen.

Bild 6.6 Netzmodell aus dem Jahr 1951; Quelle: AEG

Das Knotenpunktverfahren wird zur Berechnung der Stromverteilung in elektrischen Energieversorgungsunternehmen herangezogen. Bei Netzen mit 1000 und mehr Knoten ist die Lösung von Gleichungssystemen per Hand ein unzumutbarer Aufwand. Im Zeitalter der Rechenschieber baute man Netzmodelle, um die Stromverteilung auszumessen. Dabei wurden die Widerstände, Induktionen und Kapazitäten der Transformatoren und Leiter mit einem Maßstab nachgebildet. Eine solche Einrichtung ist in **Bild 6.6** zu sehen.

6.3 Baumstruktur

Wir kehren noch einmal zur Topologie zurück, um ein systematisches Verfahren zur Aufstellung der Maschengleichungen zu entwickeln. Während bei dem Knotenpunktverfahren die hinreichende Anzahl der Gleichungen n_K-1 war und von den n_K möglichen Gleichungen einfach eine weggefallen ist, wird bei den Maschengleichungen etwas mehr Aufwand notwendig.

Wir beginnen mit dem Graphen des Netzes und zeichnen in ihm einen Linienzug ein, der alle Knoten so miteinander verbindet, dass es von einem Knoten zu jedem anderen nur einen Weg gibt. Diesen Graphen nennen wir *Baum.* Um einen Baum zu zeichnen, gibt es sehr viele Möglichkeiten. Zwei Varianten sind in **Bild 6.7** angegeben. Bei dem Beispiel a geht der Baum ohne Verästelung von einem Basispunkt 0 ab. Bei dem Beispiel b beginnt er mit vielen Ästen, er ist buschartig bzw. strauchartig. Die Buschstruktur führt im Allgemeinen zu einfach aufgebauten Maschengleichungen. Es ist übrigens nicht trivial, ein Programm zu schreiben, das in einen gegebenen Graphen einen Baum legt.

> Ein Baum ist ein minimaler Graph, der aus n_K-1 Zweigen besteht, die als *Baumzweige* bezeichnet werden, und alle Knoten miteinander verbindet.

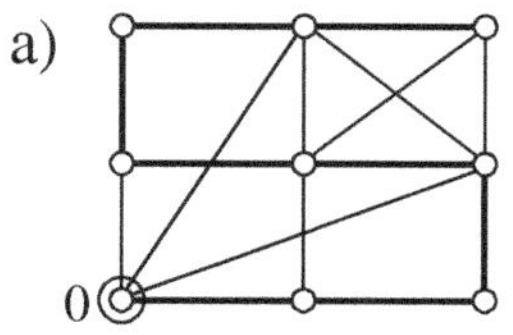

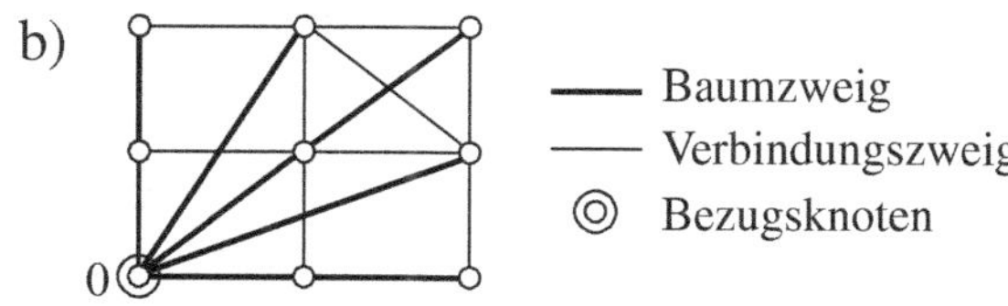

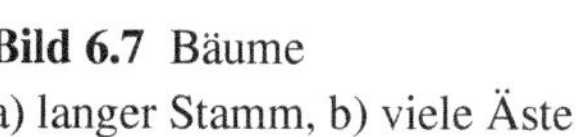

Bild 6.7 Bäume
a) langer Stamm, b) viele Äste

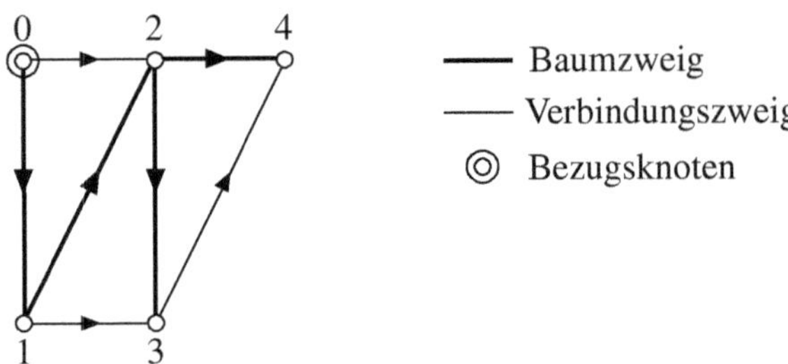

Bild 6.8 Baum in einem Graphen

Um einen Baum mathematisch zu beschreiben, gibt man den Zusammenhang zwischen Knoten- und Zweigspannungen an.

Hierzu werden die Knoten nummeriert, ein Knoten gilt als Bezugsknoten. Anschließend orientieren wir die Zweige und zeichnen einen Baum ein. Die Knotenspannungen für den Graphen, d. h. die Spannungen von den einzelnen Knoten zum Bezugsknoten, ergeben sich dann zu **(Bild 6.8)**

$$\begin{aligned} U_1 &= -U_{01} &&= U_{10} \\ U_2 &= -U_{01} - U_{12} &&= U_{20} \\ U_3 &= -U_{01} - U_{12} - U_{23} &&= U_{30} \\ U_4 &= -U_{01} - U_{12} - U_{24} &&= U_{40} \end{aligned} \tag{6.17}$$

$$\begin{pmatrix} U_1 \\ U_2 \\ U_3 \\ U_4 \end{pmatrix} = \begin{pmatrix} -1 & 0 & 0 & 0 & 0 & 0 & 0 \\ -1 & 0 & -1 & 0 & 0 & 0 & 0 \\ -1 & 0 & -1 & 0 & -1 & 0 & 0 \\ -1 & 0 & -1 & 0 & 0 & -1 & 0 \end{pmatrix} \begin{pmatrix} U_{01} \\ U_{02} \\ U_{12} \\ U_{13} \\ U_{23} \\ U_{24} \\ U_{34} \end{pmatrix}$$

$$\boldsymbol{U}_\mathrm{K} = \boldsymbol{B}\,\boldsymbol{U}_\mathrm{Z}$$

Die *Bauminzidenzmatrix* $\boldsymbol{B}$ hat so viele Spalten, wie es Zweige gibt. Alle Spalten, die nur mit Nullen besetzt sind, gelten für Zweige, die nicht zum Baum gehören. Reduzieren wir die Gleichungen auf die Baumzweige, so entfallen in unserem Beispiel die drei Spalten, die mit Nullen besetzt sind.

$$\boldsymbol{U}_\mathrm{K} = \boldsymbol{B}_\mathrm{B}\,\boldsymbol{U}_\mathrm{ZB} \tag{6.18}$$

Hierbei sind $\boldsymbol{U}_{\mathrm{ZB}}$ die Spannungen der Baumzweige, und $\boldsymbol{B}_{\mathrm{B}}$ ist die *Baumzweiginzidenzmatrix*. Nun setzen wir Gl. (6.18) in Gl. (6.8) ein und erhalten

$$\boldsymbol{U}_{\mathrm{Z}} = \boldsymbol{K}^{\mathrm{T}} \boldsymbol{B}_{\mathrm{B}} \boldsymbol{U}_{\mathrm{ZB}} = \boldsymbol{D} \boldsymbol{U}_{\mathrm{ZB}} \tag{6.19}$$

Bitte stellen Sie die Knoteninzidenzmatrix $\boldsymbol{K}^{\mathrm{T}}$ für den Graphen in Bild 6.8 auf und multiplizieren Sie sie mit der Baumzweiginzidenzmatrix $\boldsymbol{B}_{\mathrm{B}}$. Überzeugen Sie sich davon, dass die so erhaltene Matrix $\boldsymbol{D}$ den Zusammenhang zwischen $\boldsymbol{U}_{\mathrm{Z}}$ und $\boldsymbol{U}_{\mathrm{ZB}}$ nach Gl. (6.19) herstellt. Wir können demnach aus den Spannungen der Baumzweige die Spannungen aller Zweige berechnen.

Die angesetzten Gleichungen sind für den Übergang zwischen Knotenpunkt- und Maschenverfahren von Bedeutung.

Wir wollen uns nun dem *Maschenverfahren* zuwenden. Als Beispiel dient die Ihnen bereits leidlich bekannte Brückenschaltung in Bild 5.4. Bei n_{K} = 4 Knoten gibt es $n_{\mathrm{ZB}} = 3$ *Baumzweige ZB*, auch *abhängige Zweige* genannt. Die restlichen Zweige $n_{\mathrm{ZV}} = 3$ verbinden die Knoten zusätzlich zu den Baumzweigen und werden deshalb *Verbindungszweige ZV* oder *unabhängige Zweige* genannt. Werden beide Zweigtypen zusammengefasst, ergibt sich die Gesamtzahl der Zweige:

$$n_{\mathrm{Z}} = n_{\mathrm{ZB}} + n_{\mathrm{ZV}} = n_{\mathrm{K}} - 1 + n_{\mathrm{ZV}} \tag{6.20}$$

Bei der Anwendung der Maschenregel ist ein Bezugsknoten nicht erforderlich. Deshalb habe ich in **Bild 6.9** die Knoten von 1 bis 4 durchnummeriert. Ausgangspunkt für den Baum ist der Knoten 1. Die Orientierung der Zweige erfolgt wieder in Richtung höherer Knotennummern. Dies ist bei der Maschenregel nicht immer zweckmäßig.

Der Baum mit seinen $n_{\mathrm{ZB}} = n_{\mathrm{K}} - 1$ Zweigen bildet keinen geschlossenen Stromkreis. Jeder Verbindungszweig führt zu einem möglichen Stromkreis und damit einer Masche. Die Zahl der Maschen n_{M} ist damit gleich der Zahl der Verbindungszweige n_{ZV} ($n_{\mathrm{M}} = n_{\mathrm{ZV}}$).

In dem vorliegenden Beispiel sind also drei Schleifenumläufe möglich. Um einfache Gleichungen zu erhalten, gehen wir wie folgt vor:

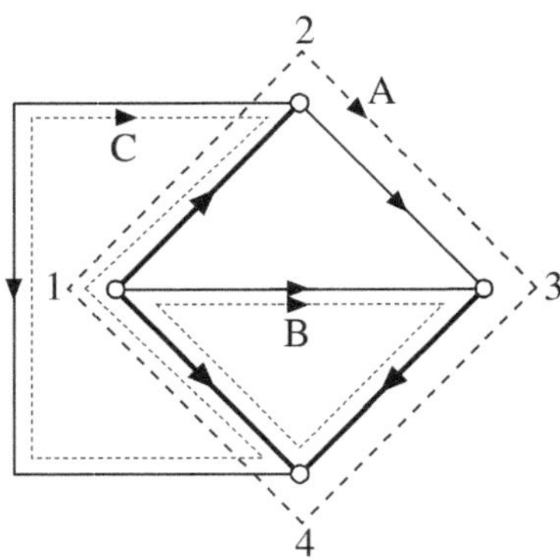

Bild 6.9 Topologie einer Brückenschaltung

> Die Masche wird zweckmäßigerweise so gewählt, dass jeder Verbindungszweig von nur einer Schleife durchlaufen wird. Die Schleifen durchlaufen möglichst wenige Zweige.

In Bild 6.9 sind viele Schleifen möglich, von denen die drei eingezeichnet sind, die jeweils nur einen Verbindungszweig durchlaufen. Andere Schleifen dieses Typs gibt es nicht. Damit liegen die Maschen A, B und C fest. Zwei Beispiele für Schleifen, die mehr als einen Verbindungszweig durchlaufen, sind 1–2–3–1 und 1–3–2–4–1.

Nun müssen wir den Maschen Richtungen zuordnen. Hierzu gibt es zwei Ansätze:

- positiv im Uhrzeigersinn
- gleiche Richtung wie der zugehörige Verbindungszweig

Beide Forderungen kann man miteinander vereinen, wenn die Orientierung der Verbindungszweige entsprechend gewählt wird. Dann ist aber die Systematik der Zweigorientierung in Richtung höherer Knotennummer aufzugeben. Sie sehen: Irgendwo gibt es immer Probleme mit der Orientierung. Trotzdem dürfen Sie nicht orientierungslos werden. Sie müssen nur höllisch bei den Vorzeichen aufpassen.

Für die drei Maschen A B C in Bild 6.9 leiten wir jetzt die Maschengleichungen ab. Wir beginnen mit dem Maschenumlauf. Die Summe der Zweigspannungen muss null sein.

$$\begin{aligned} U_\mathrm{A} &= U_{23} + U_{34} - U_{14} + U_{12} = 0 \\ U_\mathrm{B} &= U_{13} + U_{34} - U_{14} = 0 \\ U_\mathrm{C} &= -U_{12} + U_{14} - U_{24} = 0 \end{aligned}$$

$$\begin{pmatrix} 1 & 0 & -1 & 1 & 0 & 1 \\ 0 & 1 & -1 & 0 & 0 & 1 \\ -1 & 0 & 1 & 0 & -1 & 0 \end{pmatrix} \begin{pmatrix} U_{12} \\ U_{13} \\ U_{14} \\ U_{23} \\ U_{24} \\ U_{34} \end{pmatrix} = \begin{pmatrix} U_\mathrm{A} \\ U_\mathrm{B} \\ U_\mathrm{C} \end{pmatrix} = \begin{pmatrix} 0 \\ 0 \\ 0 \end{pmatrix} \tag{6.21}$$

$$\boldsymbol{C}^\mathrm{T} \cdot \boldsymbol{U}_\mathrm{Z} = \boldsymbol{U}_\mathrm{M} = 0$$

> Die *Mascheninzidenzmatrix* $\boldsymbol{C}$ gibt die Zuordnung der Zweige zu den Maschen an.

In Gl. (6.21) steht die Transponierte der Matrix $\boldsymbol{C}$. Dies liegt an der Definition, auf die wir nun kommen. Analog zu den Spannungen gibt es auch einen Zusammenhang zwischen den Zweigströmen, der durch die Knotenpunktregel von Kirchhoff bedingt ist. Zunächst definieren wir einen Maschenstrom.

> Der Strom des Verbindungszweigs, durch den die Schleife einer Masche läuft, wird als *Maschenstrom* bezeichnet.

Damit lassen sich die Zweigströme aus den Maschenströmen bestimmen. Für Bild 6.9 gilt:

$$\begin{aligned} I_{12} &= I_\mathrm{A} - I_\mathrm{C} \\ I_{13} &= I_\mathrm{B} \\ I_{14} &= -I_\mathrm{A} - I_\mathrm{B} + I_\mathrm{C} \\ I_{23} &= I_\mathrm{A} \\ I_{24} &= -I_\mathrm{C} \\ I_{34} &= I_\mathrm{A} + I_\mathrm{B} \end{aligned}$$

$$\begin{pmatrix} I_{12} \\ I_{13} \\ I_{14} \\ I_{23} \\ I_{24} \\ I_{34} \end{pmatrix} = \begin{pmatrix} 1 & 0 & -1 \\ 0 & 1 & 0 \\ -1 & -1 & 1 \\ 1 & 0 & 0 \\ 0 & 0 & -1 \\ 1 & 1 & 0 \end{pmatrix} \begin{pmatrix} I_{\mathrm{A}} \\ I_{\mathrm{B}} \\ I_{\mathrm{C}} \end{pmatrix} \tag{6.22}$$

$$\boldsymbol{I}_{\mathrm{Z}} = \boldsymbol{C}\boldsymbol{I}_{\mathrm{M}}$$

Die Gln. (6.21) und (6.22) entsprechen sich, d. h. sie sind dual. Bei den Gln. (6.21) geben die Spalten von $\boldsymbol{C}^{\mathrm{T}}$ an, zu welchen Maschen die Zweigspannungen beitragen, und die Zeilen, welche Zweige in einer Masche liegen. Bei den Gln. (6.22) geben die Spalten von $\boldsymbol{C}$ an, zu welchen Zweigströmen die Maschenströme beitragen, und die Zeilen, aus welchen Maschenströme sich die Zweigströme zusammensetzen.

In den beiden Kapiteln, die sich mit der Topologie beschäftigen, dienen die Spannungen und Ströme nur zur Veranschaulichung. Die einzelnen Matrizen $\boldsymbol{K}$, $\boldsymbol{B}$ und $\boldsymbol{C}$ geben den Aufbau der Graphen in allgemeiner Form an.

6.4 Maschenverfahren

Der Zusammenhang zwischen den Zweigspannungen und -strömen ist in Gl. (6.10) angegeben. Quellenspannungen in den Zweigen gibt es bei dem Knotenpunktverfahren nicht, da alle Spannungsquellen in Stromquellen umgerechnet werden. Jetzt rechnen wir alle Stromquellen in Spannungsquellen um, sodass ein Zweig aus der Reihenschaltung von Widerstand R und Spannung U_{Q} besteht (s. auch Abschnitt 5.1). Für den Zweig zwischen den Knoten i und j gilt dann

$$U_{ij} = R_{ij}\, I_{ij} + U_{\mathrm{Q}ij}$$

$$\boldsymbol{U}_{\mathrm{Z}} = \boldsymbol{R}_{\mathrm{Z}}\, \boldsymbol{I}_{\mathrm{Z}} + \boldsymbol{U}_{\mathrm{QZ}} \tag{6.23}$$

Aus der Schreibweise des Widerstands ist nicht ersichtlich, ob es sich um den Innenwiderstand einer Spannungsquelle oder um den eines passiven Zweigs handelt.

In Gl. (6.23) setzen wir Gl. (6.22) ein, die den Zusammenhang zwischen Zweigen und Maschen herstellt.

$$\boldsymbol{U}_\mathrm{Z} = \boldsymbol{R}_\mathrm{Z}\,\boldsymbol{C}\,\boldsymbol{I}_\mathrm{M} + \boldsymbol{U}_\mathrm{QZ} \qquad (6.24)$$

Sie denken daran, immer auf einem Blatt Papier die Gedanken mit der ausführlichen Schreibweise nachzuvollziehen? Das ist auch sinnvoll, wenn Sie die Matrizenrechnung schon etwas kennen! Üben! Üben! Üben!

Nun multiplizieren wir Gl. (6.24) von links mit $\boldsymbol{C}^\mathrm{T}$. Beachten Sie dabei, dass in der Matrizenrechnung die Reihenfolge der Multiplikation nicht vertauscht werden darf. Die Multiplikation mit $\boldsymbol{C}^\mathrm{T}$ addiert die Zweigspannungen einer Masche. Diese Summenspannung muss nach Gl. (6.21) null sein.

$$\boldsymbol{C}^\mathrm{T}\boldsymbol{U}_\mathrm{Z} = \boldsymbol{C}^\mathrm{T}\boldsymbol{R}_\mathrm{Z}\boldsymbol{C}\boldsymbol{I}_\mathrm{M} + \boldsymbol{C}^\mathrm{T}\boldsymbol{U}_\mathrm{QZ} = \boldsymbol{0}$$

$$\boldsymbol{R}_\mathrm{M} = \boldsymbol{C}^\mathrm{T}\boldsymbol{R}_\mathrm{Z}\boldsymbol{C} \qquad \boldsymbol{U}_\mathrm{QM} = \boldsymbol{C}^\mathrm{T}\boldsymbol{U}_\mathrm{QZ} \qquad (6.25)$$

$$\boldsymbol{R}_\mathrm{M}\,\boldsymbol{I}_\mathrm{M} + \boldsymbol{U}_\mathrm{QM} = \boldsymbol{0} \qquad (6.26)$$

Wir haben ein Gleichungssystem für die n_M Maschen gefunden. Die *Maschenwiderstandsmatrix* $\boldsymbol{R}_\mathrm{M}$ ist quadratisch von der Dimension (Rang) n_M; die *Maschenquellenspannungen* $\boldsymbol{U}_\mathrm{QM}$ bilden die Summe aller Quellenspannungen in einer Masche.

Bevor Sie wieder üben, will ich noch ein Verfahren angeben, mit dem Sie die Matrix $\boldsymbol{R}_\mathrm{M}$ direkt aufbauen können. Hierzu wählen wir die Masche C in Bild 6.9. Für sie ergibt der Umlauf

$$-R_{12}\,I_{12} + R_{14}\,I_{14} - R_{24}\,I_{24} - U_\mathrm{Q24} = 0$$

Der Widerstand R_{24} ist null. Ich habe ihn nur eingeführt, damit die Systematik deutlich wird.

Dies ist die dritte Zeile in der Matrixgleichung (6.26).

Nun werden die Quellenspannungen zusammengefasst, von denen es im Beispiel nur eine gibt, und die Zweigströme durch die Maschenströme ersetzt (Gl. (6.22)).

$$-U_\mathrm{Q12} + U_\mathrm{Q14} - U_\mathrm{Q24} = U_\mathrm{QC} = -U_\mathrm{Q24}$$

$$-R_{12}\left(I_\mathrm{A} - I_\mathrm{C}\right) + R_{14}\left(-I_\mathrm{A} - I_\mathrm{B} + I_\mathrm{C}\right) - R_{24}\left(-I_\mathrm{C}\right) + U_\mathrm{QC} = 0$$

$$-\left(R_{12} + R_{14}\right) I_\mathrm{A} - R_{14}\,I_\mathrm{B} + \left(R_{12} + R_{14} + R_{24}\right) I_\mathrm{C} + U_\mathrm{QC} = 0$$

Erkennen Sie die Gesetzmäßigkeit, nach der diese Gleichungen aufgebaut sind? Nein? Dann schreiben Sie die Maschengleichung für die Schleifen A und B auch hin. Sie erhalten dann die Gleichung

$$\begin{pmatrix} R_{12}+R_{14}+R_{23}+R_{34} & R_{14}+R_{34} & -R_{12}-R_{14} \\ R_{14}+R_{34} & R_{13}+R_{14}+R_{34} & -R_{14} \\ -R_{12}-R_{14} & -R_{14} & R_{12}+R_{14}+R_{24} \end{pmatrix} \begin{pmatrix} I_A \\ I_B \\ I_C \end{pmatrix} + \begin{pmatrix} U_{QA} \\ U_{QB} \\ U_{QC} \end{pmatrix} = \begin{pmatrix} U_A \\ U_B \\ U_C \end{pmatrix} = \begin{pmatrix} 0 \\ 0 \\ 0 \end{pmatrix} \tag{6.27}$$

$$\boldsymbol{R}_M \, \boldsymbol{I}_M + \boldsymbol{U}_{QM} = \boldsymbol{U}_M = 0$$

Die Matrix $\boldsymbol{R}_M$ ist einfach aufzubauen. Die Diagonalelemente bestehen aus der Summe aller Widerstände, die in der betreffenden Schleife liegen. Die Nichtdiagonalelemente enthalten die Widerstände, die in der Schleife liegen und zusätzlich von dem Strom einer anderen Schleife durchflossen werden. So fließen durch den Zweig 14 die Maschenströme I_A, I_B und I_C. Deshalb steht der Widerstand R_{14} an den Plätzen 13, 23, 31 und 32. Für die Elemente der Matrix $\boldsymbol{R}_M$ gilt demnach z. B.

$$r_{M23} = -R_{14} \qquad r_{M32} = -R_{14}$$

Das negative Vorzeichen tritt auf, weil die Ströme I_B und I_C den Zweig 14 in entgegengesetzter Richtung durchlaufen. Nullelemente entstehen, wenn zwei Maschen keinen gemeinsamen Zweig haben.

Verallgemeinert lauten die Aufbauregeln der Maschenwiderstandsmatrix $\boldsymbol{R}_M$:

$$\begin{aligned} r_{Mii} &= \sum_k R_{Mik} \\ r_{Mij} &= \sum_l \pm R_{Mijl} \end{aligned} \tag{6.28}$$

+: Die Zählrichtung der Schleifenströme I_i und I_j ist gleich.

–: Die Zählrichtung der Schleifenströme I_i und I_j ist ungleich.

Die Elemente $R_{\mathrm{M}ik}$ sind all diejenigen Widerstände, die in der Masche i liegen. Die Elemente $R_{\mathrm{M}ijl}$ sind die Widerstände, die in der Masche i und der Masche j liegen. Sie stellen somit eine Untermenge der Elemente $R_{\mathrm{M}ik}$ dar. Hier ist Vorsicht mit den Indizes geboten. Das Element $R_{\mathrm{M}ik}$ ist nicht der Widerstand R_{ik}, der zwischen den Knoten i und k liegt.

Die Nichtdiagonalelemente $i \neq j$ verursachen eine Beeinflussung zwischen den Maschenströmen. Die Maschen werden durch sie gekoppelt. Deshalb spricht man von *Koppelelementen* ($r_{\mathrm{M}ij}$, $i \neq j$).

Jetzt kommt das Kochrezept.

1. Maschenmatrix $\boldsymbol{R}_{\mathrm{M}}$ aufstellen!
2. Maschenspannungen $\boldsymbol{U}_{\mathrm{QM}}$ aus den gegebenen Spannungen der Spannungsquellen bestimmen!
3. Aus Gl. (6.27) die Maschenströme bestimmen! Hierzu ist die Inversion der Matrix $\boldsymbol{R}_{\mathrm{M}}$ notwendig.
4. Mit Gl. (6.22) die Zweigströme errechnen!
5. Gl. (6.10) liefert die Zweigspannungen.
6. Durch Gl. (6.18) sind dann mit der Baumzweiginzidenzmatrix $\boldsymbol{B}_{\mathrm{B}}$ noch die Knotenspannungen zu bestimmen.

Ich weiß: Sie warten auf eine Übungsaufgabe. Jetzt kommt sie!

Aufgabe 6.6

Dies ist fast die letzte Aufgabe in diesem Buch. Geben Sie sich noch einen Stoß und etwas Mühe!

Für die Brückenschaltung in Bild 6.9 gelten die bekannten Daten (Beispiele 5.3 und 6.1 sowie Aufgabe 5.2).

$U_{\mathrm{Q24}} = 1\ \mathrm{V}$ $\quad R_{12} = 1\ \Omega$ $\quad R_{14} = 3\ \Omega$

$R_{23} = 2\ \Omega$ $\quad R_{34} = 4\ \Omega$ $\quad R_{13} = 5\ \Omega$

Stellen Sie die Mascheninzidenzmatrix auf und berechnen Sie damit die Maschenwiderstandsmatrix! Lösen Sie anschließend die Maschengleichungen und bestimmen Sie alle Zweigströme!

Noch eine Abschlussbemerkung zum Maschenverfahren: Aus den Gleichungen wird ersichtlich, dass jeder Maschenstrom einzeln berechnet werden kann. Die Addition der Maschenströme liefert dann die Zweigströme.

Es ist darüber hinaus auch möglich, Teilmaschenströme für jede Spannungsquelle in der Masche zu berechnen. Liegen in einer Masche zwei Spannungsquellen, so gehen wir folgendermaßen vor:

Zunächst wird der Maschenstrom für die eine und dann für die andere Quellenspannung berechnet. Die Addition der Teilmaschenströme liefert dann den Maschenstrom, die Addition der Maschenströme ergibt schließlich die Zweigströme. Also: Die Überlagerung der Teilmaschenströme und dann der Maschenströme führt zu den Gesamtströmen in den Zweigen. Diese Methode wurde bei dem Überlagerungsverfahren in Abschnitt 5.1 angewandt, das nun nachträglich noch einmal bewiesen wurde.

Voraussetzung für die Anwendbarkeit der Maschen- und Knotenpunktverfahren ist die Linearität des Zusammenhangs zwischen Strom und Spannung. Dies ist nur gewährleistet, wenn die Widerstände des Netzes stromunabhängig sind.

7 Halbleiterbauelemente

Im Grundstudium der Elektrotechnik wird an den meisten Hochschulen neben dem Fach Grundlagen der Elektrotechnik noch eine Vorlesung Elektronik angeboten. Deshalb will ich mich hier auf die prinzipiellen Zusammenhänge der Elektronik beschränken. Weitergehende Literatur finden Sie bei [Moe].

7.1 Historie

Edison, der US-Amerikaner und Gründer der Firma General Electric, gilt als Erfinder der Glühlampe. Wenn auch der Deutsche Goebel sie früher vorgestellt hatte, so war es jedoch Edison gelungen, sie als Erster robust zu bauen und zu vermarkten. Er machte 1883 Experimente mit der Glühlampe, bei der ein glühender Faden in einem evakuierten Glaskolben Licht aussandte. Bei dem Versuch beobachtete Edison, dass ein Strom vom Glühfaden zu einer Elektrode floss, die sich zusätzlich im Glaskolben befand. Dies war der Beginn der *Elektronenröhre*, die zunächst als *Diode* zur *Gleichrichtung* eingesetzt wurde. Sie besteht aus zwei Elektroden in einem evakuierten Glaskolben (**Bild 7.1a**). Wird die eine Elektrode, die man als *Katode* bezeichnet, erhitzt, so entsteht durch thermische Ionisation eine *Raumladungswolke*. Legt man zwischen der Katode und der Gegenelektrode, die *Anode* genannt wird, eine

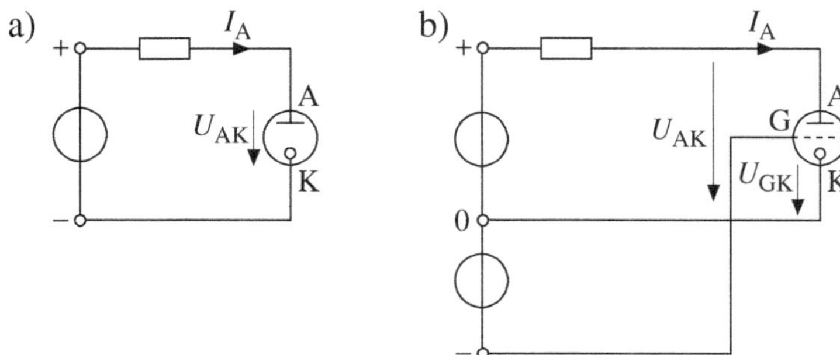

Bild 7.1 Röhren
a) Diode, b) Triode
A: Anode, K: Katode, G: Gitter

Spannung an, so fließt auf Grund der freien Ladungsträger ein Strom. Dieser Strom ist groß, wenn die Anode positiv gegenüber der Katode ist, und klein im umgekehrten Fall. Bei positiven Anoden wandern die Elektronen von der Katode zur Anode und machen in der Raumladungswolke Platz für neue, sodass ein großer *Durchlassstrom* fließen kann. Wird die Spannung umgepolt, wandern Elektronen von der Anode zur Katode und vergrößern die Raumladungswolke. Deshalb fließt nur ein kleiner *Sperrstrom*.

Diode

Eine beheizte Katode steht in einem evakuierten Glaskolben einer Anode gegenüber. In Durchlassrichtung fließt ein Strom von der positiven Anode zur Katode. Bei entgegengerichteten Polaritäten fließt ein kleiner Sperrstrom. So kann die Diode zur Gleichrichtung verwendet werden.

Bringt man in die Nähe der Katode ein feingewebtes Netz, das *Gitter G* genannt wird, und legt an dieses eine Spannung an, die negativ gegenüber der Katode ist, so wird der Stromfluss in Durchlassrichtung unterbunden **(Bild 7.1b)**.

Triode

Eine beheizte Katode steht in einem evakuierten Glaskolben einer positiven Anode gegenüber. Zwischen beiden liegt in der Nähe der Katode ein Gitter. Durch eine gegenüber der Katode negative Gitterspannung U_{GK} lässt sich der Strom in der Anordnung und damit die Anoden-Katoden-Spannung U_{AK} steuern. Da die Gitterspannung U_{GK} klein im Vergleich zur Anodenspannung U_{AK} ist, ergibt sich ein Verstärkungsfaktor der Spannung.

$$v_U = \frac{U_{AK}}{U_{GK}} \qquad (7.1)$$

Hat die Anode Löcher, so fliegen die im Feld zwischen Anode und Katode beschleunigten Elektronen hindurch, bis sie auf ein mit speziellen Stoffen beschichtetes Glas treffen, das die Energie der Elektronen in Licht umsetzt. Der Elektronenstrom – und damit die Helligkeit des Lichts – wird wie bei der Triode durch ein Gitter gesteuert. Elektrische und magnetische Felder können den Elektronenstrahl ablenken und so den Lichtpunkt auf dem Schirm bewegen. Diese *Braun'sche Röhre* wurde 1897 von Karl Ferdinand Braun aus Fulda konstruiert.

Mit Ausnahme dieser Braun'schen Röhre, ohne die es das klassische Fernsehen nicht gäbe, sind die Elektronenröhren ein Fall für die Geschichte. Aber die Zukunft hat bereits vor der Vergangenheit begonnen. Schon zehn Jahre vor Edison – 1874 – hat der oben erwähnte Braun mit einer Nadel auf Bleiglas herumgekratzt und dabei eine gleichrichtende Wirkung entdeckt. Dieser *Kristalldetektor* wurde später zur Demodulation von Radiowellen genutzt. Damit wurde der Bau eines Radioapparats (Detektorempfänger) möglich.

Erst 1948 gelang es dem Entdeckerteam Bardeen, Brattain und Shockley, in den Bell-Laboratorien einen Halbleitertransistor herzustellen. Für diese Leistung erhielten die drei Wissenschaftler 1956 den Nobelpreis. Die industrielle Fertigung begann 1958 bei General Electric. Beachten Sie die kurze Zeitspanne zwischen Erfindung und Markteinführung!

7.2 Halbleiterbauelemente

Bei der Einführung des Begriffs Halbleiter (Abschnitt 1.2.3) und der Beschreibung des Bändermodells (Abschnitt 1.2.4) wurde bereits erwähnt, dass ein schlecht leitender 4-wertiger Siliziumkristall durch Dotierung mit 5-wertigen bzw. 3-wertigen Fremdatomen zu einem n- bzw. p-Leiter wird. (Lesen Sie die betreffenden Abschnitte gegebenenfalls noch einmal!) Werden in einem Bauelement p- und n-Leiter zusammengebracht, so entsteht an der Grenzschicht ein nichtlineares Strom-Spannung-Verhalten, das richtungsabhängig ist. Dieser Effekt wird in der Halbleitertechnik ausgenutzt, die Gegenstand des Fachgebiets Elektronik ist und nur bedingt in den Bereich der Grundlagen gehört. Da jedoch auch hier das Verhalten einiger elektronischer Bauelemente eine Rolle spielt, soll nun kurz auf sie eingegangen werden.

7.2.1 Diode

Ein Kontaktbereich von p- und n-dotierten Siliziumkristallen ist in **Bild 7.2** dargestellt. Der n-dotierte Teil gibt Elektronen ab, die in den p-dotierten diffundieren. Zusätzlich zieht der p-dotierte Teil Elektronen an. So entsteht an der Grenzfläche des n-Körpers ein Überschuss an positiven Ladungsträgern (Löcher) und an der Grenzfläche des p-Körpers ein Überschuss an negativen Ladungsträgern (Elektronen) **(Bild 7.2a)**. Die *Raumladungsdichte* ρ (das ist die Ladung pro Volumeneinheit) in dem Übergangsbereich ist in **Bild 7.2b** dargestellt. In der Schicht mit der Dicke d baut sich ein Ladungsungleichgewicht auf. Sie wird *Sperrschicht* genannt ($d_0 \approx 1\ \mu\text{m}$). An der Kontaktfläche

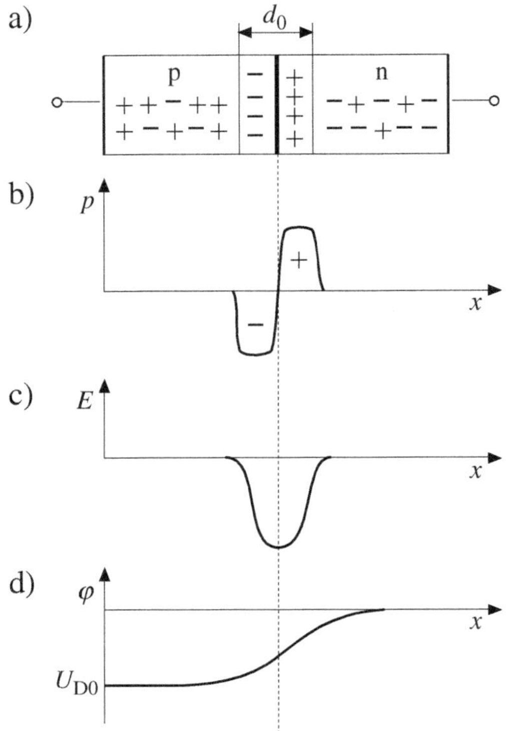

Bild 7.2 p–n-Übergang einer Diode
a) Aufbau mit der Sperrschicht d_0, b) Raumladung, c) Feldstärke, d) Potential

selbst entsteht eine Feldstärke E von z. B. 10 kV/cm, die durch die beidseitigen Ladungen bedingt ist. Außerhalb der Sperrschicht ist die Feldstärke null. Im Bereich der Sperrschicht steigt sie zur Mitte hin an (**Bild 7.2c**). Das Integral der Feldstärke ist das Potential φ. So baut sich entsprechend **Bild 7.2d** eine Spannung zwischen den beiden Anschlüssen des Bauelements auf. Sie entsteht durch die Diffusion der Elektronen und Löcher an der Grenzschicht und wird deshalb *Diffusionsspannung* U_{D0} genannt. Wenn Ihnen die mathematischen Zusammenhänge beim Übergang von Bild 7.2b nach Bild 7.2d nicht ganz klar sind, leben Sie damit! Später kommt die Erklärung.

Wird nun eine Spannung entsprechend **Bild 7.3** an die Klemmen des Bauteils angelegt, so fließt ein Strom, der aus dem negativen Bereich Elektronen und

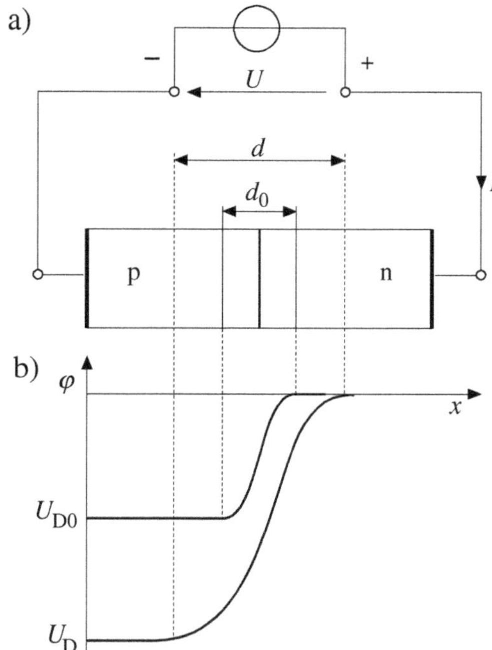

Bild 7.3 Übergang mit Spannung in Sperrrichtung
a) Aufbau, b) Potentialverlauf

aus dem positiven Bereich Löcher absaugt. Sie erinnern sich: Elektronen wandern entgegen der genormten Stromrichtung! Dadurch wird die Raumladungszone größer. Die größere Gegenspannung U_D wirkt einem Stromfluss entgegen. So entsteht ein kleiner *Sperrstrom* I_S, der fast unabhängig von der Spannung ist ($I_S \approx 0{,}1\ \mu A$). Bei entgegengesetzter Polarität der Spannung nimmt die Sperrschichtdicke d ab; es entsteht ein Strom, der im Wesentlichen durch die Widerstände der dotierten Kristalle und Anschlüsse bedingt ist.

Kennen Sie ein technisches Gerät, das nicht kaputtgehen kann? Bei einem zu großen Strom in Durchlassrichtung entsteht durch Wärme ein Zusammenbruch der Grenzschicht. Dadurch wird ein Kurzschluss hervorgerufen. Möglicherweise verdampft die Kontaktstelle, es kommt zu einer Unterbrechung. Bei hohen Spannungen in der Sperrrichtung reißt die große Feldstärke an der Trennschicht Elektronen aus den Atomen (Feldemission) und trägt so zur Vermehrung der Ladungsträger bei. Da dieser *Zenereffekt* sehr abrupt auftritt, kann er als Spannungsreferenz U_Z **(Bild 7.4)** verwendet werden. Zu

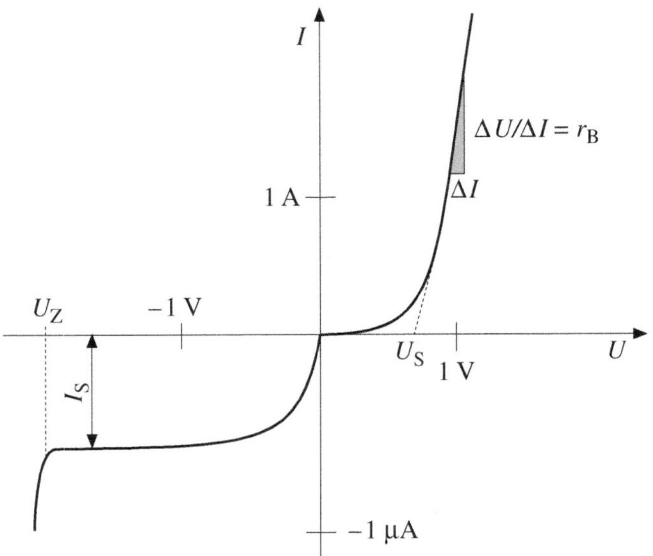

Bild 7.4 Kennlinie einer Diode
U_S: Schleusenspannung, r_B: Bahnwiderstand, I_S: Sperrstrom, U_Z: Zenerspannung

diesem Zweck werden *Zenerdioden* gefertigt. Die im Feld beschleunigten Ladungsträger haben bei einem Zusammenstoß mit Atomen eine derart große Energie erhalten, dass sie weitere Ionen bilden. Man spricht deshalb auch von *Lawinendioden*. Zu große Spannungen in Sperrrichtung können zur thermischen Zerstörung der Dioden führen.

Normalerweise dotiert man Halbleiter mit 10^{15} Atomen/cm^3. Durch besonders starke Dotierung mit 10^{20} Atomen/cm^3 entsteht eine sehr schmale Raumladungszone mit hohen Feldstärken. So können Ladungsträger die Grenzschicht durchtunneln. Die Strom-Spannung-Kennlinie ist für kleine Spannungen nahezu linear, im Gegensatz zu der normalen Durchlasskennlinie von Dioden nach Bild 7.4. Bei hohen Spannungen werden die Raumladungen aus der Grenzzone abgezogen, sodass der Strom zurückgeht. Nach Überschreiten der Schleusenspannung steigt der Strom wieder an (**Bild 7.5**). Die teilweise negative Steigung in der Kennlinie entspricht einem negativen differenziellen Widerstand, der *Schwingkreise* anregen kann und so den Bau von *Verstärkern* ermöglicht. Durch eine noch höhere Dotierung kann man den Kurventeil mit der negativen Steigung einschleifen und erhält dadurch eine Diode, die auch im Rückwärtsbereich Strom führt. Daher erhielt sie den

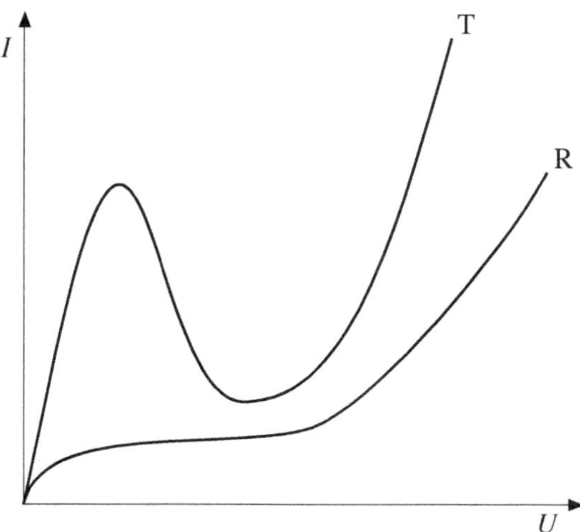

Bild 7.5 Spezialdioden
T: Tunneldiode, R: Rückwärtsdiode

Namen *Rückwärtsdiode* (Kurve R in Bild 7.5). Da die Leitfähigkeit aber erst ab einer bestimmten Spannung auftritt, kann sie wie Zenerdioden eingesetzt werden.

7.2.2 Transistor

Dioden leiten den Strom in Durchlassrichtung und sperren ihn in Gegenrichtung. Ein Schalten oder Steuern von außen ist nicht möglich. Durch den Kontakt von drei unterschiedlich dotierten Halbleiterschichten besteht jedoch die Möglichkeit, steuernd einzugreifen. Diese Einrichtung wird *Transistor* genannt. Das Wort ist aus den englischen Wörtern transfer und resistor abgeleitet.

Bild 7.6 zeigt den prinzipiellen Aufbau eines Transistors mit drei Schichten n p n. An die mittlere Schicht, die man *Basis B* nennt, schließen sich nach beiden Seiten n-Schichten an. Daher stammt der Name *Bipolartransistor.* An den beiden Kontaktstellen entstehen entgegengesetzt gepolte Dioden, sodass zwischen ihren beiden äußeren Anschlüssen C und E im Idealfall kein Strom fließen kann.

Auf Grund der Dotierung entstehen in den drei Schichten unterschiedliche Elektronenkonzentrationen n und Löcherkonzentrationen p. In den n-Lei-

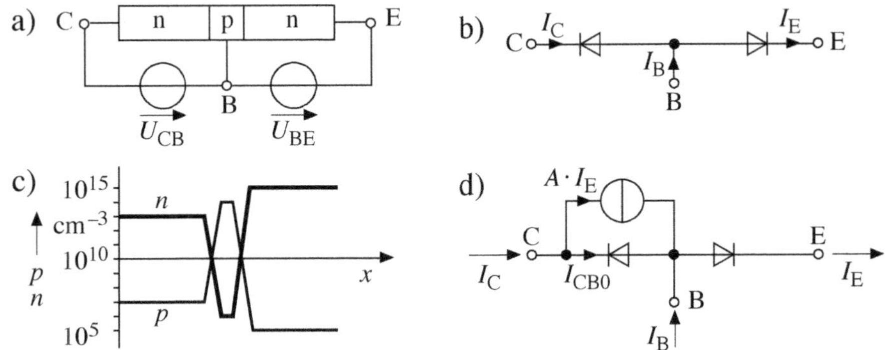

Bild 7.6 Transistor
a) Aufbau, b) Diodenersatzschaltung, c) Dotierungsprofil, d) Ersatzschaltbild

tern überwiegt die n-Konzentration und in den p-Leitern die p-Konzentration (**Bild 7.6c**). Entsprechend dem Massenwirkungsgesetz nach Gl. (1.9) sind im logarithmischen Maßstab die Verläufe der Konzentration spiegelbildlich. Es fällt noch auf, dass die rechte n-Schicht stärker dotiert ist als die linke. Doch nun geht es an die Beschreibung der Funktion.

Wir legen an die Klemmen C, B, E die Spannungen U_{CB} und U_{BE} an. Die Spannung U_{BE} beaufschlagt die rechte Diode in Durchlassrichtung. Dadurch fließt ein Strom I_B, d. h. der *Emitter E* entsendet (emittiert) Elektronen in die p-Schicht. Wenn die p-Schicht sehr dünn ist, fließen nicht alle Elektronen zu der Klemme B, sondern wandern in die linke n-Schicht. Sie kriegen eben nicht die Kurve. Das soll ja vorkommen.

Durch die Elektronen, die in den linken Teil wandern, wird der Sperrstrom durch die in Sperrrichtung gepolte linke Diode größer. Die Elektronen wandern über den *Kollektor C*, der sie aufsammelt, und die Spannungsquellen U_{CB}, U_{BE} zum Emitter E zurück. Es können nun weitere Elektronen vom Emitter E durch den Halbleiter zum Kollektor C wandern, sodass die Ströme I_C und I_E ansteigen. Wenn die p-Schicht in der Mitte sehr dünn ist, bleibt der Strom I_B dabei klein.

$$I_C \approx I_E \gg I_B \tag{7.2}$$

Der vom Emitter verursachte Strom durch die linke Diode sei $A \cdot I_E$. Er überlagert sich dem Sperrstrom I_{CB0}, der allein durch die Spannung U_{CB} hervorgerufen wird. Dieser Zusammenhang ist in **Bild 7.6d** dargestellt. Wenn der Sperrstrom I_{CB0} sehr klein ist, gilt

$$I_C = A \cdot I_E$$

$$A = \frac{I_C}{I_E} \approx 1 \tag{7.3}$$

$$B = \frac{I_C}{I_B} = \frac{I_C}{I_E - I_C} = \frac{A}{1-A} \gg 1$$

Die Faktoren A und B werden Gleichstromverstärkungsfaktoren genannt. Von besonderer Bedeutung ist der Faktor B, der viel größer als eins ist. Dies bedeutet:

Transistor

Der Bipolartransistor ist stromgesteuert. Ein kleiner eingeprägter Basisstrom I_B führt zu einem großen Kollektorstrom I_C.

Neben den npn-Transistoren gibt es auch pnp-Transistoren, die prinzipiell gleich funktionieren, bei denen aber die Spannungen komplementär sind. In Anspielung auf die dünne n-Schicht haben Studierende die Schnitzel der Mensa als pnp-Schnitzel bezeichnet (Paniermehl – nichts – Paniermehl). Sie verstehen nun, warum man npn-Transistoren häufiger verwendet?

Aufbau und Schaltungen der beiden Transistorarten sind in **Bild 7.7** dargestellt. Für das Übertragungsverhältnis eines Transistors sind der Basisstrom I_B als Ein-

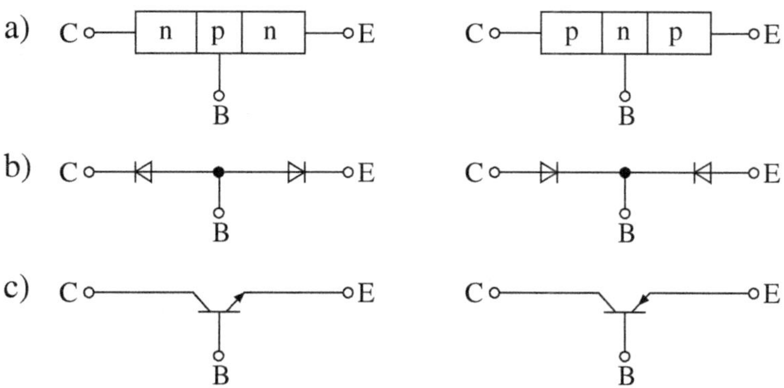

Bild 7.7 npn- und pnp-Transistor
a) Aufbau, b) Diodenschaltung, c) Schaltzeichen

gangs- oder Steuergröße und der Kollektorstrom I_C als Ausgangsgröße von Bedeutung. Der Zusammenhang zwischen Basisstrom I_B und Basis-Emitterspannung U_{BE} ist in **Bild 7.8a** dargestellt. **Bild 7.8b** zeigt den Kollektorstrom I_C in Abhängigkeit von der Kollektor-Emitterspannung $U_{CE} = U_{BE} + U_{CB}$.

Feldeffekttransistoren FET sind anders als die Bipolartransistoren aufgebaut. Wie **Bild 7.9a** zeigt, besteht ein durchgehender n-dotierter Strang von der Klemme D (*Drain* = Abfluss) zur Klemme S (*Source* = Quelle). Die p-dotierte Schicht ist an die Klemme G (*Gate* = Schranke) herausgeführt. Durch die Spannung U_{GS} vom Gate G zur Source S kann man die Raumladungszone an der pn-Grenzschicht in ihrer Ausdehnung beeinflussen und so den Drainstrom $I_D = I_{DS}$ steuern **(Bild 7.9b)**. Der in Bild 7.9 dargestellte Aufbau gilt für einen *Sperrschicht-FET (JFET)*. Üblich sind heute MOS-FETs (Metal Oxide Semiconductor-Field Effect Transistors). Während die Bipolartransistoren BT wegen des sehr geringen Basisstroms als stromgesteuert zu bezeichnen sind, arbeiten die FETs spannungsgesteuert. Einen Bipolartransistor, der auf kleinen Basisstrom gezüchtet ist, kann man als spannungsgesteuerten BT ansehen. Solche Insulated Gate Bipolar Transistors IGBT werden nicht zur Ansteuerung eines Betriebspunkts, sondern nur als Schalter eingesetzt.

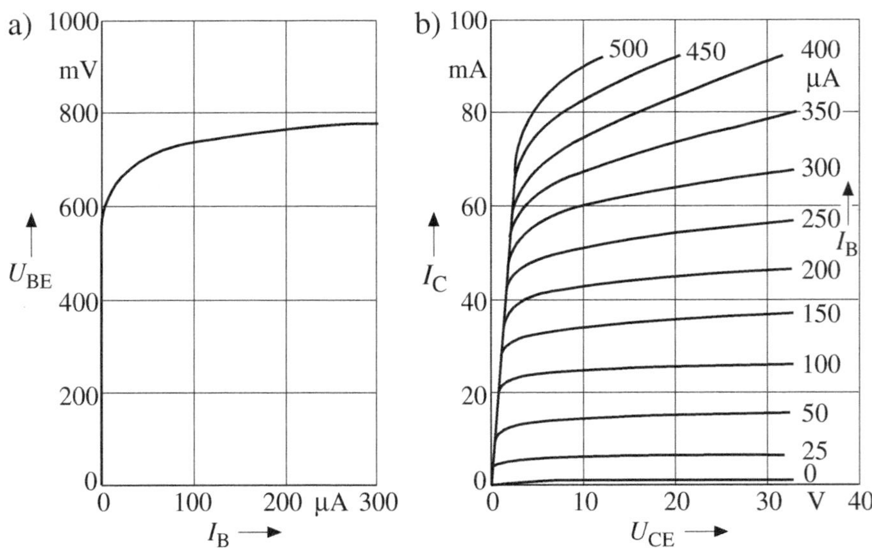

Bild 7.8 Kennlinien eines npn-Transistors
a) Eingangskennlinie, b) Ausgangskennlinie

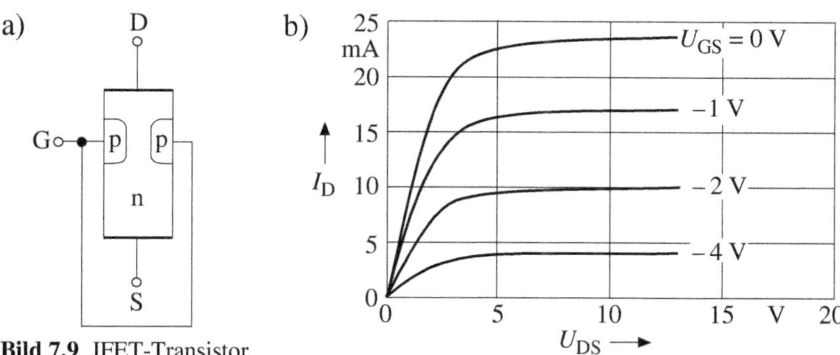

Bild 7.9 JFET-Transistor
a) Aufbau, b) Kennlinienfeld

Zur Abrundung sei noch kurz der *Thyristor* erwähnt. Er wird in der Energietechnik bei hoher Leistung angewandt. Mit ihm ist es nicht möglich, wie beim Transistor einen bestimmten Betriebspunkt in der *I*-*U*-Ebene anzusteuern. In einer Richtung sperrt er und in der anderen Richtung kann man nur zwischen Sperren und Durchlassen umsteuern.

Thyristor

Bei Polung in Durchlassrichtung sperrt der Thyristor und wird bei einem Steuerimpuls leitend. In der Gegenrichtung sperrt der Thyristor immer. So entsteht ein elektronischer Einschalter, der im Stromnulldurchgang von selbst wieder ausschaltet. Historisch bedingt werden die Anschlüsse von Thyristoren **A**node, **K**atode und **G**itter genannt. Häufig wird die Katode zweifach herausgeführt.

Um einen elektronischen Wechselstromschalter zu bauen, sind zwei Thyristoren in Antiparallelschaltung zu betreiben. Ein solches Bauelement nennt man *Triac,* sofern beide Einheiten in einem Bauelement zusammengefasst sind. Soll ein Gleichstrom durch den Thyristor abgeschaltet werden, muss der Strom durch eine außen anliegende Spannungsquelle künstlich kurzzeitig zu null gemacht werden. Der *Gate turn off thyristor GTO* bietet auch die Möglichkeit, einen Stromkreis zu unterbrechen. Er wird heute weitgehend von dem vorher erwähnten IGBT abgelöst. Einige der vielfältigen Halbleiterbauelemente sind in **Bild 7.10** dargestellt.

Wegen ihres verstärkenden Verhaltens werden die Halbleiter als *aktive Bauelemente* bezeichnet, im Gegensatz zu den passiven normalen Widerständen, die wir am Anfang behandelt haben. Später werden wir als passive Bauelemente noch Spulen und Kondensatoren kennen lernen.

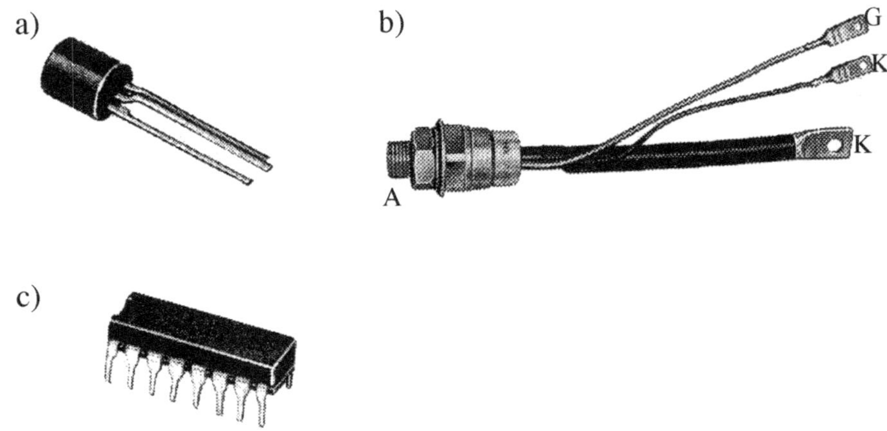

Bild 7.10 Elektronische Bauteile
a) Transistor 0,3 W, b) Thyristor 100 A; 1200 V, c) integrierter Schaltkreis mit vielen Transistorfunktionen

7.3 Halbleiterschaltungen

Ich möchte nur zwei Anwendungsgebiete der Halbleiter behandeln, die Diode als Gleichrichter und den Transistor als Verstärker.

7.3.1 Gleichrichterschaltungen

Die Strom-Spannung-Kennlinie einer Diode habe ich als einen Vertreter der nichtlinearen Bauelemente bereits in Abschnitt 3.5.5 zur Bearbeitung des Beispiels 3.7 herangezogen.

$$I = I_A \left(e^{U_G / U_T} - 1\right)$$

Sie wird als ideale Diodenkennlinie bezeichnet. Der Widerstand des Halbleiterbauelements ist jedoch nicht zu vernachlässigen. Er wird Bahnwiderstand r_B genannt und reduziert die an der Grenzschicht wirksame Spannung U_G.

$$I = I_A \left(e^{(U - r_B\, I)/U_T} - 1\right) \tag{7.4}$$

Der Widerstand r_B hat hier ein kleines Formelzeichen, weil er nicht durch

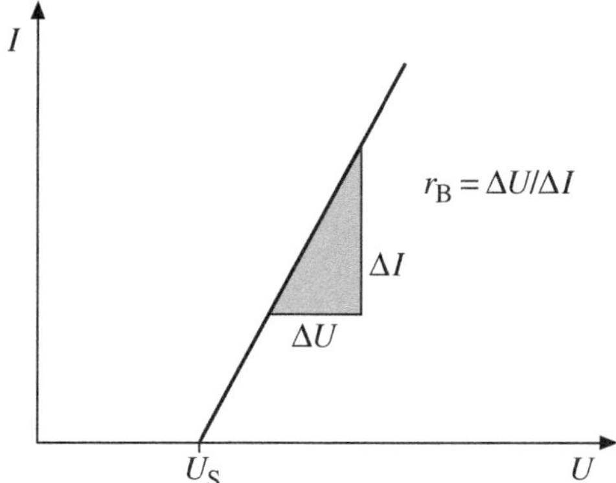

Bild 7.11 Angenäherte Dioden-Kennlinie

den Quotienten U/I, sondern durch kleine Änderungen $\Delta U/\Delta I$ bzw. $\partial U/\partial I$ festgelegt ist. Dies gilt auch für die folgenden so genannten differenziellen Widerstände.

Bei großen Strömen überwiegt der Spannungsfall am Bahnwiderstand, sodass die Kennlinie nach Gl. (7.4) entsprechend **Bild 7.11** durch eine Gerade mit der Steigung $1/r_B$ und der *Schleusenspannung* U_S bei $I = 0$ anzunähern ist.

Wird eine Diode in einen Stromkreis mit Spannungsquelle und Widerstand eingefügt, wie es in **Bild 7.12a** dargestellt ist, so ergibt sich ein Gleichrichtereffekt. Bei einer sinusförmigen Wechselspannung u kann der Strom nur in eine Richtung fließen, es entstehen Sinuskuppen entsprechend **Bild 7.12b**. Außerdem fließt ein Strom nur dann, wenn die Spannung u größer als die Schleusenspannung U_S ist. Mit dem Bahnwiderstand r_B der Diode und dem Lastwiderstand R ergibt sich dann der Strom

$$i = \frac{u - U_S}{R + r_B} = \frac{\hat{u} \sin \omega t - U_S}{R + r_B} \qquad u - U_S \geq 0$$

$$i = 0 \qquad u < U_S \qquad (7.5)$$

Mit zwei Dioden lässt sich ein Strom erzeugen, bei dem die positiven und negativen Halbschwingungen der Spannungen wirken. **Bild 7.13a** zeigt eine derartige Anordnung, die *Mittelpunktschaltung* genannt wird. Hier ist stets nur die halbe Spannung ($u/2$) wirksam. Gebräuchlich ist die so genannte

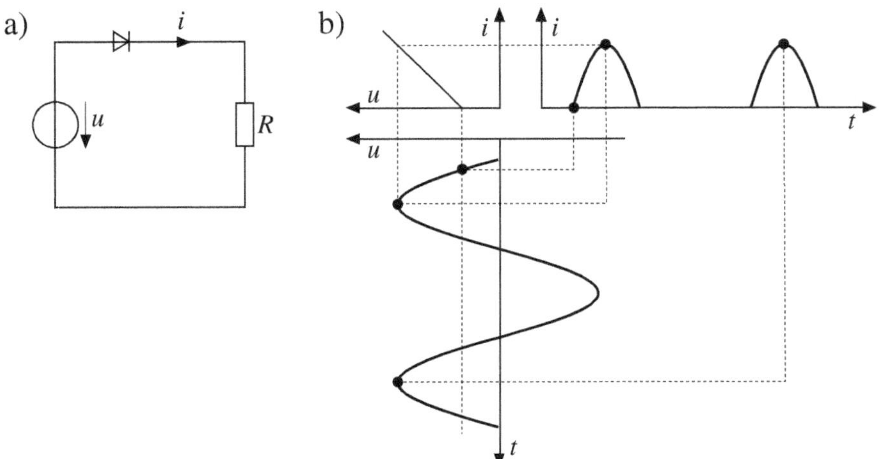

Bild 7.12 Diode bei Wechselspannung
a) Schaltung, b) Konstruktion des Stromverlaufs

Graetz-Brückenschaltung. Sie besteht aus vier Dioden, die entsprechend **Bild 7.13b** geschaltet sind. Dabei gibt es zwei Varianten, die Schaltung zu zeichnen. Überzeugen Sie sich davon, dass beide identisch sind!
Der Stromverlauf bei der *Brückenschaltung* ist der gleiche wie bei der Mit-

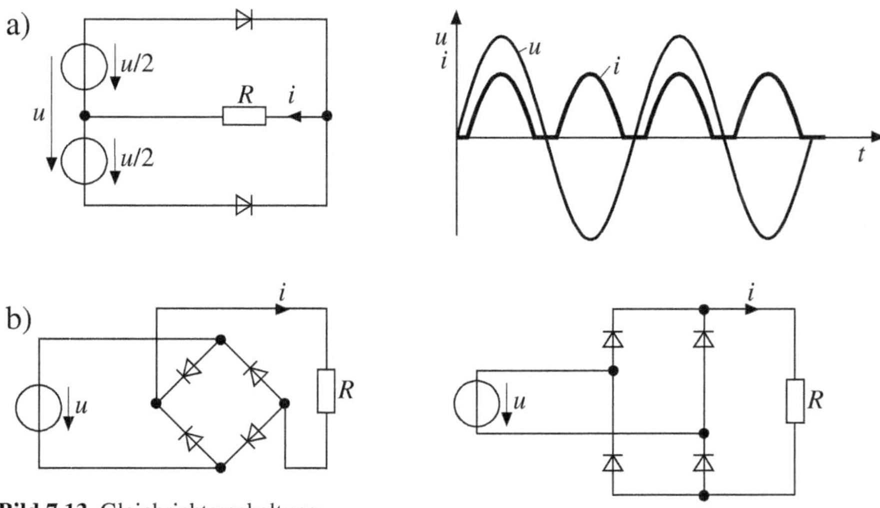

Bild 7.13 Gleichrichterschaltung
a) Mittelpunktschaltung, b) Brückenschaltung

telpunktschaltung. Die Lücken zwischen den Sinuskuppen sind auf die Schleusenspannung zurückzuführen und im Allgemeinen vernachlässigbar klein.

Die Brückenschaltung benötigt vier Dioden. Nachteilig bei der Mittelpunktschaltung ist, dass zwei Spannungsquellen benötigt werden und die Dioden mit der doppelten Sperrspannung beaufschlagt sind.

In Summe ergibt sich für die beiden Schaltungen die gleiche Diodenbauleistung. Als *Bauleistung* ist das Produkt aus Durchlassstrom und Sperrspannung definiert.

7.3.2 Transistorschaltungen

Die Schaltung des npn-Transistors nach Bild 7.6 ist noch einmal in **Bild 7.14a** dargestellt, aber mit viel Drumherum. Zunächst werden die Spannungen U_{BE} und U_{CE} durch eine Versorgungsspannung U_N erzeugt. Als Bezugspunkt ist der Emitter auf den Punkt 0 gelegt. Wir sprechen deshalb von der *Emitterschaltung*. Um die Basis-Emitter-Spannung zu erzeugen, wird ein Spannungsteiler, bestehend aus den Widerständen R_1 und R_2, eingesetzt. Die Kollektor-Emitter-Spannung ergibt sich aus dem Spannungsfall am Widerstand R_C.

$$U_{CE} = U_N - R_C \cdot I_C \tag{7.6}$$

Wir übernehmen nun die Kennlinienfelder aus Bild 7.8 als **Bild 7.14b** und **Bild 7.14c** und tragen die Gerade nach Gl. (7.6) ein.

Wenn wir einen Punkt, z. B. P_0, in dem Kennlinienfeld $I_C = f(U_{CE})$ nach Bild 7.14c festlegen, sind die drei Widerstände R_1, R_2 und R_C zu bestimmen.

Beispiel 7.1

Wir wählen die Transistorkennlinie aus Bild 7.14. Die Spannung U_N, das ist die Gleichstromversorgung, die z. B. aus einer Batterie stammt, ist $U_N = 40$ V. Bei kurzgeschlossenem Transistor soll der Strom $I_{Ck} = 100$ mA fließen. Damit ergibt sich der Kollektorwiderstand.

$$R_C = U_N / I_{Ck} = 40\ \text{V} / 0{,}1\ \text{A} = 400\ \Omega$$

Mit diesem Zahlenwert ist die Gerade nach Gl. (7.6) in Bild 7.14c eingezeichnet.

Der Schnittpunkt mit der Kennlinie $I_B = 250\ \mu\text{A}$ legt Strom und Spannung fest.

$$I_C = 54\ \text{mA} \qquad U_{CE} = 18{,}5\ \text{V}$$

Die Basisspannung erhalten wir aus Bild 7.14b.

$$U_{BE} = 750\ \text{mV}$$

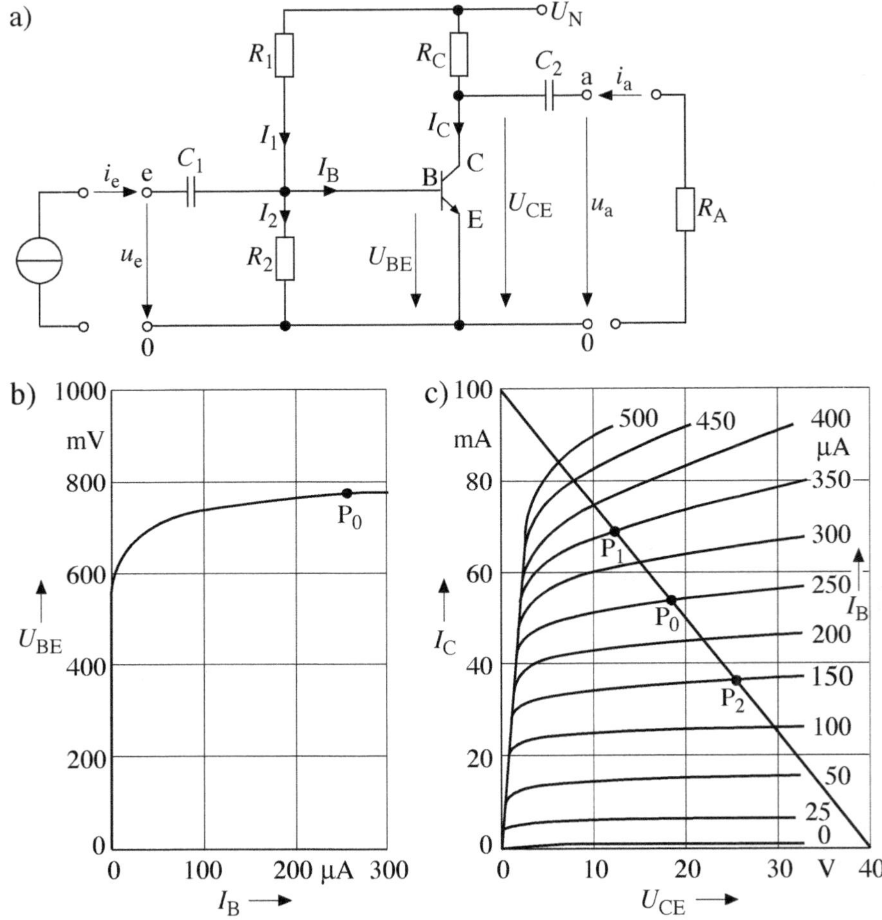

Bild 7.14 Transistorschaltung
a) Schaltbild, b) Eingangskennlinie, c) Ausgangskennlinien

Aus Basisstrom I_B und Basisspannung U_{BE} ergibt sich ein Eingangswiderstand, der nur für den Betriebspunkt P_0 gilt.

$$R_{B0} = \frac{U_{BE}}{I_B} = \frac{750\ \text{mV}}{250\ \mu\text{A}} = 3\ \text{k}\Omega$$

Damit die Basisspannung U_{BE} möglichst konstant gehalten wird, muss der parallele Teilerwiderstand R_2 kleiner gewählt werden.

$R_2 \ll R_{B0}$

Wir wählen

$R_2 = 300\ \Omega$

Daraus folgt

$$R_2' = R_2 \| R_{B0} = \frac{300 \cdot 3000}{300 + 3000}\ \Omega = 273\ \Omega$$

$$U_{BE} = U_N \cdot \frac{R_2'}{R_2' + R_1}$$

$$R_1 = R_2' \frac{U_N}{U_{BE}} - R_2' = 273\ \Omega \frac{40}{0{,}75} - 273\ \Omega = 14{,}3\ \text{k}\Omega$$

Bei der Schaltung in Bild 7.14a wird der Arbeitspunkt durch einen Spannungsteiler festgelegt. Dies bedeutet, dass der Steuerstrom, der von der Klemme e in die Schaltung fließt, zu einem Großteil über den Widerstand R_2 abgeführt wird und nur ein kleiner Anteil zur Verstärkung in dem Transistor übrig bleibt. Dieser Effekt wird vermieden, wenn der Widerstand R_2 entfällt, sodass der Widerstand R_1 als Vorwiderstand wirkt und die Basisspannung durch das Teilerverhältnis aus R_1 und R_{B0} festgelegt wird. Bei dieser Schaltung beeinflusst aber der stark temperaturabhängige Basiswiderstand des Transistors den Arbeitspunkt.

Die Ein- und Ausgänge der Schaltung in Bild 7.14a sind durch die Kondensatoren C_1 und C_2 gegen Gleichspannung abgeblockt. (Die Funktion von Kondensatoren wird in Band 2 behandelt. Hier genügt es zu wissen, dass durch den Kondensator nur Wechselstrom fließen kann.) Die Schaltungen, die vor dem Eingang und nach dem Ausgang liegen, beeinflussen demnach nicht die Einstellung des Arbeitspunkts. Andererseits können Gleichanteile im Steuersignal durch den Kondensator C_1 nicht zu dem Transistor übertragen werden. Infolgedessen eignet sich die Schaltung nur für Wechselströme. Das Verhalten der Schaltung bei einem Wechselstrom am Eingang soll in einem weiteren Beispiel diskutiert werden.

Beispiel 7.2

Wir übernehmen die Schaltung und den Arbeitspunkt aus dem vorherigen Beispiel und wählen einen sinusförmigen Steuerstrom mit der Amplitude

$\hat{i}_S = 1{,}1\ \text{mA}$

Nach dem Kondensator teilt sich dieser Strom in drei Teile.

$$\hat{i}_e = \hat{i}_2 + \hat{i}_B - \hat{i}_1$$

Um den Wechselstromanteil des Basisstroms zu ermitteln, bestimmen wir die Spannung aus dem Eingangswiderstand der Schaltung

$$R_e = R_1 \,||\, R_2 \,||\, R_{B0} = \frac{1}{\frac{1}{14300} + \frac{1}{300} + \frac{1}{3000}} \Omega = 268\,\Omega$$

$$\hat{u}_{BE} = R_e \, \hat{i}_S = 268\,\Omega \cdot 1{,}1\text{ mA} = 295\text{ mV}$$

Daraus folgt der Basisstrom

$$\hat{i}_B = \frac{\hat{u}_{BE}}{R_{B0}} = \frac{295\text{ mV}}{3000\,\Omega} = 100\,\mu\text{A}$$

Diese Rechnung ist nicht ganz richtig. Wissen Sie warum? Die Lösung finden Sie im nächsten Abschnitt.

Der Wechselanteil überlagert sich dem Gleichstrom, der zur Einstellung des Betriebspunkts dient.

$$i_{B1} = I_{B0} + \hat{i}_B = 250\,\mu\text{A} + 100\,\mu\text{A} = 350\,\mu\text{A}$$

Der zugehörige Punkt P_1 ist im Kennlinienfeld (Bild 7.14c) eingetragen. Für den negativen Wert der Amplitude ergibt sich der Punkt P_2 bei

$$i_{B2} = I_{B0} - \hat{i}_1 = 250\,\mu\text{A} - 100\,\mu\text{A} = 150\,\mu\text{A}$$

Somit liegen der Kollektorstrom und die Spannung u_{CE} fest.

$$i_{C1} = 69\text{ mA} \qquad u_{CE1} = 12\text{ V}$$
$$i_{C2} = 36\text{ mA} \qquad u_{CE2} = 25{,}5\text{ V}$$

Daraus sind die positiven und negativen Maximalwerte der Wechselanteile zu bestimmen.

$$\hat{i}_{C1} = i_{C1} - I_{C0} = 69\text{ mA} - 54\text{ mA} = 15\text{ mA}$$
$$\hat{u}_{CE1} = u_{CE1} - U_{CE0} = 12\text{ V} - 18{,}5\text{ V} = -6{,}5\text{ V}$$
$$\hat{i}_{C2} = i_{C2} - I_{C0} = 36\text{ mA} - 54\text{ mA} = -18\text{ mA}$$
$$\hat{u}_{CE2} = u_{CE1} - U_{CE0} = 25{,}5\text{ V} - 18{,}5\text{ V} = 7\text{ V}$$

Wir sehen, dass die positive und die negative Halbschwingung nicht dieselbe Amplitude haben.

Ein reiner Sinus am Eingang wird durch die Transistorschaltung verzerrt. Bei kleinen Signalen bleibt jedoch die Sinusform relativ gut erhalten.

Die Wechselspannung mit der Amplitude $\hat{u}_{CE}$ wird über den Kondensator C_2 auf den Ausgang übertragen.

$\hat{u}_a = \hat{u}_{CE}$

7.3.3 Kleinsignalverhalten

Wir haben im letzten Abschnitt eine Transistorschaltung behandelt, die am Eingang mit einem sinusförmigen Signal beaufschlagt wird und am Ausgang ein fast sinusförmiges Signal liefert. Die Betrachtungen waren aufwändig, weil wir bei der Behandlung des Transistors die Überlagerung der Gleich- und Wechselgrößen behandeln mussten. Nun will ich eine Ersatzschaltung des Transistors ableiten, die nur das Verhalten der Wechselgrößen betrachtet. Hierzu zeichne ich die beiden Kennlinien in **Bild 7.15** noch einmal. Nach Bild 7.14b bzw. **Bild 7.15a** führt eine Änderung des

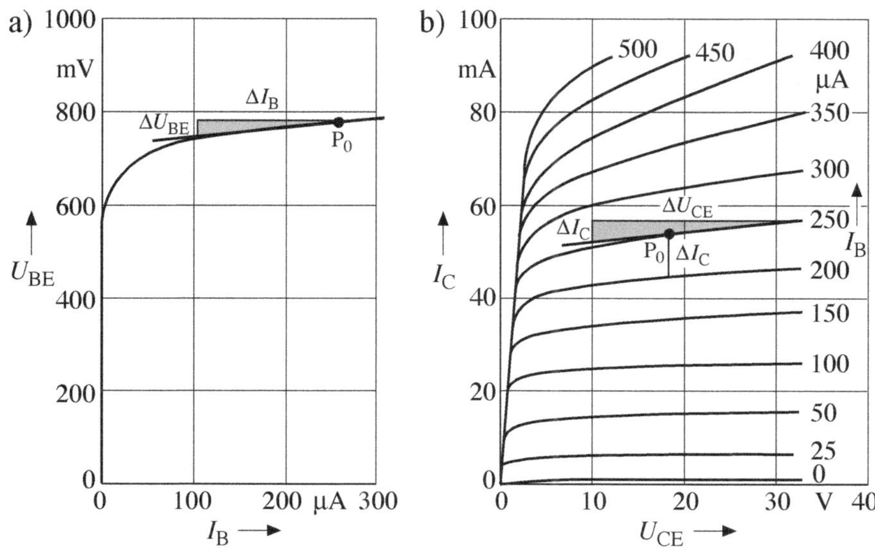

Bild 7.15 Bestimmung der Kleinsignalgrößen
a) Eingangskennlinie, b) Ausgangskennlinie

Basisstroms I_B um ΔI_B zu einer Änderung der Basis-Emitter-Spannung U_{BE} um ΔU_{BE}. Damit ist für Wechselgrößen der *Eingangswiderstand des Transistors* r_{BE} definiert.

$$r_{BE} = \left.\frac{\Delta U_{BE}}{\Delta I_B}\right|_{U_{CE}=\text{konst}} \tag{7.7}$$

Eine Änderung des Kollektorstroms I_C um ΔI_C führt bei konstantem Basisstrom I_B zu der Änderung der Kollektor-Emittter-Spannung U_{CE} um ΔU_{CE}. Daraus folgt der *Ausgangswiderstand des Transistors* r_{CE} für Wechselgrößen.

$$r_{CE} = \left.\frac{\Delta U_{CE}}{\Delta I_C}\right|_{I_B=\text{konst}} \tag{7.8}$$

Eine Änderung des Basisstroms I_B um ΔI_B führt zu einer Änderung des Kollektorstroms I_C um ΔI_C. Dabei wird die Kollektor-Emittter-Spannung U_{CE} konstant gehalten. Das Verhältnis der Ströme wird *Wechselstromverstärkung* β genannt.

$$\beta = \left.\frac{\Delta I_C}{\Delta I_B}\right|_{U_{CE}=\text{konst}} \tag{7.9}$$

Diese drei Größen lassen sich in einem Ersatzschaltbild zusammenfassen **(Bild 7.16)**. Auf der Eingangsseite wirkt der Widerstand r_{BE}, auf der Ausgangsseite der Widerstand r_{CE}. Der Eingangsstrom i_B führt zu einer Stromquelle im Ausgangskreis. Eine Rückwirkung vom Ausgang auf den Eingang gibt es nicht.

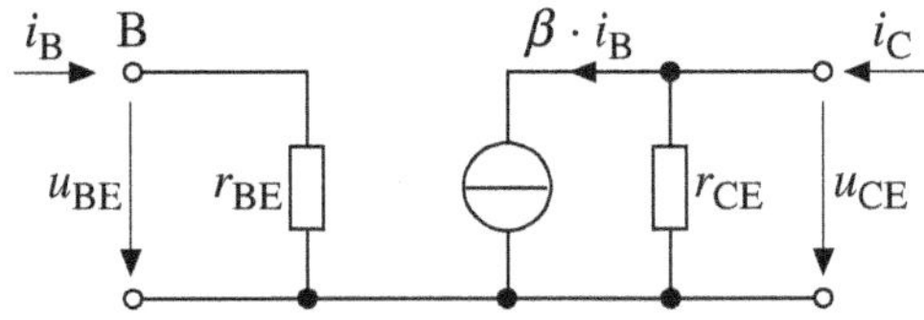

Bild 7.16 Ersatzschaltbild für das Kleinsignalverhalten eines Transistors

Beispiel 7.3

Aus den Kennlinien wollen wir die Größen der Transistorersatzschaltung bestimmen. Hierzu lesen wir einige Größen aus Bild 7.15 ab.

$\Delta I_B = 200\ \mu A \qquad \Delta U_{BE} = 40\ mV$

$$r_{BE} = \frac{40\ mV}{0{,}200\ mA} = 200\ \Omega$$

In Beispiel 7.2 hatten wir $R_{B0} = 3\ k\Omega$ ausgerechnet. Erklären Sie den Unterschied!

$\Delta U_{CE} = 20\ V \qquad \Delta I_C = 6\ mA$

$$r_{CE} = \frac{20\ V}{6\ mA} = 3{,}3\ k\Omega$$

$\Delta I_B = 50\ \mu A \qquad \Delta I_C = 10\ mA$

$$\beta = \frac{10\ mA}{50\ \mu A} = 200$$

Nun betrachten wir die Transistorschaltung in Bild 7.14a. Anstelle des Transistors bauen wir die Ersatzschaltung nach Bild 7.16 ein und erhalten **Bild 7.17**.

Für dieses Bild wollen wir die Strom- und Spannungsverhältnisse aus den letzten Beispielen berechnen.

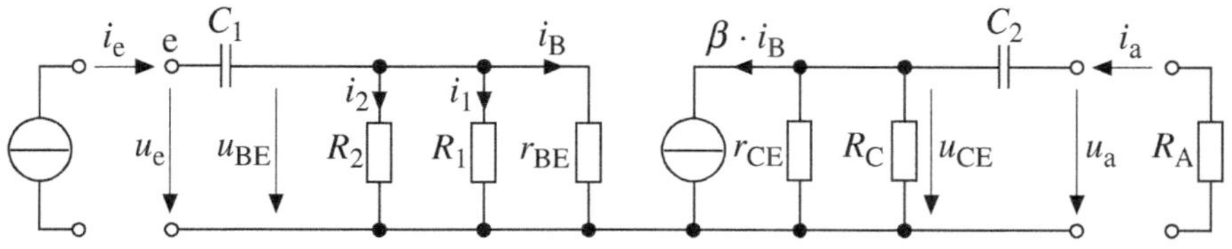

Bild 7.17 Ersatzschaltbild für das Kleinsignalverhalten einer Transistorschaltung

■ *Beispiel 7.4*

Die Daten der Schaltung in Bild 7.17 sind wie folgt vorgegeben.

$R_1 = 14{,}3\ \text{k}\Omega$	$R_2 = 300\ \Omega$	$R_C = 400\ \Omega$
$r_{BE} = 200\ \Omega$	$r_{CE} = 3{,}3\ \text{k}\Omega$	$\beta = 200$
$i_e = \hat{i}_e \sin \omega t$	$\hat{i}_e = 100\ \mu\text{A}$	

Daraus folgt

$$r_e = \frac{1}{\dfrac{1}{R_2} + \dfrac{1}{R_1} + \dfrac{1}{r_{BE}}} = \frac{1}{\dfrac{1}{300} + \dfrac{1}{14\,300} + \dfrac{1}{200}}\ \Omega = 119\ \Omega$$

$$\hat{u}_e = r_e \cdot \hat{i}_e = 119\ \Omega \cdot 100\ \mu\text{A} = 11{,}9\ \text{mV}$$

$$\hat{u}_{BE} = \hat{u}_e$$

$$\hat{i}_B = \frac{\hat{u}_{BE}}{r_{BE}} = \frac{11{,}9\ \text{mV}}{200\ \Omega} = 59{,}5\ \mu\text{A}$$

$$\beta \cdot \hat{i}_B = 200 \cdot 59{,}5\ \mu\text{A} = 11{,}9\ \text{mA}$$

$$\hat{u}_{CE} = \beta \cdot \hat{i}_B \left(r_{CE} \parallel R_C\right) = 11{,}9\ \text{mA} \cdot \frac{3300 \cdot 400}{3300 + 400}\ \Omega$$

$$= 11{,}9\ \text{mA} \cdot 357\ \Omega = 4{,}2\ \text{V}$$

❑ $\hat{u}_a = \hat{u}_{CE} = 4{,}2\ \text{V}$

Zu dem Beispiel sind einige Anmerkungen zu machen.

Der Widerstand des Transistoreingangs r_{BE} für das Wechselsignal im Arbeitspunkt ist wesentlich kleiner als der Widerstand des Arbeitspunkts R_{B0}.

$$r_{BE} = \frac{\partial U_{BE}}{\partial I_B} = \frac{\partial u_{BE}}{\partial i_B} \ll R_{B0} = \frac{U_{BE}}{I_B}$$

Dies führt dazu, dass ein Großteil des Eingangsstroms i_e trotz des Teilerwiderstands R_1 zum Basisstrom i_B wird. Sie erkennen nun den Fehler von vorher. Ich habe mit R_{B0} anstelle von r_{BE} gerechnet.

Die Ausgangsspannung $\hat{u}_a = \hat{u}_{CI}$ des Transistors ist in dem Beispiel unrealistisch groß, denn die Schaltung wurde im Leerlauf betrieben. Üblich ist es, den Transistor mit einem Widerstand R_A abzuschließen, der kleiner als der Innenwiderstand der Ausgangsseite r_{CE} ist. Dann spielt in der Schaltung nach Bild 7.17 der Innenwiderstand r_{CE} eine untergeordnete Rolle, und der Ausgangswiderstand wird belastungsunabhängig.

Für die Schaltung ergibt sich ein Verstärkungsfaktor v_i für den Strom.

$$r_e = \frac{1}{\frac{1}{R_1} + \frac{1}{R_2} + \frac{1}{r_{BE}}}$$

$$r_a = \frac{1}{\frac{1}{R_A} + \frac{1}{R_C} + \frac{1}{r_{CE}}}$$

$$v_i = \frac{i_a}{i_e} = \frac{i_B \cdot \beta \cdot r_a / R_A}{i_B \cdot r_{BE} / r_e} = \beta \frac{r_a \cdot r_e}{R_A \cdot r_{BE}} \qquad (7.10)$$

Ich hoffe, dass Sie die Ableitung verstanden haben, will sie aber anhand eines Beispiels nachvollziehen.

Beispiel 7.5

Die Schaltung in Bild 7.17 wird mit dem Widerstand $R_A = 100\,\Omega$ abgeschlossen. Wir erhalten dann

$\hat{i}_e = 100\,\mu A$ $\qquad\qquad$ $\beta \cdot \hat{i}_B = 11{,}9\,mA$

$$r_a = \frac{1}{\frac{1}{100} + \frac{1}{400} + \frac{1}{3300}}\,\Omega = 78\,\Omega$$

$$\hat{u}_a = \hat{u}_{CE} = \beta \cdot \hat{i}_B \cdot r_a = 11{,}9\,mA \cdot 78\,\Omega = 0{,}93\,V$$

$$\hat{i}_a = \frac{\hat{u}_a}{R_A} = \frac{0{,}93\,V}{100\,\Omega} = 9{,}3\,mA$$

$$v_i = \frac{\hat{i}_a}{\hat{i}_e} = \frac{9{,}3\,mA}{100\,\mu A} = 93 < \beta = 200$$

Gl. (7.10) liefert ...

$$v_{\text{i}} = 200 \cdot \frac{78 \cdot 119}{100 \cdot 200} = 93$$

❑ Dies ist dasselbe. Prima!

Ich will noch auf das Vorzeichen eingehen.

Ein positiver Strom i_e führt zu einem positiven Strom i_a. Dabei ist zu beachten, dass beide Ströme in den Transistor hinein orientiert sind, sodass eine Transistorschaltung in einer Wirkungskette das Vorzeichen des Stroms umkehrt.

Zusammenfassung der beschriebenen Transistorschaltung

Bei einem npn-Transistor liegt der Kollektor C über einem Widerstand R_C an einer positiven Spannung U_N. Über einen Spannungsteiler wird die Basis B auf eine kleine positive Spannung gegenüber dem Emitter angehoben. Da die Ansteuerung der Basis gegenüber dem Emitter erfolgt, sprechen wir von einer *Emitterschaltung*. Ein- und Ausgang sind durch Kondensatoren abgeblockt.

Ein Wechselstrom i_e am Eingang der Schaltung führt zu einem fast gleich großen Basiswechselstrom i_B, der einen um den Verstärkungsfaktor β größeren Kollektorstrom i_C zur Folge hat. Dieser erscheint fast vollständig als Ausgangsstrom i_a im Abschlusswiderstand R_A. Voraussetzung ist, dass der Widerstand R_A klein gegenüber dem Innenwiderstand der Schaltung ist.

8 Gase und Flüssigkeiten

Die Leitungsmechanismen in Gasen und Flüssigkeiten hätte ich eigentlich vom Thema her bereits in Abschnitt 1.2 behandeln müssen. Einige Zusammenhänge, die in den Kapiteln 3 und 4 gebracht wurden, benötige ich jedoch zur Erklärung der Phänomene. Außerdem handelt es sich hier um Sonderprobleme, die nicht in allen Grundlagenvorlesungen gebracht werden.

8.1 Leitung in Gasen

Wir stellen uns einen Glaskolben vor, in dem sich zwei Elektroden befinden **(Bild 8.1a)**. Er sei mit einem Gas gefüllt. In diesem Gasraum sind durch thermische Ionisation oder radioaktive Strahlung immer einige Ionen vorhanden. Wird an die Elektroden eine Spannung angelegt, so fließt ein Strom, der proportional zur Spannung ansteigt, bis alle natürlich vorhandenen Ladungsträger abgesaugt sind. Von diesem Punkt A an führt eine Steigerung der Spannung nur zu einem unwesentlichen Anstieg des Stroms **(Bild 8.1b)**. Wir erreichen das *Sättigungsgebiet.* Enthält der Glaskolben kein Gas, d. h. liegt Vakuum vor, so können durch Strahlung aus dem Elektrodenmaterial Ladungsträger herausgelöst werden. Hierzu sind je nach Material 1 eV bis 5 eV notwendig, sodass nur UV-Licht oder Röntgenstrahlung in Frage kommt. Selbstverständlich ist es auch möglich, durch Heizen einer Elektrode auf Temperaturen von 1 000 °C Elektronen abzulösen.

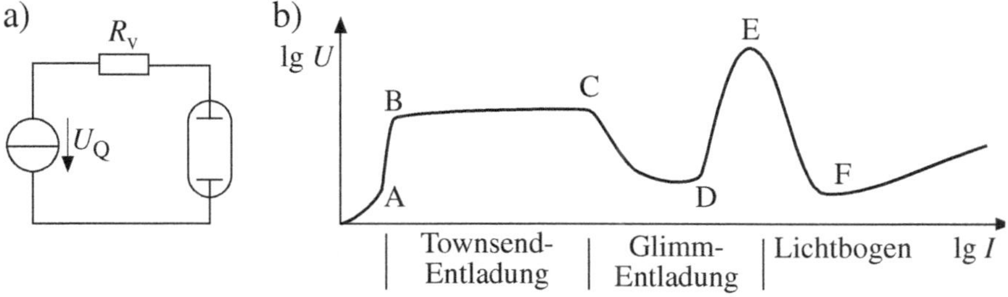

Bild 8.1 Gasentladung
a) Schaltung, b) Entladungscharakteristik

Die Ladungsträger werden auf ihrem Weg im Gas beschleunigt, bis sie auf ein Atom stoßen und so ihre kinetische Energie zumindest teilweise wieder verlieren. Den Weg, den ein Ladungsträger zwischen zwei Stoßprozessen im statistischen Mittel zurücklegt, bezeichnet man als *freie Weglänge*. Wird die angelegte Spannung weiter gesteigert, nehmen die Ladungsträger zwischen zwei Stößen so viel Energie auf, dass bei dem Zusammenstoß mit einem Atom oder Molekül dieses ionisiert wird. Die Spannung, bei der dies auftritt, ist von der Gasart und wegen der freien Weglänge vom Gasdruck abhängig. Man kann deshalb die Spannungsfestigkeit einer Gasstrecke durch Erhöhen des Drucks verbessern. Wenn bei Bild 8.1b im Punkt B die Ladungsträger durch Stoßionisation vermehrt werden, sinkt der Widerstand der Gasstrecke ab, sodass sich ohne Steigerung der Spannung der Strom vergrößert. Ein stabiler Betriebspunkt 0 im Bereich zwischen den Punkten B und C ist nur durch den Vorwiderstand R_v in Bild 8.1a zu erreichen. Die beschriebene lawinenartige Vermehrung der Ladungsträger wird *Townsend-Entladung* genannt. Wenn die auf die Katode aufprallenden Ladungsträger eine Energie von 10 eV und mehr besitzen, werden aus dem Material Sekundärelektronen herausgelöst, sodass noch mehr Ladungsträger zur Verfügung stehen. Deshalb sinkt nun die zur Aufrechterhaltung des Stroms notwendige Spannung ab. Dies ist in Bild 8.1b durch den Übergang von C nach D dargestellt. Bei den Stoßprozessen werden auch Elektronen der unteren Schale angeregt, die unter Abgabe von Licht wieder zurückfallen. Es kommt zur *Glimmentladung*. Die Bildung der Sekundärelektronen ist auf einen kleinen Bereich der Katode, den *Katodenfleck*, beschränkt. Hier unterstützen sich thermische Ionisation und Stoßionisation. Um den Strom weiter zu steigern, ist eine höhere Spannung nötig. Die Kennlinie geht in den Punkt E über, bis die gesamte Elektrode erfasst ist und in dem Entladungskanal eine Temperatur von einigen tausend Grad entsteht, die bis zu einer völligen Trennung von Elektronen und Atomkernen führen. Wir sprechen vom *Plasma* oder dem sehr hell leuchtenden *Lichtbogen*. Die Spannung sinkt wieder ab, bis im Bereich F keine zusätzliche Ionisation möglich ist und der Lichtbogen beginnt, sich wie ein konstanter Widerstand zu verhalten.

Der Lichtbogen wurde noch vor der Glühlampe zu Beleuchtungszwecken eingesetzt. Wegen seiner Hitze verwendet man ihn auch zum Schweißen und Schmelzen. Unerwünscht ist er als Folge eines Überschlags in Hochspannungsanlagen. Da die Lichtbogencharakteristik im Bereich E – F abfällt, liegt hier ein negativer differentieller Widerstand $R_d = dU/dI < 0$ vor (Gl. (3.33)), der zur Anregung von Schwingkreisen verwendet werden kann.

8.2 Leitung in Flüssigkeiten

In einen mit Wasser gefüllten Trog bringen wir zwei *Elektroden*; die eine wird an den Pluspol einer Spannungsquelle angeschlossen und *Anode A* genannt, die andere wird an den Minuspol angeschlossen und *Katode K* genannt (**Bild 8.2**). Geben wir bestimmte chemische Verbindungen in das Wasser, z. B. Salze, Säuren oder Laugen, so bricht das Wasser deren Moleküle auf. Der Stoff wird *dissoziiert*. Da es sich um Ionenbindungen handelt, bleiben an einem Kern mehr Elektronen haften, als der zugehörige Kern Protonen hat. Es entstehen also Ionenpaare. Die positiv geladenen Ionen wandern zur Katode und werden *Kationen* genannt, die negativ geladenen *Anionen* wandern zur Anode. Die Ladungsträger setzen sich an den Elektroden ab. Der Vorgang ist beendet, wenn alle Ionen verbraucht sind und keine neuen entstehen.

8.3 Elektrolyse

Wasser ist in sehr begrenztem Umfang auch in der Lage, sich selbst zu dissoziieren. Deshalb besitzt es eine Leitfähigkeit, die allerdings gering ist. Wasserstoff und Sauerstoff setzen sich nicht an den Elektroden ab, sondern steigen aus dem Wasser auf und können aufgefangen werden.

Den Vorgang der Zerlegung eines Stoffs in seine Bestandteile mit Hilfe elektrischer Energie bezeichnen wir als *Elektrolyse*. Er ist in Bild 8.2 dargestellt. Bringen wir das Salz Kupfersulfat $CuSO_4$ in Wasser, so dissoziiert es in Cu^{++} und SO_4^{--}. Das Kupfer mit zwei fehlenden Elektronen wandert zur Katode und lagert sich dort ab. Auf diese Art wird beispielsweise ein Eisenteil, das als Katode dient, verkupfert. Diesen Vorgang nennt man *Galvanisieren*. Der SO_4-

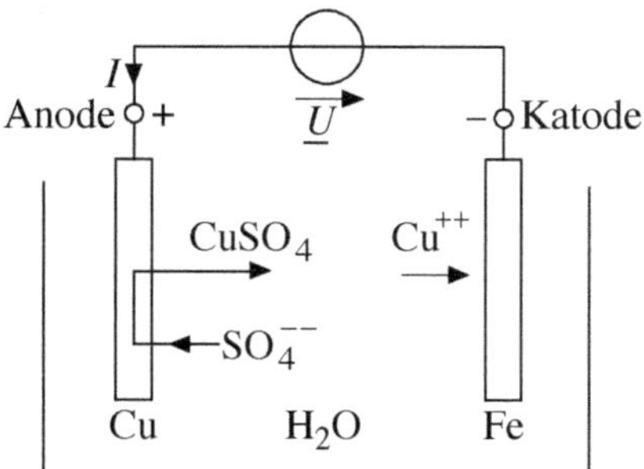

Bild 8.2 Vorgang der Elektrolyse

Rest mit zwei zusätzlichen Elektronen wandert zur Anode. Ist diese aus Kupfer, so entsteht $CuSO_4$, das wieder dissoziiert. Damit bleibt die Lösung, die als *Elektrolyt* bezeichnet wird, erhalten und die Anode wird langsam abgebaut. Besteht die Anode aus verunreinigtem Kupfer, das aus dem Bergwerk über Schmelzen gewonnen wurde, so führt die Elektrolyse ein Kupferatom nach dem anderen zur Katode, die dann aus sehr reinem Kupfer, dem so genannten *Elektrokupfer*, besteht.

Bringen wir Schwefelsäure H_2SO_4 in das Wasser, so entstehen $2H^+$ und SO_4^-. Das SO_4, das bei einer Kupferelektrode mit derem Cu zu $CuSO_4$ wird, klammert sich bei einer Elektrode, die ihr Atom nicht abgibt, an das Wasser und wird zu H_2SO_4 und $^1/_2\ O_2$. Auf diese Art wird elektrolytisch das Wasser gespalten. Gegenüber der oben beschriebenen reinen Wasser-Elektrolyse sind hier die Bahnwiderstände kleiner und damit die Verluste geringer.

Bei der Elektrolyse werden pro Atom z_i Elektronen übertragen. Bei Wasserstoff ist $z_i = 1$, bei Kupfer gilt $z_i = 2$. Das Formelzeichen z_i steht für die *Wertigkeit* des Ions. Fließt über eine bestimmte Zeit t ein Strom I durch die Flüssigkeit, so werden insgesamt n Atome oder Moleküle an der Elektrode abgelagert ($e = 1{,}6 \cdot 10^{-19}$ As).

$$n = \frac{I \cdot t}{z_i \cdot e} \tag{8.1}$$

Die *Avogadro-Konstante* bzw. *Loschmidt-Zahl* $N_A = 6{,}02 \cdot 10^{23}$ gibt an, wie viele Atome bzw. Moleküle ein Mol des betreffenden Stoffs enthält. Das *Molekulargewicht* bzw. *Atomgewicht* A ist die Masse eines Stoffs pro Mol. Für Kupfer gilt beispielsweise $A_{cu} = 63{,}6$ g/mol. Für die an der Elektrode abgeschiedene Menge Kupfer ergibt sich demnach

$$m_{Cu} = \frac{A_{Cu} \cdot n}{N_A} = A_{Cu} \cdot \frac{I \cdot t}{z_i\ N_A\ e} = A_{Cu} \cdot \frac{I \cdot t}{z_i \cdot F} \tag{8.2}$$

Dabei wird F *Faraday-Konstante* genannt. Gl. (8.2) ist das Faraday'sche Gesetz.

$$F = N_A \cdot e = 6{,}02 \cdot 10^{23}\ \text{mol}^{-1} \cdot 1{,}6 \cdot 10^{-19}\ \text{As}$$

$$F = 96{,}5 \cdot 10^3\ \frac{\text{As}}{\text{mol}} \tag{8.3}$$

Bei der Ablagerung des Kupfers an der Katode baut sich eine Spannung U_S auf, von der noch die Rede sein wird. Diese Spannung U_S liefert zusammen mit der Ladung $Q = I \cdot t$ eine Energie, die wir als Bindungsenergie E_b bezeichnen. Sie ist mit der Bindungsenergie von Atomen im Molekularverband zu vergleichen, wenn sie auch kleiner ist. Der Stromfluss durch die Anordnung mit dem Widerstand R_B verursacht insbesondere im Elektrolyten einen Spannungsfall, der zur Verlustenergie E_v führt, die als Wärme freigesetzt wird.

$$E_b = U_S \cdot Q$$

$$E_v = R_B \cdot I^2 \cdot t = R_B \cdot I \cdot Q \qquad (8.4)$$

Beispiel 8.1

Bei einer Elektrolyse fließt der Strom $I = 1$ kA über $t = 1$ h. Die angelegte Spannung beträgt $U = 1$ V. Wie groß sind die abgeschiedene Kupfermenge und die Verlustwärme? Die Bindungsspannung beträgt $U_S = 0{,}34$ V.

Die Gln. (8.2) und (8.3) liefern

$$m_{Cu} = A_{Cu} \cdot \frac{I \cdot t}{z_i\ F} = 63{,}6\ \text{g/mol} \cdot \frac{1000\ \text{A} \cdot 3600\ \text{s}}{2 \cdot 96{,}5 \cdot 10^3\ \text{As/mol}}$$

$$= 1{,}18 \cdot 10^3\ \text{g} = 1{,}18\ \text{kg}$$

Die Verlustspannung ergibt sich zu

$$U_v = U - U_S = 1\ \text{V} - 0{,}34\ \text{V} = 0{,}66\ \text{V}$$

Damit ergeben sich die Gesamtenergie E, die Verlustenergie E_v und die chemisch gebundene Energie E_s.

$$E = U \cdot I \cdot t = 1\ \text{V} \cdot 1000\ \text{A} \cdot 3600\ \text{s}$$

$$= 3{,}6 \cdot 10^6\ \text{Ws} = 1\ \text{kWh}$$

$$E_v = U_v \cdot I \cdot t = 0{,}66\ \text{V} \cdot 1000\ \text{A} \cdot 3600\ \text{s}$$

$$= 2{,}37 \cdot 10^6\ \text{Ws} = 0{,}66\ \text{kWh}$$

$$E_s = U_s \cdot I \cdot t = 0{,}34 \cdot 1000 \cdot 1\ \text{kWh} = 0{,}34\ \text{kWh}$$

Für den Bahnwiderstand erhalten wir

$$R_B = \frac{U_v}{I} = \frac{0{,}66\ \text{V}}{1000\ \text{A}} = 0{,}66\ \text{m}\Omega$$

Das beschriebene Verfahren ist eine Möglichkeit, den in *Fotovoltaikanlagen* mit *Solarzellen* gewonnenen Strom in Wasserstoff umzuwandeln. Wir sprechen dann von *solarem Wasserstoff.* Selbstverständlich kann der Strom zur Wasserstoffgewinnung auch aus Wasserkraftwerken bezogen werden, die in entlegenen Gebieten errichtet wurden. Heute wird der Wasserstoff vornehmlich aus fossilen

Primärenergieträgern, wie Gas und Kohle, gewonnen. Dabei geht man aber nicht über die Elektrizität, sondern spaltet das Wasser thermisch. Wichtig ist:

Wasserstoff ist keine Energiequelle, sondern ein Energiespeicher.

Den Vorgang Elektrolyse kann man auch umkehren. Hierzu verwendet man *Brennstoffzellen*. Zwei porösen Elektroden werden Wasserstoff und Sauerstoff zugeführt. Zwischen ihnen befindet sich der Elektrolyt, z. B. mit dissoziierter Kalilauge KOH. Das *Kation* K^+ wandert zur Anode und verbindet sich mit Wasser und Sauerstoff zu

$$4\,K^+ + O_2 + 2\,H_2\,O = 4\,KOH - 4\,e$$

Das Anion OH^- verbindet sich an der Katode mit dem Wasserstoff.

$$2\,OH^- + H_2 = 2\,H_2O + 2\,e$$

Dieser Vorgang muss doppelt so oft ablaufen, damit an der Katode so viele Elektronen abgeladen werden, wie an der Anode herauszuziehen sind. Dann stimmt auch das stöchiometrische Gleichgewicht.

Man unterscheidet Hoch- und Niedertemperaturbrennstoffzellen. Die Hochtemperaturbrennstoffzellen sind nur sinnvoll einzusetzen, wenn die Abwärme zu nutzen ist, z. B. bei Heizkraftwerken. Für Kraftfahrzeuge kommen nur Niedertemperaturbrennstoffzellen in Frage. Ein Vertreter hiervon ist die *PEM-Zelle* (**P**rotonen-**E**xchange-**M**embran) **(Bild 8.3)**. Da Wasserstoff nicht als Gas, sondern flüssig transportiert wird, fallen erhebliche Kompressionsverluste an. Die Wirkungskette Elektrizität – Wasserstoff – Transport – Elektrizität hat einen Wirkungsgrad, der bei etwa 30 % liegt. Ein Großteil der Verluste entsteht bei der Kompression des Wasserstoffgases zu flüssigem Wasserstoff.

Bild 8.3 Brennstoffzelle, Einsatz in U-Booten (30 kW ... 40 kW) (Quelle: Siemens)

8.4 Galvanische Elemente

Wir kehren zu den Anfängen der Elektrotechnik zurück. Lange vor Ohm, Siemens (und mir) gab es den Herrn Galvani. Er hängte 1789 Froschschenkel mit einem Kupferhaken an einem Eisengitter auf. Sie kennen die Story. Stellen Sie sich einmal vor, man hätte den Tierschutz damals schon so genau genommen wie heute. Es gäbe keine Batterien.

Im Jahr 1800 machte Volta die ersten Vorschläge zum Bau von Batterien, die er dann auch noch zu einer Säule in Reihe schaltete. Wie bereits bei der Elektrolyse beschrieben, bilden drei Komponenten ein galvanisches Element: zwei Elektroden, die Anode und die Katode, und dazwischen ein Elektrolyt. Der Elektrolyt ist häufig eine Flüssigkeit, die Ionen enthält. Bei Trockenbatterien ist sie in einem porösen Stoff gebunden. An den Kontaktflächen zwischen Elektrolyt und Elektrode entstehen Wechselwirkungen zwischen den Valenzelektronen der beiden Stoffe. Diese interpretiert man als einen *Lösungsdruck*, mit dem die Atome bzw. Moleküle der Elektrode als Ionen in den Elektrolyten wandern wollen, und als *osmotischen Druck*, mit dem die Ionen des Elektrolyts in die Elektrode diffundieren wollen.

Bei einem Gleichgewicht der beiden Erscheinungen ist die Spannung zwischen Elektrode und Elektrolyt null, im anderen Fall entsteht eine Spannung U_S, von der im vorigen Abschnitt schon die Rede war. Apropos reden. Man kann von der Spannung zwischen Elektrolyt und Elektrode reden, messen kann man sie nicht. Denn zu diesem Zweck wäre es notwendig, die eine Zuleitung zum Messinstrument in den Elektrolyten zu tauchen, mit dem Effekt, dass eine zweite Grenzschicht entsteht. Es ist also nur möglich, die Spannung der Elektrode gegenüber einer anderen zu messen. Als Gegenelektrode wählen wir Wasserstoff, der eine Platinelektrode umspült, und definieren die so gemessene Spannung U_S als Kenngröße.

Die Spannung kann positiv oder negativ sein. Sortiert man die chemischen Elemente nach der Spannung, so entsteht die *elektrochemische Spannungsreihe*. Hier gebe ich einige Beispiele.

Li	–3,02 V	H_2	0 V
Na	–2,71 V	Cu	+0,34 V
Zn	–0,76 V	Ag	+0,8 V
Cd	–0,4 V	Hg	+0,86 V
Ni	–0,24 V	Au	+1,5 V
Pb	–0,12 V	Pt	+1,6 V

Galvanisches Primärelement

Werden zwei Elektroden aus Stoffen mit unterschiedlicher Stellung in der elektrochemischen Spannungsreihe über einen Elektrolyten verbunden, so ist zwischen den Elektroden eine Spannung abzugreifen. Die Anordnung wird als *Primärelement* bezeichnet, weil sie in der Lage ist, Strom abzugeben, ohne dass vorher elektrische Energie zugeführt wurde.

Eines der ältesten Elemente ist die Zink-Kohle-Zelle, die heute noch stark verbreitet ist. Sie besteht aus einem Zinkbecher als Katode und einem Gemisch aus Braunstein MnO_2 und Kohlenstoff C als Anode. Die Zelle müsste deshalb Zink-Braunstein-Element heißen. Ein Kohlestab dient nur zur Ableitung des Stroms. Als Elektrolyt wird geleeartige Salmiak-Lösung (NH_4Cl) verwendet. Die Zelle hat eine Leerlaufspannung von 1,5 V.

Weiter gebräuchlich sind heute Quecksilberoxid-Zellen, die als Knopfzellen aufgebaut sind. Sie haben Leerlaufspannungen von 1,35 V bzw. 1,85 V. Die Elektrode mit der negativen Spannung opfert Material, das in den Elektrolyten und zur positiven Elektrode wandert. Ist die Katode aufgebraucht oder der Elektrolyt neutralisiert, gibt die Zelle keine Spannung mehr ab. Wird an die Zelle eine größere Spannung als die Leerlaufspannung angelegt, kehrt sich der beschriebene Vorgang um, sodass die Batterie anschließend wieder Strom abgeben kann. Wir sprechen vom Regenerieren und nicht vom Laden. Auf diese Art ist die Lebensdauer einer Primärzelle in einem Gerät mit Netzanschluss zu verlängern.

Metallkonstruktionen im Erdreich bilden ebenfalls galvanische Elemente, z. B. die Kupferseile einer Erdungsanlage mit dem Eisenrohr einer Wasserleitung. Stehen die beiden Elektroden in leitender Verbindung, so entspricht die Anordnung einer kurzgeschlossenen Batterie mit dem Erdreich als Elektrolyt. Im Lauf der Zeit wird das Eisenrohr abgetragen. Dieser Vorgang wird als *Korrosion* bezeichnet. Um sie zu verhindern, isoliert man die Rohre. Kleine Isolationsfehler führen allerdings zu einer verstärkten Korrosion an der betreffenden Stelle. Ströme, insbesondere von Gleichstrombahnen, gefährden die Metalle im Erdreich. Warum ist die Gefahr der Korrosion beim Wechselstrom nicht so groß? Um Korrosion im Erdreich zu vermeiden, gibt es die Möglichkeit, eine Elektrode in Erde einzubringen und eine Spannung zwischen dieser und den zu schützenden Konstruktionsteilen anzulegen. Es muss sichergestellt werden, dass der Strom stets in die zu schützenden Teile fließt. Man spricht von *aktivem Korrosionsschutz*. Die eingebrachte Elektrode wird *Opferelektrode* genannt. Warum?

Noch ein Wort zum verzinkten Eisen. Wird die Zinkschicht eines Eisenteils an einer Stelle im Erdreich beschädigt, entsteht ein kurzgeschlossenes galvanisches Element, bestehend aus Eisen, Zink und Erdreich als Elektrolyt. Dadurch wandert Zink zu dem Eisen, das so geschützt wird.

Da die Materialien mit negativen Spannungen in der Spannungsreihe von solchen mit positiven Spannungen aufgesaugt werden, nennt man erstere *unedle Metalle* und letztere *edle Metalle*. Bei den Menschen ist es gerade umgekehrt. Die Edlen opfern sich für die anderen auf.

Schließlich komme ich noch zu den *Sekundärelementen*, das sind aufladbare Batterien. Hier steht der *Bleiakkumulator* im Vordergrund. Er besteht im geladenen Zustand aus Bleioxid PbO_2 und Blei Pb als Elektroden sowie verdünnter Schwefelsäure H_2SO_4 als Elektrolyt. Beim Entladen laufen an den beiden Elektroden folgende Vorgänge ab:

$$PbO_2 + SO_4^{--} + 4\,H^+ + 2\,e^- \rightarrow PbSO_4 + 2\,H_2O$$

$$Pb - 2\,e^- + SO_4^{--} \rightarrow PbSO_4$$

Welche Seite ist der Pluspol?

Die entladene Batterie hat in beiden Elektroden Bleisulfat $PbSO_4$. Ein Teil der Schwefelsäure H_2SO_4 ist aus dem Elektrolyten verschwunden. Über die Konzentration des Elektrolyts kann man also den Ladezustand der Batterie bestimmen. Durch das Entladen sinkt die Leerlaufspannung von etwa 2,4 V auf 1,8 V ab. Eine weitere Entladung schädigt die Batterie. Bei großen Entladeströmen, z. B. während des Anlassvorgangs eines Autos, sinkt die Klemmenspannung durch den Innenwiderstand natürlich stärker ab.

Der Ladevorgang läuft folgendermaßen ab:

$$PbSO_4 + SO_4^{--} + 2\,H_2O \rightarrow PbO_2 + 2\,H_2SO_4 + 2\,e^-$$

$$PbSO_4 + 2\,H^+ \rightarrow Pb + H_2SO_4 - 2\,e^-$$

Neben dem gebräuchlichen Bleiakkumulator sind Nickel-Cadmium-, Nickel-Metall-Hydrid- und Lithium-Ionen-Akkumulatoren im Einsatz.

Der Wirkungsgrad für einen Lade-Entlade-Zyklus erreicht etwa 70 %. Die Energiedichte von Bleiakkumulatoren liegt bei 20 Wh/kg bis 40 Wh/kg. Günstig sind hier die so genannten Hochtemperaturzellen. Bei ihnen erreicht man Energiedichten von 100 Wh/kg bis 150 Wh/kg. Vertreter sind die Lithium-Ionen-Batterie und die Schwefel-Natrium-Batterie. Bei letzterer liegt zwischen den beiden Elektroden Schwefel S und Natrium Na eine dünne poröse ionenleitende Keramikschicht als fester Elektrolyt. Beim Laden dif-

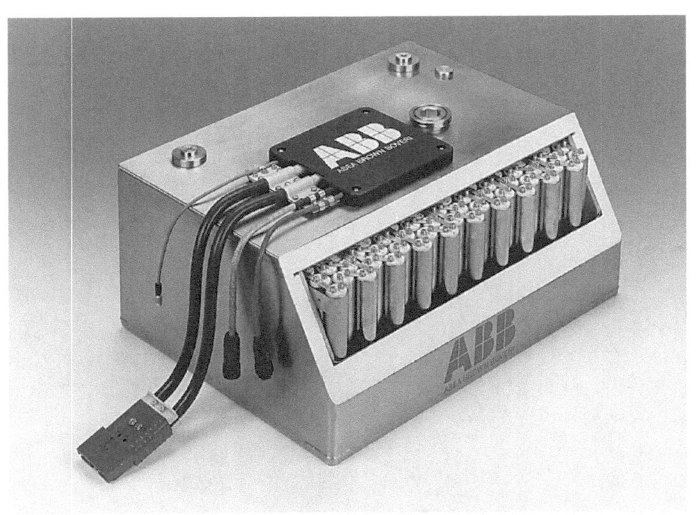

a)

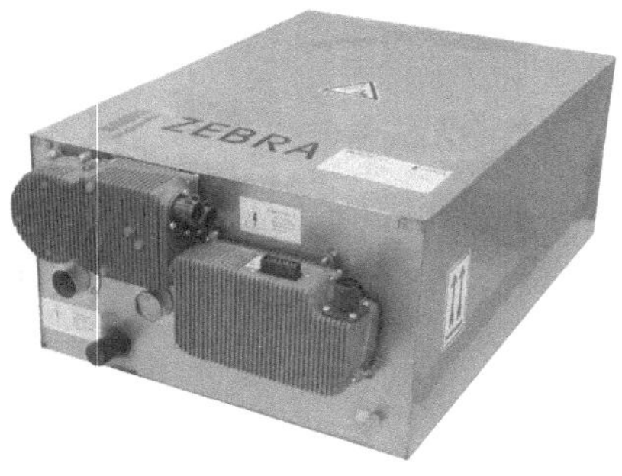

b)

Bild 8.4 Akkumulatoren

a) Natrium-Schwefel-Batterie; Prototyp für ein Elektrofahrzeug, etwa 80 cm × 60 cm × 30 cm; 240 Zellen je 40 Ah; 2 V ≙ 19 kWh; Quelle: ABB,

b) Zebra-Batterie (System: Natrium–Nickelchlorid); Serienprodukt für Elektrofahrzeuge; 75 cm × 50 cm × 30 cm; 18 kWh; 200 kg; Quelle: MFS-DEA, Stabio-Schweiz

fundiert Natrium durch die Trennschicht zum Schwefel. So entsteht Na_2S_x (x = 3 ... 5). Um die beiden Elektroden flüssig zu halten, ist eine Temperatur von etwa 300 °C notwendig. **Bild 8.4a** zeigt einen Prototypen, der in Elektrofahrzeugen eingesetzt wurde. Man sieht die vielen Anschlüsse, die für das Batteriemanagement notwendig sind. Ein Serienprodukt ist die Natrium-Nickelchlorid-Batterie **(Bild 8.4b)**. Sie hat Nickel als eine Elektrode und darum Nickelchlorid ($NiCl_2$) als Reaktanten. Im geladenen Zustand sind die beiden Elektroden Nickel und Kochsalz (NaCl). Dies ermöglicht eine einfache Fertigung. Ein Elektroauto mit einer solchen Batterie muss im Stillstand ständig geheizt werden. Dies geschieht durch einen Netzanschluss oder die in der Batterie gespeicherte Energie. So ist nach etwa einer Woche der „Tank" leer. Die Hochtemperaturbatterien wurden deshalb in ihrer Anwendung bei Fahrzeugen etwas in den Hintergrund gedrängt.

Schließlich will ich noch auf zwei Besonderheiten zu sprechen kommen. Die vorher erwähnte Brennstoffzelle kann auch als Primärelement aufgefasst werden. Die beiden Elektroden sind Wasser und Sauerstoff, der Elektrolyt ist Kaliumlauge.

Eine spezielle Batterie ist das Zink-Luft-Element. Hier ist Zink die eine Elektrode. Der Sauerstoff wird aus der Luft entnommen. Er ist die zweite Elektrode und Kaliumlauge KOH der Elektrolyt. Beim Entladen bildet sich an der Zinkelektrode Zinkhydroxid $Zn(OH)_2$. Die Elektrode kann ausgetauscht werden. Dieser Austausch, z. B. an einer „Tankstelle", ist wegen der Kalilauge aber problematisch. Das Zinkhydroxid wird in einer Anlage wieder regeneriert. Obwohl es sich um eine Primärzelle handelt, wird die Zink-Luft-Batterie oft zu den Akkumulatoren gezählt.

In den letzten Jahrzehnten wurden Lithium-Ionen-Akkumulatoren immer beliebter. Bei ihnen bewegen sich die Li+-Ionen frei zwischen den Elektroden im Elektrolyten. Sie weisen i. A. eine sehr hohe Energiedichte (viel Ladung auf wenig Raum) auf. Außerdem zeigen sie keinen Memory-Effekt, d. h. keinen Kapazitätsverlust bei häufiger Ladung/Entladung. Diese Eigenschaften machen sie zur derzeit besten Technologieklasse für ein breites Spektrum an Anwendungen.

Anfangs wurden Lithium-Ionen-Akkus hauptsächlich für Kleingeräte mit hohem Energiebedarf eingesetzt, wie Laptops, Handys, Digitalkameras usw. Durch technische Weiterentwicklung gelang auch der Sprung zu höheren Leistungen mit typischen Anwendungen bei E-Bikes, E-Autos und sogar Puffern in der elektrischen Energieversorgung.

Bild 8.5 zeigt einen Vergleich unterschiedlicher Technologieklassen für Energiespeicher bezüglich ihrer Leistungs- und Energiedichten. Es werden derzeit starke Forschungs- und Entwicklungsanstrengungen unternommen, um sich in diesem Diagramm nach „rechts oben" zu bewegen. Allerdings müssen viele weitere Dimensionen auch berücksichtigt werden, wie Kosten, Gewicht, Anzahl an Lade-/Entladezyklen, Robustheit, ...

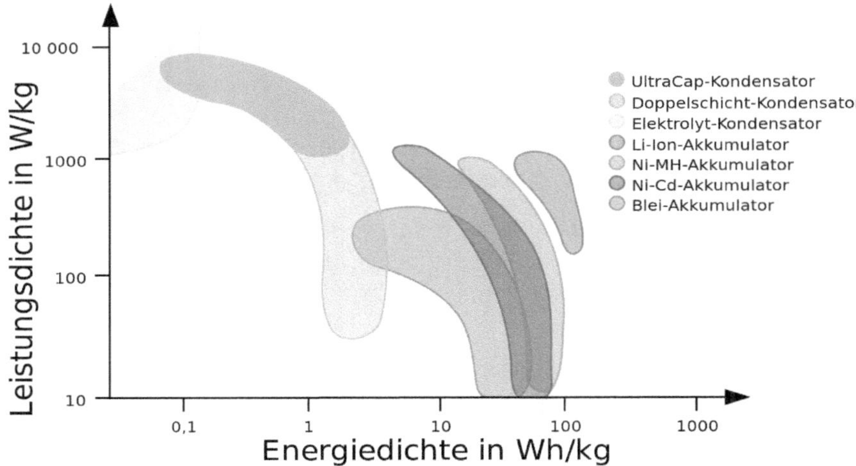

Bild 8.5 Leistungs- und Energiedichte verschiedener Energiespeicher (Quelle: https://de.wikipedia.org/wiki/Lithium-Ionen-Akkumulator)

9 Strömungsfeld

Das elektrische und das magnetische Feld wurden bereits früher (Abschnitte 1.3 und 1.4) eingeführt. In Analogie hierzu können wir den Stromfluss in einem Körper als *Strömungsfeld* bezeichnen. Mit einem solchen Strömungsfeld hatten wir es bereits zu tun, als ich in Kapitel 4 die Kirchhoff'schen Regeln erklärte.

9.1 Homogenes Strömungsfeld

Ich übernehme die Anordnung aus Bild 4.2 in **Bild 9.1a**. Zwei ebene Platten stehen sich parallel gegenüber. Eine angelegte Spannung U führt zu einem Strom I durch das Material zwischen den Platten. Wir teilen den durchströmten Raum in n gleich große Röhren ein. In jeder dieser Röhren fließt

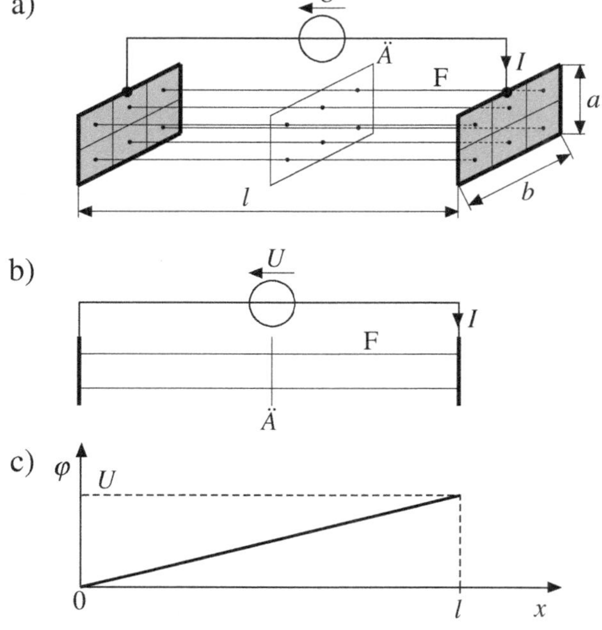

Bild 9.1 Homogenes Strömungsfeld
a) perspektivische Darstellung, b) ebene Darstellung, c) Potentialverlauf

ein gleich großer Strom $\Delta I = I/n$. Diese Teilströme kann man durch Stromfäden symbolisieren, die als *Feldlinien F* des Stroms bezeichnet werden. Selbstverständlich entstehen an den Rändern Inhomogenitäten, die wir vernachlässigen, sodass die Feldlinien Geraden sind. Die Abstände zwischen den Feldlinien sind gleich.

Anstelle der perspektivischen Zeichnung in Bild 9.1a verwendet man häufig die zweidimensionale Ansicht in **Bild 9.1b**. Ich habe die Feldlinien als Teilströme ΔI in den beschriebenen Kanälen erklärt. Genau betrachtet zeigt eine Feldlinie jedoch nur den Verlauf des Stroms in einer sehr kleinen Umgebung der Linie. Wir ordnen deshalb den Feldlinien die Stromdichte $J = I/A$ zu. Aus der Stromdichte J und dem Leitwert γ des Materials ist die elektrische Feldstärke E zu berechnen. Erinnern Sie sich an Abschnitt 3.4?

$$E = \frac{U}{l} \qquad J = \frac{I}{A} = \frac{I}{a \cdot b}$$
$$R = \frac{U}{I} \qquad \rho = \frac{E}{J} = \frac{1}{\gamma} \tag{9.1}$$

Auf Grund der Beziehung $E = \rho J$ lässt sich das Strömungsfeld auch als elektrisches Feld auffassen. Die Feldlinien gelten demnach für Stromdichte und Feldstärke.

Ordnen wir in unserer Anordnung der linken Elektrode die Spannung 0 zu und messen an einer Feldlinie die Spannung gegenüber dieser *Bezugselektrode*, so steigt sie mit wachsendem Abstand x an, bis sie bei $x = l$ die angelegte Spannung U erreicht. Eine Spannung gegenüber einem festen Bezugspunkt bezeichnen wir als *elektrisches Potential* φ. Es hat natürlich die Dimension einer Spannung, denn es ist eine Spannung.

Im homogenen Feld wächst das Potential aller Feldlinien gleichartig an, sodass die Darstellung in **Bild 9.1c** für alle Feldlinien gilt. Die Funktion des Potentials ist gegeben durch

$$\varphi = \frac{U}{l} x = E x \tag{9.2}$$

Wir legen nun ein bestimmtes Potential fest und versehen alle Feldlinien bei diesem Potential mit einem Punkt. So entsteht eine Fläche, die wir *Äquipotentialfläche Ä* nennen. Im homogenen Feld ist diese Äquipotentialfläche eine Ebene.

Strömungsfeld

In einem elektrischen Strömungsfeld zwischen zwei Elektroden zeigen die Feldlinien sowohl die Richtung der Stromdichte als auch der elektrischen Feldstärke an. Sind die Feldlinien gerade und haben sie untereinander den gleichen Abstand, so handelt es sich um ein homogenes Strömungsfeld. Der Abstand der Feldlinien ist ein Maß für die Feldstärke und damit auch die Stromdichte. Dichte gedrängte Feldlinien bedeuten hohe Feldstärken.

9.2 Grenzflächen

Stoßen in der Anordnung nach Bild 9.1a zwei Materialien mit unterschiedlicher Leitfähigkeit aufeinander, so entstehen Sprünge in den Feldlinien, wie es in **Bild 9.2** dargestellt ist.

Feldlinien an Grenzflächen

Bei vertikalen Stoßstellen von Materialien mit unterschiedlicher Leitfähigkeit springt die Feldstärke an den Stoßstellen. Bei horizontalen Stoßstellen springt die Stromdichte.

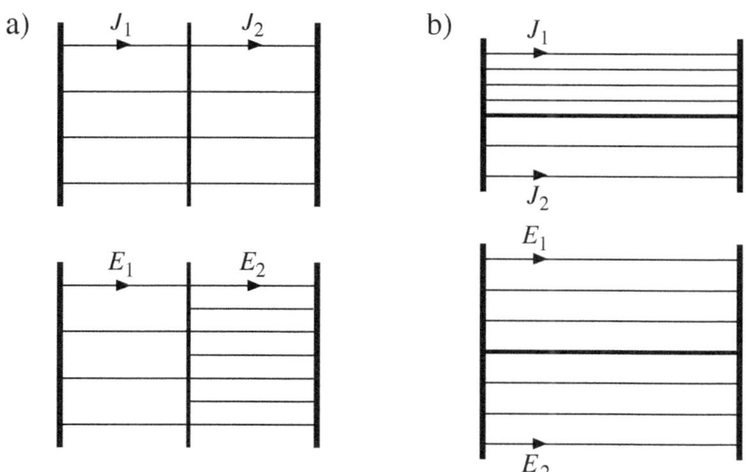

Bild 9.2 Stoßstellen homogener Felder
a) vertikale Schichtung, b) horizontale Schichtung

Aufgabe 9.1

Überlegen Sie sich bitte, welches der beiden Materialien in Bild 9.2 jeweils die bessere Leitfähigkeit besitzt! Leiten Sie den mathematischen Zusammenhang her!

9.3 Inhomogenes Strömungsfeld

In **Bild 9.3a** sind zwei Elektroden dargestellt, die nicht parallel liegen. Deshalb bildet sich dort ein inhomogenes Feld aus. Auch hier liegen Stromdichte und Feldstärke stets in der gleichen Richtung, ändern diese aber entlang einer Feldlinie in der x-y-Ebene. In die z-Richtung fließt kein Strom. So ergibt sich für jeden z-Wert das gleiche Feldlinienbild. Wir können also eine Darstellung im Zweidimensionalen entsprechend **Bild 9.3b** verwenden. Sie gilt für alle Werte von z. In der Ebene sind die Feldlinien F Kreissegmente und Äquipotentiallinien Ä bzw. φ Geraden. Der Verlauf der *Feldlinien* in einer *ebenen Anordnung* ist so festgelegt, dass zwischen zwei Feldlinien stets der gleiche Strom fließt. Bei Feldern, die nur dreidimensional zu beschreiben sind, entstehen zwischen den Feldlinien Röhren, in denen der gleiche Strom fließt.

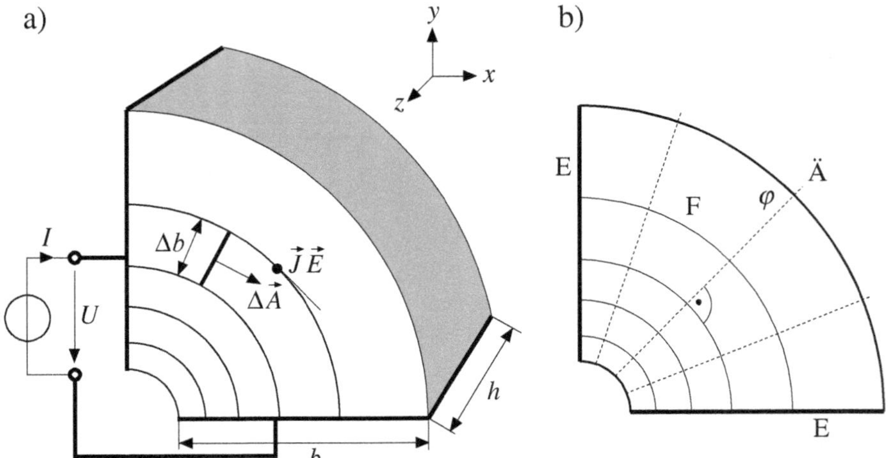

Bild 9.3 Zum Ohm'schen Gesetz in spezifischer Form
a) perspektivische Darstellung, b) ebene Darstellung

$$I = J \cdot A = J \cdot h \cdot \Delta b \qquad (9.3)$$

Durch den Verlauf der Feldlinien ist die Richtung der spezifischen Größen J und E festgelegt. Spannung U und Strom I lassen sich dagegen keiner Richtung zuordnen. Die zufällige Lage der Stromzuführung von den Klemmen der Spannungsquelle zu den Elektroden der Anordnung in Bild 9.3 ist dabei ohne Bedeutung.

Skalare und Vektoren

Spannung U und Strom I sind Skalare, haben also keine Richtung. Feldstärke $\vec{E}$ und Stromdichte $\vec{J}$ sind Vektoren und haben eine Richtung. Dies wird durch einen Pfeil über dem Formelzeichen angedeutet.

Fehlt der Pfeil über dem Formelzeichen eines Vektors, so handelt es sich nur um den Betrag des Vektors $E = |\vec{E}|$.

Anmerkung: Fließt ein Strom durch einen Leiter der Länge l, so hat diese Länge eine Richtung $\vec{l}$, sodass dem stromdurchflossenen Leiter eine Richtung zukommt.

Bei der Beschreibung des Vektors im dreidimensionalen Koordinatensystem wird jeder Achse eine Komponente zugeordnet. Zur Kennzeichnung der Richtung dient ein kleiner Buchstabe **(Bild 9.4)**, der die Länge 1 hat und als

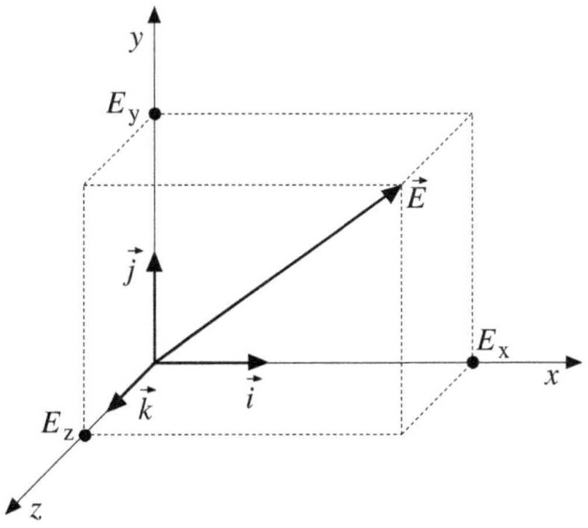

Bild 9.4 Vektor der Feldstärke

Einheitsvektor bezeichnet wird. Es ist üblich, die Einheitsvektoren nach dem folgenden System in das *x-y-z*-Koordinatensystem zu legen.

$$\vec{E} = E_x \vec{i} + E_y \vec{j} + E_z \vec{k}$$

$$E = \left|\vec{E}\right| = \sqrt{E_x^2 + E_y^2 + E_z^2} \tag{9.4}$$

In vektorieller Schreibweise lautet demnach das spezifische Ohm'sche Gesetz in Gl. (9.1)

$$\vec{J} = \gamma \cdot \vec{E} = \frac{\vec{E}}{\rho} \tag{9.5}$$

Dabei wird vorausgesetzt, dass die Materialkonstante γ richtungsunabhängig ist. Dies ist z. B. bei Kristallen nicht der Fall. Hierauf soll jedoch im Rahmen der Grundlagen nicht eingegangen werden. Ortsabhängig kann die Leitfähigkeit γ allerdings sein, ohne dass Gl. (9.5) verletzt wird.

Beschreibung des Vektors

Die elektrische Feldstärke ist ein Vektor im dreidimensionalen Raum und besteht aus den drei Komponenten E_x, E_y, E_z, die mit den Einheitsvektoren $\vec{i}, \vec{j}, \vec{k}$ zu der Vektorgröße $\vec{E}$ zusammengefasst werden. Die Leitfähigkeit γ ist ein Skalar, sodass die Stromdichte $\vec{J}$ die gleiche Richtung wie die Feldstärke $\vec{E}$ hat.

$$\vec{J} = \gamma \vec{E} = \frac{\vec{E}}{\rho} \tag{9.6}$$

Zur Bezeichnung der Einheitsvektoren werden häufig auch die koordinatenorientierten Bezeichnungen $\vec{e}_x, \vec{e}_y, \vec{e}_z$, verwendet ($\vec{i} = \vec{e}_x$ usw.).

Noch einmal ein Wort zur *ebenen Anordnung*. Wenn ein Körper in Richtung der *z*-Achse gleichartig aufgebaut ist, z. B. ein sehr langer Zylinder, so ergibt sich bei einem Schnitt in der *x-y*-Ebene für jeden Wert von *z* das gleiche Bild. Dies ist beispielsweise bei der Anordnung in Bild 9.3 der Fall. Die volle Information über die Gestalt der Anordnung und den Verlauf der Feldlinien lässt sich dann in einer Ebene darstellen. Vorzugsweise verwendet man die *x-y*-Ebene. Die *z*-Achse muss somit nicht mehr berücksichtigt werden. Solche ebenen Anordnungen sind einfacher zu betrachten als räumliche, bei denen sich die Gestalt des Körpers auch in Richtung z-Achse ändert. Ein Körper dieser Art ist beispielsweise die Kugel.

Die Feldstärke nach Gl. (9.4) vereinfacht sich in einer ebenen Anordnung zu:

$$\vec{E} = E_x \vec{i} + E_y \vec{j} \qquad E_z = 0$$

Für das homogene Feld in Bild 9.1 gilt

$$\vec{E} = E_x \vec{i} = -E \vec{i} \qquad E_y = E_z = 0$$

Ein Körper, z. B. ein Zylinder, kann selbstverständlich auch so im Raum liegen, dass er in der x- oder y-Achse gleichartig aufgebaut ist. Schließlich kann er beliebig im Raum liegen. Dann hat er Feldstärkekomponenten in allen drei Koordinaten. Dies interessiert uns hier aber nicht.

Ebene Anordnung

Ein Körper, der in einer Achse des Koordinatensystems, vorzugsweise in der z-Achse, gleich aufgebaut ist, wird eine ebene Anordnung genannt. Felder, die sich in dieser Anordnung ausbilden, sind ebene Felder. Ein langer Zylinder ist eine solche ebene Anordnung.

Bei der Anordnung in Bild 9.3 betrachtet man nur eine Scheibe der Dicke h aus dem in z-Richtung unendlich ausgedehnten Körper.

Wir wenden uns weiterhin Bild 9.3 zu. Die Fläche $\Delta\vec{A}$ zwischen zwei Feldlinien wird von den Abmessungen Δb und h gebildet und von einem Strom ΔI

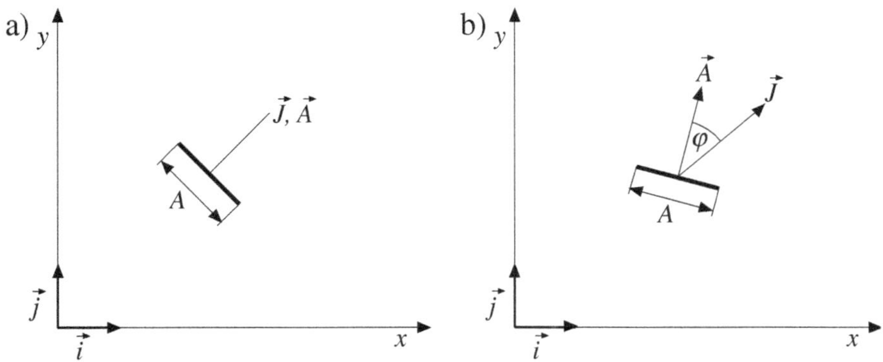

Bild 9.5 Bestimmung des Stroms aus der Stromdichte

a) Stromdichte in Richtung der Fläche, b) Stromdichte und Fläche mit unterschiedlicher Richtung durchflossen. Die Größe des Stroms ist von der Fläche, der Stromdichte und der relativen Lage von Stromdichte zu Fläche bestimmt. Dies zeigt **Bild 9.5**. Dort fällt zunächst auf, dass A als Strecke in der x-y-Ebene gezeigt ist. Dahinter verbirgt sich die unterdrückte Darstellung der z-Achse. Die dargestellte Strecke wird mit der Dicke h multipliziert, um die Fläche A zu erhalten.

9.4 Bestimmung des Stroms

Wenn die Stromdichte J die Fläche senkrecht durchdringt **(Bild 9.5a)**, ergibt sich der Strom zu $I = J \cdot A$. Bei einer Abweichung der Strömungsrichtung zählt nur die senkrechte Komponente der Stromdichte **(Bild 9.5b)**.

$$I = J \cdot A \cdot \cos\varphi \tag{9.7}$$

Demnach ist die Lage der Fläche im Koordinatensystem relativ zum Vektor der Stromdichte von Bedeutung. Wir müssen also der Fläche eine Richtung zuordnen.

> **Fläche als Vektor**
>
> Die Fläche $\vec{A}$ ist ein Vektor. Die Richtung des Vektors ist als Senkrechte auf dieser Fläche definiert.

Die Begründung für diese Definition kommt in Band 3. Die Multiplikation der beiden Vektoren $\vec{A}$ und $\vec{J}$ führt zu dem Skalar I.

An die Stelle der Gl. (9.7) tritt nun:

$$I = \vec{J} \cdot \vec{A} = \left(J_\mathrm{x}\,\vec{i} + J_\mathrm{y}\,\vec{j}\right)\left(A_\mathrm{x}\,\vec{i} + A_\mathrm{y}\,\vec{j}\right) \tag{9.8}$$

Dieses Produkt ist als Summe der Produkte der Komponenten definiert. Zwei Komponenten in gleicher Richtung liefern das algebraische Produkt $\left(\vec{i} \cdot \vec{i} = 1\right)$, zwei senkrechte Komponenten liefern null $\left(\vec{i} \cdot \vec{j} = 0\right)$

$$I = J_\mathrm{x}\,A_\mathrm{x} + J_\mathrm{y}\,A_\mathrm{y} \tag{9.9}$$

Da das Ergebnis ein Skalar ist, wird das Produkt in Gl. (9.8) als *Skalarprodukt* bezeichnet. Die Erweiterung auf drei Dimensionen ist für Sie problemlos möglich.

Skalarprodukt

Beim Skalarprodukt werden nur Anteile gerechnet, die in der gleichen Richtung liegen.

$$I = \vec{J} \cdot \vec{A} = \left(J_\mathrm{x}\vec{i} + J_\mathrm{y}\vec{j} + J_\mathrm{z}\vec{k}\right)\left(A_\mathrm{x}\vec{i} + A_\mathrm{y}\vec{j} + A_\mathrm{z}\vec{k}\right)$$
$$= J_\mathrm{x} A_\mathrm{x} + J_y A_y + J_z A_z \qquad (9.10)$$

Ein Strömungsfeld, das parallel zu einer Fläche verläuft, also senkrecht auf dem Flächenvektor steht, durchströmt die Fläche nicht und bildet deshalb keinen Strom durch die Fläche. Das entsprechende Skalarprodukt ist null. Ein Strömungsfeld, das senkrecht durch die Fläche tritt, also in Richtung des Flächenvektors verläuft, führt zu einer gewöhnlichen Multiplikation $I = J \cdot A$.

Beispiel 9.1

In **Bild 9.6** sind Stromdichte und Fläche gegeben.

$$\vec{J} = \left[1\vec{i} + 3\vec{j}\right]\mathrm{A/m^2} \qquad \vec{A} = \left[2\vec{i} + 2\vec{j}\right]\mathrm{m^2}$$

Die Beträge ergeben sich zu

$$J = \sqrt{1^2 + 3^2}\ \mathrm{A/m^2} = 3{,}162\ \mathrm{A/m^2}$$

$$A = \sqrt{2^2 + 2^2}\ \mathrm{m^2} = 2{,}828\ \mathrm{m^2}$$

Als Winkel gegenüber der x-Achse erhalten wir

$$\angle\vec{J} = \arctan\frac{3}{1} = 71{,}57° \qquad \angle\vec{A} = \arctan\frac{2}{2} = 45°$$

$$\angle\left(\vec{J}, \vec{A}\right) = 71{,}57° - 45° = 26{,}57° = \varphi$$

$$I = J \cdot A \cdot \cos\varphi = 3{,}162\ \mathrm{A/m^2} \cdot 2{,}828\ \mathrm{m^2} \cdot \cos 26{,}57° = 7{,}998\ \mathrm{A}$$

Das ist klassisch, so geht es immer. Jetzt kommt die Vektorrechnung.

Das Skalarprodukt liefert

$$I = J_\mathrm{x} \cdot A_\mathrm{x} + J_y \cdot A_y = (1 \cdot 2 + 3 \cdot 2)\,\mathrm{A} = 8\,\mathrm{A}$$

Im Rahmen der Rechengenauigkeit führen beide Rechengrößen zu demselben Ergebnis.

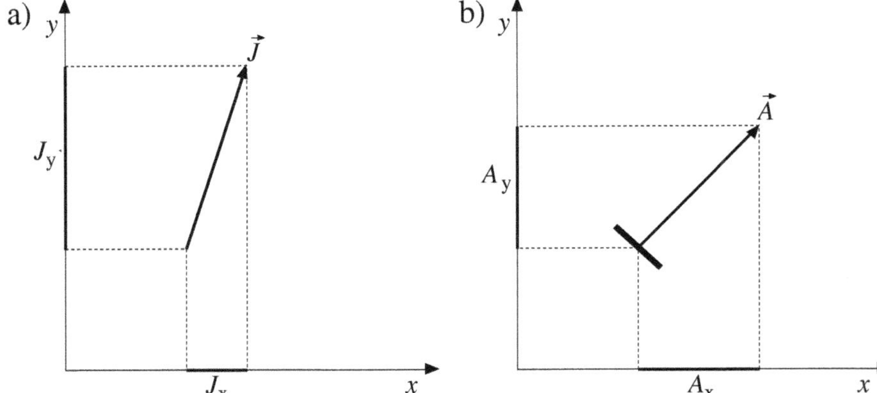

Bild 9.6 Komponenten von Vektoren
a) Stromdichte, b) Fläche

Wenn nun Richtung und Betrag einer Stromdichte ortsabhängig sind, unterteilen wir die Fläche $\vec{A}$ in n kleine Teilflächen $\Delta\vec{A}_i$, für die die Stromdichte $\vec{J}$ als konstant angenommen werden kann. Jede dieser Teilflächen wird von einem Strom ΔI_i durchflossen, die Summe dieser Ströme ergibt den Gesamtstrom

$$I = \sum_{i=1}^{n} \Delta I_i = \sum_{i=1}^{n} \vec{J}_i \ \Delta\vec{A}_i$$

Werden die Flächenelemente sehr klein, geht diese Gleichung in ein Integral über. So erhalten wir

$$I = \int_A \vec{J} \cdot \mathrm{d}\vec{A} = \iint_A \vec{J} \cdot \mathrm{d}\vec{A} \tag{9.11}$$

Das ist hart. Das erste Integral in diesem Buch ist gleich ein Integral mit Vektoren, und dann noch ein Integral über eine Fläche. Im allgemeinen Fall liegt die Fläche im x-y-z-Raum **(Bild 9.7)**. In jedem Punkt auf der Fläche gibt es ein Flächenelement $\mathrm{d}\vec{A}$, in dem eine Stromdichte $\vec{J}$ herrscht. Der differenzielle Strom $\mathrm{d}I$ durch das Flächenelement ergibt sich zu

$$\begin{aligned}\mathrm{d}I &= \left(J_\mathrm{x}\vec{i} + J_y\vec{j} + J_z\vec{k}\right)\left(\mathrm{d}A_x\vec{i} + \mathrm{d}A_y\vec{j} + \mathrm{d}A_z\vec{k}\right) \\ &= J_\mathrm{x}\,\mathrm{d}A_\mathrm{x} + J_y\,\mathrm{d}A_y + J_z\,\mathrm{d}A_z\end{aligned}$$

In Gl. (9.11) eingesetzt, erhalten wir

$$I = \int J_{\mathrm{x}}\, \mathrm{d}A_{\mathrm{x}} + \int J_{\mathrm{y}}\, \mathrm{d}A_{\mathrm{y}} + \int J_{\mathrm{z}}\, \mathrm{d}A_{\mathrm{z}}$$

Dies bedeutet: Die Stromdichte in x-Richtung wirkt mit dem Flächenelement in x-Richtung usw. Wir haben also das Integral über Vektoren in die Summe von gewöhnlichen Integralen zurückgeführt. Es bleibt noch die Erklärung für das Doppelintegral in Gl. (9.11).

Der Vektor des Flächenelements $\mathrm{d}A_{\mathrm{x}}$ liegt in x-Richtung. Die Fläche hat demnach eine Ausdehnung in y- und z-Richtung. Wir müssen also in zwei Richtungen integrieren. Dies soll das Doppelintegral andeuten. Der dreidimensionale Zusammenhang ist in Bild 9.7 verdeutlicht. Darin deuten die Feldlinien $\vec{J}$ ein Strömungsfeld an. A ist eine Fläche im Raum, die gekrümmt sein kann, und $\mathrm{d}\vec{A}$ ein Flächenelement auf dieser Fläche. Von besonderer Bedeutung ist hier die Randlinie der Fläche. Liegt sie fest, so kann die Gestalt dieser Fläche innerhalb der Umrandung beliebig sein. Wir erhalten immer den Strom, der innerhalb der geschlossenen Umrandung fließt. Dieser Satz gilt nur mit Einschränkungen, die in Abschnitt 9.6 erläutert werden.

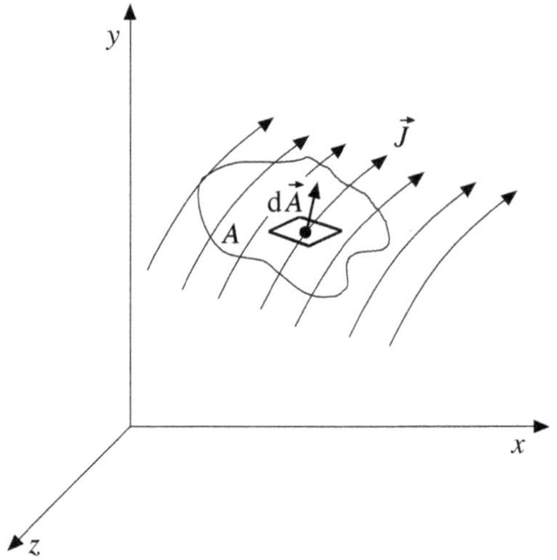

Bild 9.7 Räumliche Darstellung eines Strömungsfelds

9.5 Bestimmung der Spannung

Was der Stromdichte recht ist, muss der Feldstärke billig sein. Bei dem homogenen Feld hatten wir die Beziehung $U = E \cdot l$. Diese Gleichung wird auf das inhomogene Feld erweitert. Hierzu unterteilen wir eine gegebene Linie zwischen den Punkten 1 und 2 in n kleine gerade Strecken Δl_i und bestimmen die Feldstärken E_i, die entlang dieser Strecken herrschen. Durch Addition ergibt sich die Spannung zwischen den Punkten 1 und 2.

$$U = \sum_{i=1}^{n} E_i \cdot \Delta l_i$$

Werden die Strecken Δl_i sehr klein, geht diese Gleichung in ein Integral über.

Integration entlang einer Feldlinie

$$U = \int_1^2 E \cdot \mathrm{d}l \tag{9.12}$$

Für die spezielle Anordnung in Bild 9.3 bedeutet dies, dass die Integration entlang eines Kreisbogens zwischen den beiden Elektroden verläuft, wobei $\mathrm{d}l$ ein Streckenelement der Feldlinie ist. Da in der einfachen Anordnung an allen Stellen einer Feldlinie die Feldstärke gleich ist, geht Gl. (9.12) in die einfache Beziehung $U = E \cdot l$ über, wobei l die Länge des Kreisbogens ist.

Gl. (9.12) kann nur ein Sonderfall sein, weil die Feldstärke ein Vektor ist. Sie gilt dann, wenn die Richtung des Feldvektors $\vec{E}$ stets mit der Richtung des Linienelements $\mathrm{d}\vec{l}$ übereinstimmt. Ist dies nicht der Fall, wie beispielsweise in **Bild 9.8a**, geht Gl. (9.12) über in

Integration zwischen zwei Punkten auf beliebigem Weg

$$U_{12} = \int_1^2 E \cos\varphi \, \mathrm{d}l = \int_1^2 \vec{E} \, \mathrm{d}\vec{l} \tag{9.13}$$

Dabei ist φ der Winkel zwischen den Vektoren $\vec{E}$ und $\mathrm{d}\vec{l}$.

Werden nun die Punkte 1 und 2 auf die beiden Elektroden gelegt, so ist U_{12} die Spannung U zwischen diesen.

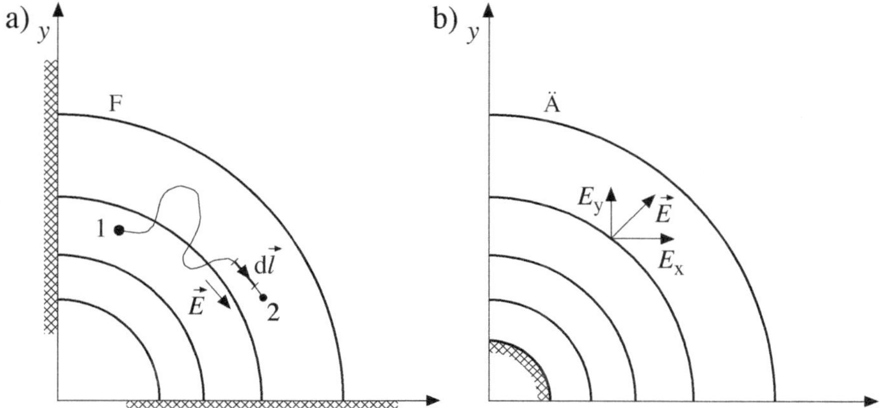

Bild 9.8 Feldstärke und Potential

a) Linienintegral zur Bestimmung einer Spannung (Feldlinien F sind Kreisbögen);
b) Gradientenbildung (Äquipotentiallinien Ä sind Kreise)

Wird einer der Punkte auf eine Elektrode gelegt und befindet sich der andere Punkt irgendwo im Feldraum, so wird die Spannung U_{12} zu dem Potential φ gegenüber der Bezugselektrode.

Nun wollen wir Gl. (9.13) umkehren. Wir kennen das Potential φ im Raum als Funktion der Koordinaten $\varphi(x, y, z)$. Die Änderung des Potentials in x-Richtung liefert uns die elektrische Feldstärke in x-Richtung.

$$E_x = \frac{\partial\varphi(x,y,z)}{\partial x}$$

Entsprechendes gilt für die beiden anderen Koordinaten.

$$E_y = \frac{\partial\varphi(x,y,z)}{\partial y} \qquad E_z = \frac{\partial\varphi(x,y,z)}{\partial z}$$

Diese Gleichungen sind partielle Ableitungen. Durch das Zeichen ∂ anstelle von d soll angedeutet sein, dass bei der Ableitung der Funktion $\varphi(x, y, z)$ nach x die Größen y und z festgehalten werden.

Wir setzen die drei Feldkomponenten zu dem Feldstärkevektor zusammen.

$$\vec{E} = \vec{i}\ E_{\mathrm{x}} + \vec{j}\ E_{\mathrm{y}} + \vec{k}\ E_{\mathrm{z}}$$

Die Differentiation und die vektorielle Zusammenfassung bezeichnen wir als

Bildung eines *Gradienten grad.* Dies ist in **Bild 9.8b** veranschaulicht: Die Feldlinien F verlaufen dort von der Elektrode in der y-Achse zu der Elektrode in der x-Achse in Form von Kreisbögen. In Bild 9.8b verlaufen die Feldlinien dagegen strahlenförmig von innen nach außen, so dass die Äquipotentiallinien Ä Kreise sind. Wir können uns den Gradienten anhand einer Gebirgslandschaft veranschaulichen. Auf der Landkarte sehen wir die x- und y-Richtung. Die eingetragenen Höhenlinien entsprechen den Äquipotentiallinien. Bilden wir den Gradienten, so steht dieser senkrecht auf der Höhenlinie. Der Verlauf des Gradienten entspricht den Feldlinien. Sie sind gleichzeitig der kürzeste Weg von einer Höhenlinie zur nächsten. Die Bergsteiger nennen das die Direttissima.

Gradient grad

Das Potential φ wird nach den Koordinaten differenziert und vektoriell zusammengefasst. Symbol für diesen Vorgang ist grad.

$$\vec{E} = \operatorname{grad} \varphi = \vec{i}\,\frac{\partial \varphi}{\partial x} + \vec{j}\,\frac{\partial \varphi}{\partial y} + \vec{k}\,\frac{\partial \varphi}{\partial z} \tag{9.14}$$

9.6 Quellenfreiheit eines Strömungsfelds

Hier komme ich zu einem Zusammenhang, der beim elektrischen Feld leichter zu erklären ist. Aber lassen Sie es mich versuchen! Wenn Sie nicht alles verstehen, macht es auch nichts.

In **Bild 9.9a** ist wieder ein räumliches Feld dargestellt. Es durchdringt den Körper K. Da sich in dem Körper keine Stromquelle befindet, besteht ein Gleichgewicht zwischen ein- und austretenden Feldlinien. Liegt eine der sechs Flächen A, z. B. die Fläche A_1 des Körpers K, in der x-y-Ebene, so kann der Strom durch diese Fläche über Summenbildung bzw. Integration bestimmt werden.

$$I_1 = \sum_{i=1}^{n} \vec{J}_i \cdot \Delta\vec{A}_{1i} = \sum_{i=1}^{n} J_i \cos\varphi_1 \, \Delta A_{1i} = \int_{A_1} \vec{J}\,\mathrm{d}\vec{A}$$

Dabei wird die Fläche A_1 in n kleine Teilflächen unterteilt. Der Winkel zwischen dem Stromdichtevektor und dem Teilflächenvektor wird φ_1 genannt. Die Summe der Teilströme $I_1 \ldots I_6$ durch die sechs Flächen $A_1 \ldots A_6$ liefert den Gesamtstrom, der den Körper K verlässt. Mit anderen Worten: Das Integral über die gesamte Oberfläche des Körpers führt zu

$$I = \sum_{i=1}^{6} I_i = \oint_A \vec{J}\,\mathrm{d}\vec{A} = \oiint \vec{J}\,\mathrm{d}\vec{A} = \dot{Q} = \frac{\mathrm{d}Q}{\mathrm{d}t} = 0 \tag{9.15}$$

Der Kreis im Integralzeichen soll andeuten, dass sich das Integral über eine geschlossene Fläche erstreckt. Mit zwei Integralzeichen kann man andeuten, dass das *Ringintegral* über eine Fläche durchgeführt wird.

Bei stationären Strömungsfeldern ist Gl. (9.15) immer gewährleistet. Man muss jedoch bei Anordnungen – wie in **Bild 9.9b** dargestellt – beachten, dass auch der Strom, der durch die Zuleitung in die Elektrode fließt, mit erfasst wird. Das Integral (9.15) wird nur dann nicht null, wenn innerhalb des Körpers K eine Ladung Q ist, die sich mit der Zeit abbaut ($\mathrm{d}Q/\mathrm{d}t \neq 0$). Dann fließt von einer Elektrode zur anderen ein Strom, der nicht von der Spannungsquelle Q gespeist wird und deshalb langsam abnimmt.

Ich will noch einen Begriff einführen, der nicht zu den Grundlagen gehört, den Sie aber trotzdem einmal gehört haben sollten. Wird Gl. (9.15) durch das Volumen V des Körpers geteilt, erhalten wir

$$\frac{1}{V}\oint \vec{J}\,\mathrm{d}\vec{A} = \frac{\dot{Q}}{V} = \dot{\rho} = 0 \tag{9.16}$$

Betrachten wir nun einen sehr kleinen Körper, in dem die Raumladung ρ an allen Stellen gleich ist, so bezeichnen wir die obige Gleichung als *Divergenz*. Sie ist die Änderung der Stromdichte in alle Richtungen.

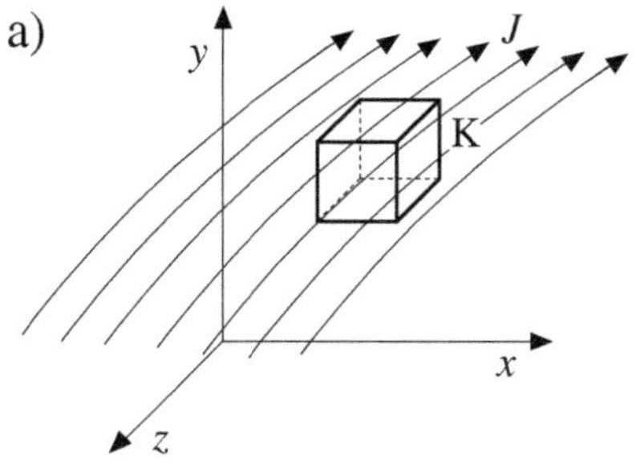

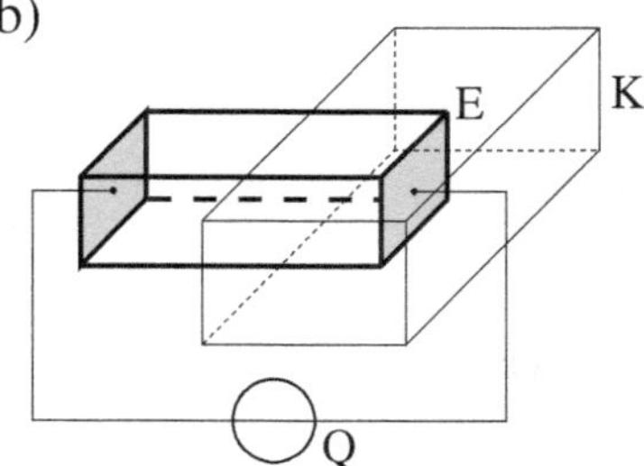

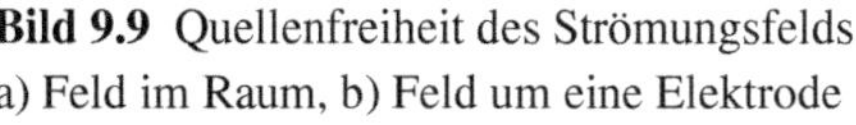
Bild 9.9 Quellenfreiheit des Strömungsfelds
a) Feld im Raum, b) Feld um eine Elektrode

Divergenz div

Die Komponenten eines Vektors in die Richtungen des Koordinatensystems werden nach diesen differenziert und zusammengefasst. Das Symbol für diese Operation ist div.

$$\operatorname{div} \vec{J} = \frac{\mathrm{d}J_\mathrm{x}}{\mathrm{d}x} + \frac{\mathrm{d}J_\mathrm{y}}{\mathrm{d}y} + \frac{\mathrm{d}J_\mathrm{z}}{\mathrm{d}z} \qquad (9.17)$$

Die Dualität zwischen Divergenz und Gradient fällt auf. Einmal wird ein Vektor durch Differentiation zu einem Skalar und einmal ein Skalar zu einem Vektor.

9.7 Potential

Ich hatte das Potential beim homogenen Feld schon eingeführt und will den Begriff nun verallgemeinern. In einem Strömungsfeld, z. B. nach Bild 9.3a bzw. Bild 9.8, besteht zwischen zwei beliebigen Punkten eine Spannung ΔU. Legt man einen dieser beiden Punkte auf eine der Elektroden, so hat der andere Punkt, der beliebig im Raum liegen kann, eine Spannung gegenüber dieser Elektrode, die als *Potential* φ bezeichnet wird. Naturgemäß hat dann die Bezugselektrode das Potential null und die Gegenelektrode das Potential $\varphi = U$. Linien gleichen Potentials werden als *Äquipotentiallinien* bezeichnet (Bild 9.3b). Sie stehen senkrecht auf den Feldlinien, denn nur entlang einer solchen Äquipotentiallinie ist das Integral in Gl. (9.13) null.

Sie haben in diesem Kapitel wieder einige etwas komplizierte Zusammenhänge gelernt, die Sie erst viel später benötigen. Sollten Sie beim Verständnis Probleme gehabt haben, z. B. bei Vektoren oder Integralen, lassen Sie sich keine grauen Haare wachsen, denn die mathematischen Zusammenhänge werden in der Mathematik eingehend behandelt.

Sie haben es geschafft!

Noch nicht ganz!

Sie haben den Stoff kennen gelernt. Nun geht es ans Wiederholen.

10 Zusammenfassung

Bitte gehen Sie das Buch noch einmal in Ruhe durch! Sehen Sie sich die Schlagworte (kursiv gedruckt), die Bilder und die Gleichungen an! Kennen Sie alle Begriffe aus dem Glossar und dem Verzeichnis der Formelzeichen? Dann kommt jetzt nichts Neues mehr für Sie!

Die Grundbaustoffe der Elektrotechnik sind die Leitermaterialien, vornehmlich die Metalle, bei denen wegen der dichten Packung der Atome, insbesondere in Kristallen, Valenzelektronen teilweise ihre Bindung an die Kerne verlieren und als Elektronengas zwischen den einzelnen Atomen frei beweglich sind. Je höher die Temperatur ist, umso mehr Elektronen werden in das Leitungsband angehoben. Mit steigender Temperatur bewegen sich aber auch die Atome in den Körpern stärker. Dies verringert die Beweglichkeit der Elektronen, sodass Leiter mit wachsender Temperatur schlechter leiten.

Die guten Leiter nutzen nichts, wenn nicht Isolatoren den Strom in gewünschte Bahnen lenken. Bei Isolierstoffen ist die notwendige Energie, um die Elektronen ins Leiterband zu heben, groß. Durch Wärme wird sie herabgesetzt, sodass Isolatoren in der Regel mit wachsender Temperatur schlechter isolieren.

Man unterscheidet demnach Heiß- und Kaltleiter, verwendet diese Begriffe aber nur für Materialien, bei denen die beschriebenen Effekte extrem sind und beispielsweise zur Temperaturmessung ausgenutzt werden.

Ein besonderer Effekt des Leitungsmechanismus ist die Supraleitung. Werden Supraleiter auf Werte unterhalb ihrer Sprungtemperatur abgekühlt, verlieren sie ihren elektrischen Widerstand fast vollständig. Für die technische Anwendung haben die beiden Sprungtemperaturen 4 K und 77 K eine große Bedeutung. Dies sind die Verdampfungstemperaturen des Heliums und Stickstoffs. Supraleiter, bei denen die Kühlung mit Stickstoff ausreicht, nennt man Hochtemperatursupraleiter.

Halbleiter sind Kristalle, z. B. aus dem 4-wertigen Silizium, die sehr schlecht leiten, aber durch Dotierung mit 3- oder 5-wertigen Atomen besser leitend werden. An den Kontaktstellen zwischen 3- und 5-wertig dotierten Kristallen bauen sich durch die Verschiebung der Ladungsträger Spannungen auf, die einen Stromtransport nur in eine Richtung gestatten. Solche Dioden kann man zur Gleichrichtung von Wechselstrom verwenden. Ein Durchbruch in der Elektrotechnik ergab sich durch die Erfindung der Transistoren, die die Elektronenröhren ablösten. Bei den Röhren wurde der Gleichrichtereffekt durch eine Raumladung vor der beheizten Katode erzielt. Ein Gitter zwischen Katode und Anode erlaubte es, den Stromfluss zu steuern. Analog zu Katode, Gitter und Anode gibt es beim Transistor Emitter, Basis und Kollektor, die unterschiedlich dotiert sind, sodass zwei Halbleitergrenzschichten entstehen.

Durch den Basisstrom kann man den Emitter-Kollektor-Widerstand kontinuierlich steuern und so die Leistung von Signalen verstärken. Die durch den Widerstand entstehenden Verluste begrenzen die Bauleistung von Transistoren. Werden Transistoren nur gesperrt ($I = 0$) oder durchgeschaltet ($U = 0$) betrieben, so sind auch höhere Transistorleistungen möglich, wobei das Produkt aus Sperrspannung im einen Betriebszustand und Durchlassstrom im anderen Betriebszustand als Bauleistung bezeichnet wird. Ein weiteres Betriebsmittel ist der Thyristor, eine Diode, die in der einen Richtung sperrt und in der anderen durch Ansteuerung leitend gemacht werden kann. Thyristoren löschen im Nulldurchgang ihres Stroms, der durch eine von außen anliegende Spannungsquelle erzwungen werden muss. Derartige Bauelemente gibt es für Spannungen von einigen kV und Ströme von einigen kA, d. h. Leistungen von einigen MW.

Um die Elektrotechnik in das Maßsystem der Physik zu integrieren, ist neben den Basiseinheiten m, kg, s das Ampere (A) als neue Grundeinheit definiert. Alle anderen elektrischen Größen sind aus diesen vier Grundeinheiten abgeleitet.

Von Sonderfällen abgesehen, setzt der elektrische Strom stets einen geschlossenen Kreis voraus.

Die Summe der Spannungen in einem Kreis ist null.

$$\sum U_i = 0 \qquad (10.1)$$

Da Ströme stets irgendwo hinfließen müssen, gilt – ebenfalls von Sonderfällen abgesehen –:

Die Summe der Ströme in einem Knoten ist null.

$$\sum I_i = 0 \qquad (10.2)$$

Neben diesen beiden Kirchhoff'schen Regeln ist das Ohm'sche Gesetz von besonderer Bedeutung:

$$U = R \cdot I \qquad I = G \cdot U \qquad (10.3)$$

Dabei ist der Widerstand R bzw. Leitwert G durch die Geometrie des Körpers und den spezifischen Widerstand ρ bzw. den spezifischen Leitwert γ des Materials festgelegt.

$$R = \frac{\rho \cdot l}{A} \qquad G = \frac{\gamma \cdot A}{l} \tag{10.4}$$

Wird die Spannung U in einem durchströmten Material auf die Länge bezogen, so ergibt sich die Feldstärke E. Den Strom I bezieht man auf die durchströmte Fläche A und erhält die Stromdichte J.

$$E = \frac{U}{l} \qquad J = \frac{I}{A} \qquad E = \rho \cdot J \qquad J = \gamma \cdot E \tag{10.5}$$

Schließlich sind noch die Leistung P und die Energie bzw. Arbeit W von Bedeutung.

$$P = U \cdot I \qquad W = P \cdot t \tag{10.6}$$

Das war's!!

Eigentlich wenig für so viele Seiten und so viel Mühe! Wichtig ist die richtige Anwendung der obigen Gleichungen. So ist es möglich, Widerstände, die in Reihe oder parallel geschaltet sind, zusammenzufassen.

Parallelschaltung

$$\frac{1}{R_\mathrm{P}} = \sum \frac{1}{R_i} \qquad G_\mathrm{P} = \sum G_i \tag{10.7}$$

Reihenschaltung (Serienschaltung)

$$R_\mathrm{S} = \sum R_i \qquad \frac{1}{G_\mathrm{S}} = \sum \frac{1}{G_i} \tag{10.8}$$

Ein n-strahliger Stern lässt sich in ein n-Eck verwandeln. Ein n-Eck lässt sich in einen n-strahligen Stern umrechnen, vorausgesetzt n ist nicht größer als 3.

Spannungsquellen bestehen aus der Reihenschaltung einer starren – d. h. stromunabhängigen – Spannung U_Q und einem Widerstand, dem Innenwiderstand R_Q. Wird die Spannungsquelle kurzgeschlossen, fließt der Kurzschlussstrom

$$I_k = \frac{U_Q}{R_Q}.$$

Eine Stromquelle besteht aus der Parallelschaltung einer idealen Stromquelle mit dem Strom I_k und einem Widerstand R_Q. Ist diese Stromquelle unbelastet, so entsteht an den Klemmen die Leerlaufspannung

$$U_Q = R_Q \cdot I_k.$$

Strom- und Spannungsquelle lassen sich ineinander umrechnen. Dabei bleibt der Widerstand R_Q erhalten.

Lineare Netzwerke bestehen aus stromunabhängigen Widerständen. Somit ist der Zusammenhang zwischen Strom und Spannung linear. Daraus folgt, dass in einem Netzwerk die Stromverteilung für jede Quellenspannung einzeln errechnet werden kann. Die Summe der Ströme ist dann die Stromverteilung für den Fall, dass alle Spannungsquellen wirksam sind.

Dies erlaubt die systematische Behandlung großer Netzwerke mit dem Knotenpunkt- oder Maschenverfahren.

Schließlich noch einige Regeln zum Zeichnen von Bildern:

Diagramme: Der Zusammenhang zwischen zwei Größen lässt sich in einem Diagramm veranschaulichen. Sehen Sie sich die zahlreichen Beispiele im Buch an! An die Abszisse (Waagrechte, Horizontale, x-Achse) und die Ordinate (Senkrechte, Vertikale, y-Achse) wird je eine Größe geschrieben. Vergessen Sie nie, die Achsen entsprechend zu kennzeichnen! Im Kreuzungspunkt beider Achsen liegt stets der Ursprung (Nullpunkt). Sollten Sie einmal davon abweichen und den Nullpunkt unterdrücken, weil beispielsweise der Wert der dargestellten Größen nur zwischen 10 und 11 schwankt, so müssen Sie das sehr deutlich kennzeichnen. Werden für einen Zusammenhang auch Zahlenwerte angegeben, so vergessen Sie nicht die Einheit. Bei der Angabe $U = f(I)$ oder $U(I)$ sind der Strom als Abszisse und die Spannung als Ordinate im Koordinatensystem aufzutragen. Soll die Funktion $U(I) = R \cdot I$ für verschiedene Widerstände R dargestellt werden, so sind mehrere Kurven (bei R = konst., Geraden) in das Diagramm einzuzeichnen. An jede dieser Kurven ist der Wert des Widerstands als Parameter einzutragen.

Für das Zeichnen von Schaltplänen zeigt **Bild 10.1** einige Beispiele, von denen die meisten in der Norm EN 60617 festgelegt sind. Da es sich dabei um eine Europäische Norm handelt, weicht die amerikanische Literatur teilweise davon ab.

Die Elemente des Gleichstromkreises sind:

Widerstand: Ein Rechteck; in den USA wird eine Zickzacklinie verwendet.

Spannungsquelle: Ein Kreis mit durchgezogenen Strichen, der den Innenwiderstand null andeuten soll. Die Spannung an den Klemmen ist demnach stromunabhängig, also starr, gegebenenfalls wird an den Klemmen die Polarität angegeben. Die Energiequellen, z. B. Generatoren, haben annähernd eine starre Spannung.

Stromquelle: Ein Kreis mit einem Querstrich, der die Unterbrechung symbolisiert. Der Innenwiderstand einer Stromquelle ist unendlich. Damit wird der Strom spannungsunabhängig. Stromquellen treten annähernd in der Technik als Ausgang von *elektronischen Verstärkern* auf.

Klemmen (Knoten): Sie werden durch einen Punkt oder Kreis dargestellt und symbolisieren die Verbindung von zwei und mehr Leitern.

Leiter: Sie sind als Striche dargestellt und werden als widerstandslos betrachtet.

Leitungsverbindungen: Sie werden durch Knoten gekennzeichnet. Wenn es eindeutig ist, entfällt nach der Norm der Punkt für den Knoten.

Buchsen und Stecker: Sie symbolisieren eine Verbindung, die im Allgemeinen ohne Werkzeug leicht lösbar ist.

Veränderbarer Widerstand: Man unterscheidet zwischen stufenlos und in Stufen veränderbaren Widerständen sowie Widerständen mit veränderbarem Abgriff (Potentiometer).

Spannungsabhängiger Widerstand: Der hakenartige Strich durch den Widerstand soll andeuten, dass der Widerstand durch eine Strom-Spannung-Kennlinie beschrieben wird, die keine Gerade ist. $R(I)$ bzw. $R(U) \neq$ konst.

Halbleiterdiode: Sie erlaubt Stromfluss nur in einer Richtung.

Halbleiterbauelemente: Sie werden durch ein Rechteck gekennzeichnet, bei dem das Breite-Längen-Verhältnis größer ist als bei einem Widerstand. Dieses Rechteck steht allgemein für Materie. In das Rechteck wird eine Diode eingezeichnet und so allgemein ein Halbleiter symbolisiert.

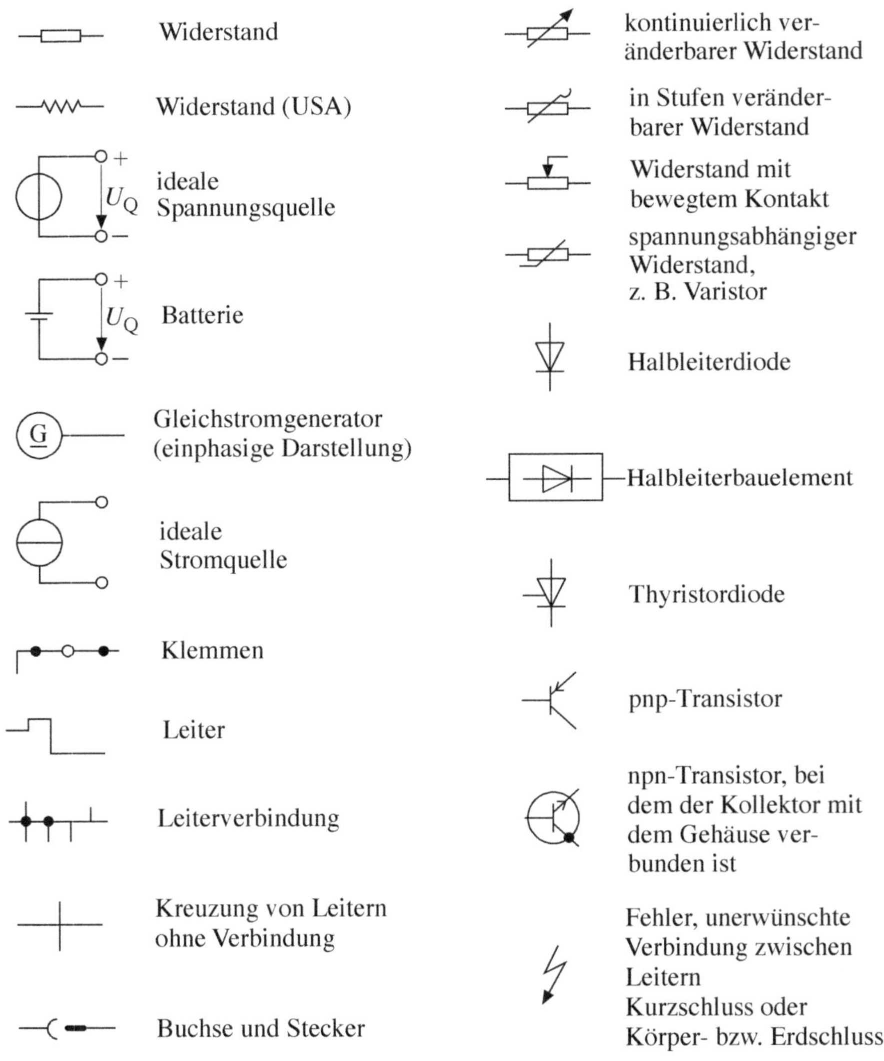

Bild 10.1 Schaltzeichen

Transistor: Die Basis B wird durch einen Querstrich gekennzeichnet. Der Pfeil am Emitter gibt die Stromrichtung an. Der Kollektor ist durch einen Strich gekennzeichnet. Der Kreis für das Gehäuse wird nur gezeichnet, wenn z. B. der Kollektor mit ihm elektrisch verbunden ist.

Fehler: Unerwünschte Verbindungen zwischen Leitern unterschiedlichen Potentials werden durch einen Blitz gekennzeichnet. Im Allgemeinen rufen solche Fehler große Ströme hervor. Man spricht dann von Kurzschlüssen. Wird z. B. ein Leiter mit dem Gehäusekörper oder der Erde verbunden, ohne dass notwendigerweise ein Kurzschlussstrom fließt, so spricht man von *Körperschluss*. Er ruft normalerweise einen großen Strom, den *Erdkurzschlussstrom,* hervor. Fließt dabei nur ein kleiner Fehlerstrom, so handelt es sich um einen *Erdschluss*.

Glückwunsch! Sie haben den ersten Band durchgearbeitet. Erfolgreich – wie ich hoffe. Ihre Freude an der Elektrotechnik hat zugenommen – hoffe ich. Haben Sie Fehler gefunden? War etwas unverständlich? Kann ich etwas verbessern? Lassen Sie es mich wissen!

Machen Sie eine kleine Pause und wenden Sie sich dem Band 2 zu!

11 Lösung der Aufgaben

Aufgabe 1.1

a) Die elektrostatische Kraft ergibt sich nach dem Coulomb'schen Gesetz (Gl. (1.10)) mit der Naturkonstanten K_1 nach Gl. (1.19).

Abstand: 1 mm

$$F_1 = K_1 \cdot \frac{Q_1 \cdot Q_2}{r^2} = 9 \cdot 10^9 \, \frac{\mathrm{N} \cdot \mathrm{m}^2}{\mathrm{A}^2 \cdot \mathrm{s}^2} \cdot \frac{\left(-1{,}6 \cdot 10^{-19}\right)^2 \mathrm{A}^2 \cdot \mathrm{s}^2}{1^2 \, \mathrm{mm}^2}$$

$$= 23 \cdot 10^{-29} \, \frac{\mathrm{N} \cdot \mathrm{m}^2 \cdot \mathrm{A}^2 \cdot \mathrm{s}^2}{\mathrm{A}^2 \cdot \mathrm{s}^2 \cdot \mathrm{mm}^2} = 23 \cdot 10^{-29} \cdot 10^6 \, \mathrm{N}$$

$$F_1 = 23 \cdot 10^{-23} \, \mathrm{N} = 230 \cdot 10^{-24} \, \mathrm{N}$$

Abstand: 10^{-6} mm

$$F_2 = \frac{230 \cdot 10^{-24}}{10^{-12}} \, \mathrm{N} = 230 \cdot 10^{-12} \, \mathrm{N}$$

b) Die Gravitationskraft ist nach den Gln. (1.11) zu berechnen.

Abstand: 1 mm

$$F_{\mathrm{G1}} = f \, \frac{m_1 \cdot m_2}{r^2} = 6{,}67 \cdot 10^{-11} \, \frac{\mathrm{m}^3}{\mathrm{kg} \cdot \mathrm{s}^2} \frac{\left(9{,}1 \cdot 10^{-28}\right)^2 \mathrm{g}^2}{1^2 \, \mathrm{mm}^2}$$

$$= 552 \cdot 10^{-67} \, 10^6 \cdot 10^{-6} \, \frac{\mathrm{kg} \cdot \mathrm{m}}{\mathrm{s}^2} = 55{,}2 \cdot 10^{-66} \, \mathrm{N}$$

Abstand: 10^{-6} mm

$$F_{\mathrm{G2}} = \frac{55{,}2 \cdot 10^{-66}}{10^{-12}} \, \mathrm{N} = 55{,}2 \cdot 10^{-54} \, \mathrm{N}$$

Zu beachten ist, dass die elektrostatischen Kräfte bei gleicher Ladung abstoßend wirken, die Gravitationskräfte aber immer anziehend sind. Die Kräfte F und F_G wirken also entgegengerichtet. Das Verhältnis beider ergibt sich zu

$$\frac{F_1}{F_{G1}} = \frac{230 \cdot 10^{-24}\,\text{N}}{55{,}2 \cdot 10^{-66}\,\text{N}} = 4{,}17 \cdot 10^{42}$$

$$\frac{F_2}{F_{G2}} = \frac{230 \cdot 10^{-12}\,\text{N}}{55{,}2 \cdot 10^{-54}\,\text{N}} = 4{,}17 \cdot 10^{42}$$

Man sieht, dass die elektrostatischen Kräfte weitaus überwiegen. Wegen des Gesetzes mit $1/r^2$ in beiden Kraftgleichungen ist das Verhältnis der elektrostatischen Kraft zu den Gravitationskräften unabhängig vom Abstand r.

Aufgabe 1.2

Der Kugelradius von 50 cm ist für die Betrachtung unerheblich. Haben Sie das gemerkt? Bei einer Vielzahl von vorgegebenen Daten ist es immer wichtig, diejenigen herauszusuchen, die man benötigt. Wir benutzen nun die Gln. (1.15), (1.16), (1.17) und (1.18).

$$D = \frac{Q}{4 \cdot \pi \cdot r^2} = \frac{100 \cdot 10^{-9}\,\text{As}}{4\,\pi \cdot 1^2\,\text{m}^2} = 7{,}96 \cdot 10^{-9}\,\frac{\text{A} \cdot \text{s}}{\text{m}^2}$$

$$E = \frac{D}{\varepsilon} = \frac{7{,}96 \cdot 10^{-9}\ \text{A} \cdot \text{s/m}^2}{8{,}85 \cdot 10^{-12}\ \text{A} \cdot \text{s/(V} \cdot \text{m)}} = 0{,}900 \cdot 10^3\ \text{V/m} = 900\ \text{V/m}$$

$$F = Q_2 \cdot E = -1{,}6 \cdot 10^{-19}\ \text{A} \cdot \text{s} \cdot 900\ \text{V/m}$$

$$= -1440 \cdot 10^{-19}\,\frac{\text{A} \cdot \text{s} \cdot \text{V}}{\text{m}} = -144 \cdot 10^{-18}\,\text{N}$$

Daraus folgt die aufzuwendende Energie

$$W = l \cdot F = -1\,\text{cm} \cdot 144 \cdot 10^{-18}\,\text{N}$$

$$= -1{,}44 \cdot 10^{-18}\,\text{Nm}$$

Die Spannung, die das Elektron bei diesem Vorgang durchläuft, ist

$$U = l \cdot E = 1\,\text{cm} \cdot 900\ \text{V/m} = 9\ \text{V}$$

Aufgabe 1.3

Zur Lösung wird Gl. (1.21) mit Gl. (1.23) herangezogen.

$$F = K_2 \frac{I_1 I_2 l}{\delta} = 2 \cdot 10^{-7} \frac{\text{N}}{\text{A}^2} \frac{50\,\text{kA} \cdot 50\,\text{kA} \cdot 1{,}6\,\text{m}}{0{,}4\,\text{m}} = 2 \cdot 10^{-7} \frac{\text{N}}{\text{A}^2} \cdot 10^4 \cdot 10^6\,\text{A}^2$$

$$= 2 \cdot 10^3\,\text{N} = 2\,\text{kN}$$

Aufgabe 3.1

Sind alle Daten vollständig? Haben Sie die Aufgabe verstanden? Dann los! Die Energie gewinnen wir nach Gl. (3.9).

$$W = P \cdot t = 70 \cdot 10^3\,\text{MW} \cdot 1\text{a} = 70 \cdot 10^9\,\text{W} \cdot 365 \cdot 24 \cdot 3600\,\text{s}$$

$$= 2{,}2 \cdot 10^{18}\,\text{Ws}$$

Die Einheit Ws ist bei Elektrizitätsmengen unüblich. Gl. (3.12) liefert

$$W = \frac{2{,}2 \cdot 10^{18}\,\text{Ws}}{3{,}6 \cdot 10^6\,\text{Ws/kWh}} = 613 \cdot 10^9\,\text{kWh}$$

Der Wert dieser Energie ist

$$K = k \cdot W = 0{,}05 \frac{\text{EUR}}{\text{kWh}} \cdot 613 \cdot 10^9\,\text{kWh}$$

$$= 30{,}7 \cdot 10^9\,\text{EUR} = 30{,}7 \text{ Milliarden EUR}$$

Strom zu verkaufen, ist ein gutes Geschäft!

Der Anteil der Leitung am deutschen Stromverbrauch ergibt sich zu

P_L / P_D = 1 400 MW / 70 000 MW = 0,02 = 2 %

Für die Berechnung des Stroms in der Leitung muss man berücksichtigen, dass an einer Leitung +525 kV Spannung anliegen und an der anderen Leitung –525 kV. Daher ist der Spannungsunterschied 2 · 525 kV. Somit ergibt sich der Strom zu

$I = P / U$ = 1 400 · 10^6 W / (2 · 525 kV) = 1 400 · 10^6 W / (2 · 525 · 10^3 V)
= 1 333 A = 1,33 kA

Die Verlustleistung, die Verlustenergie sowie die Verlustkosten betragen

$P_v = (1-\eta) \cdot P$ = 0.05 · 1 400 MW = 70 MW

W_v = 70 MW · 8 760 h/a = 613 · 10^3 MWh

K_v = 613 · 10^3 MWh · 0,05 EUR / kWh = 30 · 10^6 EUR

Das entspricht dem Leistungsbedarf von einer Stadt mit etwa 100 000 Einwohnern. Der Preis 0,05 EUR/kWh ist willkürlich und hängt davon ab, ob man an eine Privatperson oder ein EVU denkt.

Aufgabe 3.2

Ein halbes Jahr hat 0,5 · 365 · 24 h = 0,5 · 8760 h = 4380 h. Daraus ergibt sich die Energie

$$W = P \cdot t = 50 \text{ W} \cdot 4380 \text{ h} = 219 \text{ kWh}$$

$$K = k \cdot W = 0{,}1 \frac{\text{EUR}}{\text{kWh}} \cdot 219 \text{ kWh} = 22 \text{ EUR}$$

Auch wenn man kein Ökofreak ist: Der jährliche Weg in den Keller lohnt sich. Bei dieser Gelegenheit empfehle ich Ihnen, auch einmal nachzurechnen, wie viel Energie Sie mit Ihren Stand-by-Geräten verbrauchen. Die Leistungsaufnahme liegt zwischen 2 Watt und 5 Watt bis hin zu 15 Watt für jedes Gerät.

Aufgabe 3.3

Die eingestrahlte Sonnenenergie im Jahr ergibt sich zu

$$W = P_\text{S} \cdot A \cdot m \cdot T$$

Dabei ist T die Zeit eines Jahrs in einer angemessenen Einheit, z. B. $T = 8\,760$ h.

$$W_\text{S} = 1 \frac{\text{kW}}{\text{m}^2} \cdot 30 \text{ m}^2 \cdot 0{,}1 \cdot 8\,760 \text{ h} = 26\,280 \text{ kWh}$$

Nur 15 % davon werden in Strom umgewandelt.

$$W_\text{el} = \eta \cdot W_\text{S} = 0{,}15 \cdot 26\,280 \text{ kWh} = 3\,942 \text{ kWh}$$

$$K_\text{el} = k \cdot W_\text{el} = 0{,}1 \frac{\text{EUR}}{\text{kWh}} \cdot 3942 \text{ kWh} = 400 \text{ EUR}$$

Aufgabe 3.4

Hin- und Rückleiter haben zusammen die Länge l = 100 m. Dafür wurde im Beispiel 3.5 der Widerstand R = 1,2 Ω ausgerechnet. Die Leistung liefert den Strom

$$I = \frac{P_\text{r}}{V} = \frac{3 \text{ kW}}{230 \text{ V}} = 13 \text{ A}$$

Der 16-A-Sicherungsautomat hält also. Für die Spannung an den Klemmen der Waschmaschine ergibt sich

$$\Delta U = R \cdot I = 1{,}2\ \Omega \cdot 13\ \text{A} = 15{,}6\ \text{V}$$

$$\frac{\Delta U}{U_\text{n}} = \frac{15{,}6}{230} = 0{,}068$$

Der zulässige Spannungsfall von 4 % wird eingehalten.

$$U = U_\text{n} - \Delta U = 230\ \text{V} - 15{,}6\ \text{V} = 214{,}4\ \text{V}$$

Hatten Sie Probleme mit der Aufgabe? Die Rechnung ist nicht ganz korrekt. Doch darauf komme ich später.

Aufgabe 3.5

Gl. (3.29) lautet:

$$R_0 = \frac{R_{20}}{1 - R_{20}\, \alpha_{20}\, R_\text{W}\, I_0^2}$$

$$R_0 + \Delta R = \frac{R_{20}}{1 - R_{20}\, \alpha_{20}\, R_\text{W} \left(I_0 + \Delta I\right)^2}$$

$$= \frac{R_{20}}{1 - R_{20}\, \alpha_{20}\, R_\text{W} \left(I_0^2 + \Delta I \cdot 2 \cdot I_0 + \Delta I^2\right)}$$

Der Ausdruck ΔI^2 ist für kleine Werte von ΔI gegenüber $\Delta I \cdot 2 \cdot I_0$ zu vernachlässigen.

$$R_0 + \Delta R = \frac{R_{20}}{\left(1 - R_{20}\, \alpha_{20}\, R_\text{W}\, I_0^2\right) \cdot \left(1 - \dfrac{R_{20}\, \alpha_{20}\, R_\text{W} \cdot 2\, I_0\, \Delta I}{1 - R_{20}\, \alpha_{20}\, R_\text{W}\, I_0^2}\right)}$$

In diesem Ausdruck kommt die obige Formel für R_0 zweimal vor. Zum ersten Mal R_{20} geteilt durch den ersten Klammerausdruck im Nenner. Ein weiteres Mal im zweiten Term der zweiten Klammer im Nenner. Wenn man beide Terme durch R_0 ersetzt ergibt sich:.

$$= \frac{R_0}{1 - R_0\, \alpha_{20}\, R_\text{W} \cdot 2\, I_0\, \Delta I}$$

Da ΔI sehr klein ist, folgt nun

$$R_0 + \Delta R = R_0\left(1 + R_0\, \alpha_{20}\, R_W \cdot 2\, I_0 \cdot \Delta I\right)$$

$$R_0' = \frac{\Delta R}{\Delta I} = 2 \cdot R_0^2 \cdot \alpha_{20} \cdot R_W \cdot I_0$$

Nun behandeln wir Gl. (3.30) analog:

$$U_0 = \frac{R_{20}\, I_0}{1 - R_{20}\, \alpha_{20}\, R_W\, I_0^2}$$

$$\begin{aligned} U_0 + \Delta U &= \frac{R_{20}\left(I_0 + \Delta I\right)}{1 - R_{20}\, \alpha_2\, R_W \left(I_0 + \Delta I\right)^2} \\ &= R_0\left(1 + R_0\, \alpha_{20}\, R_W \cdot 2\, I_0 \cdot \Delta I\right) I_0 \left(1 + \frac{\Delta I}{I_0}\right) \end{aligned}$$

$$\Delta U = R_0\, I_0 \left(R_0\, \alpha_{20}\, R_W \cdot 2\, I_0\, \Delta I + \frac{\Delta I}{I_0}\right)$$

$$\begin{aligned} R_{d0} &= \frac{\Delta U}{\Delta I} = R_0 + 2\, R_0^2 \cdot \alpha_{20} \cdot R_W \cdot I_0^2 \\ &= R_0 + R_0'\, I_0 \end{aligned}$$

Dieser Ausdruck deckt sich mit Gl. (3.34).

Nun setzen wir die Zahlenwerte ein.

$$I_0 = I = 7\text{ A}$$

$$R_0 = \frac{1\,\Omega}{1 - 1\,\Omega \cdot 4{,}3 \cdot 10^{-3}\text{ K}^{-1} \cdot 2\text{ K/W} \cdot (7\text{ A})^2}$$

$$R_0 = 1{,}73\,\Omega$$

Diesen Wert hatten wir bereits in Gl. (3.29) berechnet.

$$R_0' = 2 \cdot (1{,}73\,\Omega)^2 \cdot 4{,}3 \cdot 10^{-3}\text{ K}^{-1} \cdot 2\text{ K/W} \cdot 7\text{ A} = 0{,}36\,\Omega/\text{A}$$

$$R_{d0} = 1{,}73\,\Omega + 0{,}36\,\frac{\Omega}{\text{A}} \cdot 7\text{ A} = 4{,}25\,\Omega$$

Der Widerstand von $R_{20} = 1\ \Omega$ nimmt bei $I_0 = 7$ A den Wert 1,73 Ω an. Wird der Strom nun um den kleinen Betrag von $\Delta I = 0{,}01$ A geändert, so steigt er um $R_0' \cdot \Delta I = 0{,}36 \cdot 0{,}01\,\Omega = 0{,}0036\,\Omega$ an. Die Spannung wächst dabei um $R_{d0} \cdot \Delta I = 4{,}25 \cdot 0{,}01\text{ V} = 0{,}0425\text{ V}$.

Aufgabe 4.1

Wir gehen die Rechnungen des Beispiels 4.1 rückwärts durch.

$$R_{10} = R - R_7 = 125\,\Omega - 120\,\Omega = 5\,\Omega$$

$$R_{10} = \frac{R_3 \cdot R_9}{R_3 + R_9}$$

$$R_{10}\,R_3 + R_{10} \cdot R_9 = R_3\,R_9$$

$$R_9\left(R_3 - R_{10}\right) = R_3 \cdot R_{10}$$

$$R_9 = \frac{R_3 \cdot R_{10}}{R_3 - R_{10}} = \frac{10\,\Omega \cdot 5\,\Omega}{10\,\Omega - 5\,\Omega} = 10\,\Omega$$

$$R_{10} = R - R_7 = 125\,\Omega - 120\,\Omega = 5\,\Omega$$

$$R_{10} = \frac{R_3 \cdot R_9}{R_3 + R_9}$$

$$R_{10}\,R_3 + R_{10} \cdot R_9 = R_3\,R_9$$

$$R_9\left(R_3 - R_{10}\right) = R_3 \cdot R_{10}$$

$$R_9 = \frac{R_3 \cdot R_{10}}{R_3 - R_{10}} = \frac{10\,\Omega \cdot 5\,\Omega}{10\,\Omega - 5\,\Omega} = 10\,\Omega$$

Vergleichen Sie die Gleichung für R_9 mit der darüber für R_{10}!

Vergleichen Sie auch einmal den errechneten Wert von R_9 mit dem im Beispiel! Wir haben einen Fehler von etwa 10 %! Doch weiter!

$$R_8 = R_9 - R_4 = 10\,\Omega - 10\,\Omega = 0\,\Omega$$

Die ganze Parallelschaltung aus R_5 und R_6 ist verschwunden.

Wenn Ihnen Messwerte, wie in der Aufgabenstellung beschrieben, in der Praxis vorgegeben werden, ist die Aufgabe wegen mangelnder Genauigkeit nicht lösbar. Das ist der Unterschied zwischen „geht theoretisch, geht aber nicht praktisch“. Im täglichen Leben gibt es ähnliche Probleme. Prüfen Sie, ob Ihr Freund schwimmen kann.

Theoretisch kann er es wohl,
denn er ist hohl.
Praktisch kann er es nicht,
denn er ist nicht dicht!

Aufgabe 4.2

$$R_S = R_1 + R_2 \qquad R_1 = 1\,\Omega$$

$$R_P = \frac{R_1 \cdot R_2}{R_1 + R_2}$$

R_2/Ω	R_S/Ω	R_P/Ω
0	1	0
1	2	0,5
2	3	0,67
3	4	0,75
4	5	0,8
5	6	0,83

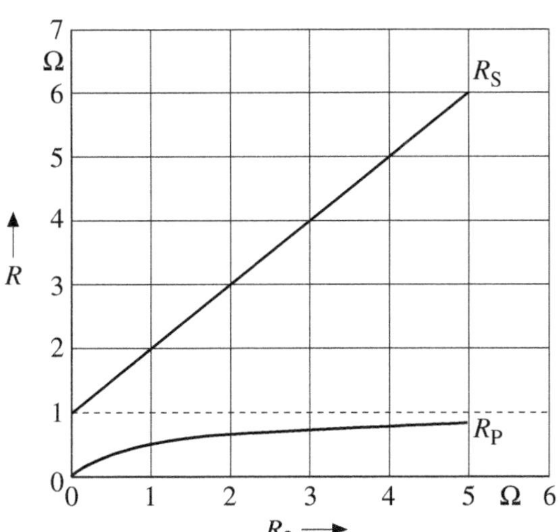

Bild A4.2 Gesamtwiderstand bei Serien- und Parallelschaltung

Aufgabe 4.3

n	R_S/Ω	R_P/Ω
1	1	1
2	2	1/2
3	3	1/3
4	4	1/4
5	5	1/5

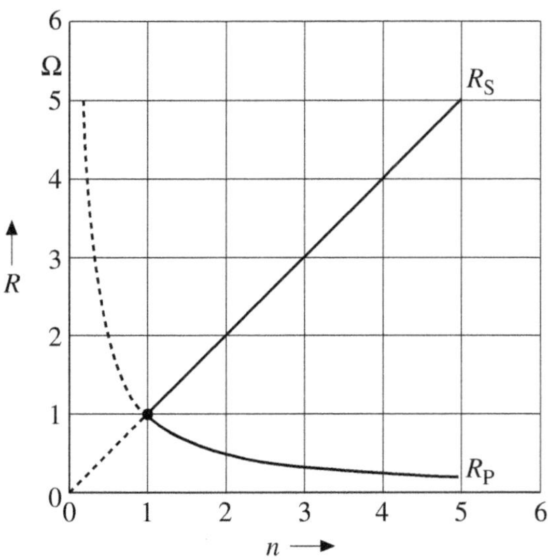

Bild A4.3 Serien- und Parallelschaltung gleich großer Widerstände

Aufgabe 4.4

$$R_S = 1\,\Omega + 2\,\Omega + 3\,\Omega + 4\,\Omega$$
$$= (1+2+3+4)\,\Omega = 10\,\Omega$$

$$G_P = \frac{1}{5\,\Omega} + \frac{1}{6\,\Omega} + \frac{1}{7\,\Omega} + \frac{1}{8\,\Omega}$$
$$= (0{,}2 + 0{,}167 + 0{,}143 + 0{,}125)\,\mathrm{S} = 0{,}63\,\mathrm{S}$$

$$R_P = 1{,}58\,\Omega$$

$$R = R_S + R_P = (10 + 1{,}58)\,\Omega = 11{,}58\,\Omega$$

Aufgabe 4.5

Wenn die Schalter bei 1 und 2 geschlossen sind, ergibt sich $G = 3$ S. Analog sind einzusetzen:

$$G = (1+2+8)\,\mathrm{S} = 11\,\mathrm{S}$$

Durch systematische Variation der Schalterstellungen erhält man die Möglichkeit, mit den fünf Leitwerten alle ganzen Zahlen von 0 bis 31, also 32 Werte, zu realisieren.

Die Leitwerte wachsen an nach dem Gesetz:

$G = 2^i$

$i = 0$	$G = 1$
$i = 1$	$G = 2$
$i = 3$	$G = 4$
$i = 4$	$G = 8$
$i = 5$	$G = 16$

Dual zu der Parallelschaltung ist die Reihenschaltung:

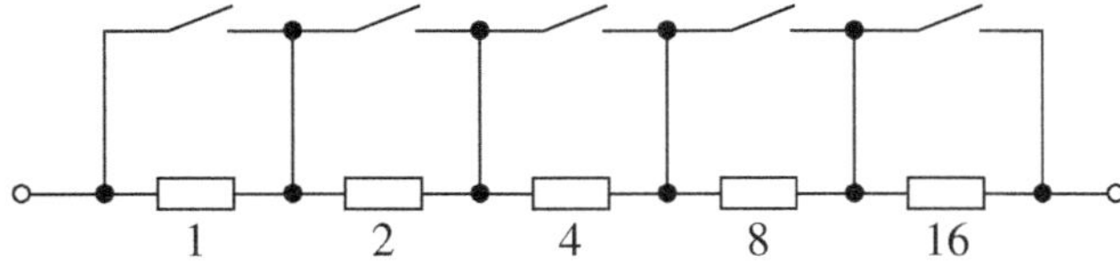

Bild A4.5 Binär einstellbarer Widerstandsblock
Zahlenwerte sind Widerstände in Ω.

Wenn alle Schalter geschlossen sind, ergibt sich $R = 0$. Bei offenen Schaltern stellt sich ein:

$$R = (1 + 2 + 4 + 8 + 16)\,\Omega = 31\,\Omega$$

Durch Kombination der Schalter können alle ganzzahligen Widerstandswerte zwischen 0 Ω und 31 Ω eingestellt werden.

Aufgabe 4.6

a) Motorstrom

$$I = \frac{P_\mathrm{r}}{U_\mathrm{r}} = \frac{10\ \mathrm{kW}}{230\ \mathrm{V}} = 43{,}48\ \mathrm{A}$$

Dieser Strom wird Bemessungsstrom I_r genannt.

$$U = 230\ \mathrm{V} - 1 \cdot 43{,}48\ \mathrm{V} = 186{,}5\ \mathrm{V}$$

$$P = U\,I = 186{,}5 \cdot 43{,}48\ \mathrm{W} = 8{,}11\ \mathrm{kW}$$

b) Motorwiderstand

$$R_\mathrm{r} = \frac{U_\mathrm{r}^2}{P_\mathrm{r}} = \frac{(230\ \mathrm{V})^2}{10\ \mathrm{kW}} = 5{,}29\,\Omega$$

$$I = \frac{U_\mathrm{Q}}{R_\mathrm{Q} + R_\mathrm{r}} = \frac{230\ \mathrm{V}}{(1 + 5{,}29)\,\Omega} = 36{,}57\ \mathrm{A}$$

$$U = U_\mathrm{Q} - R_\mathrm{Q} \cdot I = 230\ \mathrm{V} - 1\,\Omega \cdot 36{,}57\ \mathrm{A} = 193{,}4\ \mathrm{V}$$

oder

$$U = R \cdot I = 5{,}29 \cdot 36{,}57\ \mathrm{V} = 193{,}4\ \mathrm{V}$$

$$P = U \cdot I = 193{,}4\ \mathrm{V} \cdot 36{,}57\ \mathrm{A} = 7{,}07\ \mathrm{kW}$$

Die erste der beiden Methoden zur Bestimmung der Spannung ist wegen der Rundungsfehler beim Zahlenrechnen genauer. Warum?

c) Motorleistung (Gl. (4.20))

$$U = \frac{U_\mathrm{Q}}{2} + \sqrt{\left(\frac{U_\mathrm{Q}}{2}\right)^2 - R_\mathrm{Q} \cdot P_\mathrm{r}}$$

$$= \frac{230\ \mathrm{V}}{2} + \sqrt{\left(\frac{230\ \mathrm{V}}{2}\right)^2 - 1\ \Omega \cdot 10\ \mathrm{kW}}$$

$$U = 115\ \mathrm{V} + \sqrt{13\,225\ \mathrm{V}^2 - 10\,000\ \mathrm{V}^2}$$

$$U = 171{,}8\ \mathrm{V}$$

Leistungsaufnahme:

Fall a)	$P = 8{,}11$ kW	$U = 187$ V
Fall b)	$P = 7{,}07$ kW	$U = 193$ V
Fall c)	$P = P_\mathrm{r} = 10$ kW	$U = 172$ V

Aufgabe 4.7

Zunächst wird die Ersatzspannungsquelle konstruiert.

$$U_\mathrm{QA} = \frac{R_\mathrm{A}}{R_\mathrm{A} + R_\mathrm{Q1} + R_1} \cdot U_\mathrm{Q1} = \frac{10}{10+1+2} \cdot 200\ \mathrm{V} = 153{,}8\ \mathrm{V}$$

$$R_\mathrm{QA} = R_\mathrm{A} \parallel \left(R_1 + R_\mathrm{Q1}\right) = \frac{10 \cdot (1+2)}{10+1+2} = 2{,}31\ \Omega$$

Den Widerstand können Sie auch über den Kurzschlussstrom bestimmen.

Mit der Ersatzspannungsquelle vereinfacht sich Bild 4.14a zu **Bild A4.7.**

Der Maschenumlauf liefert:

$$-U_\mathrm{QA} + R_\mathrm{QA}\, I + R_2\, I + R_3\, I + R_\mathrm{Q2}\, I + U_\mathrm{Q2} = 0$$

$$I = \frac{U_\mathrm{QA} - U_\mathrm{Q2}}{R_\mathrm{QA} + R_2 + R_3 + R_\mathrm{Q2}} = \frac{(153{,}8 - 240)\ \mathrm{V}}{(2{,}31 + 2 + 2 + 1)\ \Omega} = -11{,}8\ \mathrm{A}$$

Aus dem Vorzeichen ist zu erkennen, dass der Strom von der Quelle 2 in Richtung Ersatzspannungsquelle fließt. Nun lassen sich die Spannungen bestimmen.

$U_2 = U_{Q2} + I \cdot R_{Q2} = 240\ \text{V} - 11{,}8\ \text{A} \cdot 1\ \Omega = 228{,}2\ \text{V}$

$U_B = U_2 + I \cdot R_3 = 228{,}2\ \text{V} - 11{,}8 \cdot 2\ \text{V} = 204{,}6\ \text{V}$

$U_A = U_B + I \cdot R_2 = 204{,}6\ \text{V} - 11{,}8 \cdot 2\ \text{V} = 181{,}0\ \text{V}$

oder

$U_A = U_{QA} - I\ R_{QA} = 153{,}8\ \text{V} + 11{,}8 \cdot 2{,}31\ \text{V} = 181{,}0\ \text{V}$

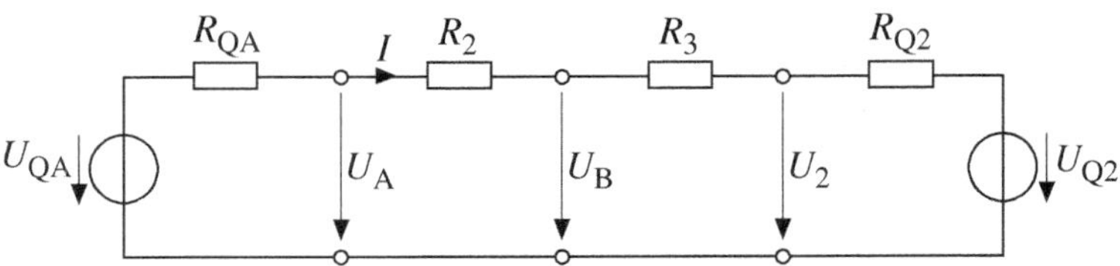

Bild A4.7 Reduziertes Modell

Jetzt berechnen wir den Strom, der in den Widerstand R_A hineinfließt, und dann den Strom über den Widerstand R_1. Daraus folgt die Klemmenspannung der Spannungsquelle 1.

$$I_A = U_A / R_A = \frac{181{,}0}{10}\ \text{A} = 18{,}1\ \text{A}$$

$I_1 = I + I_A = -11{,}8\ \text{A} + 18{,}1\ \text{A} = 6{,}3\ \text{A}$

$U_1 = U_{Q1} - I_1 \cdot R_{Q1} = 200\ \text{V} - 6{,}3 \cdot 1\ \text{V} = 193{,}7\ \text{V}$

Damit sind alle Ströme und Spannungen in Bild 4.14a bestimmt. Wir können nun die Leistungen berechnen.

Die Quelle 1 mit der inneren Spannung gibt ab:

$P_{Q1} = I_1 \cdot U_{Q1} = 6{,}3 \cdot 200\ \text{W} = 1{,}26\ \text{kW}$

Die Quelle an der Klemme 1 gibt ab:

$P_1 = I_1 \cdot U_1 = 6{,}3 \cdot 193{,}7\ \text{W} = 1{,}22\ \text{kW}$

Im Innenwiderstand R_{Q1} wird umgesetzt:

$P_{Q1} - P_1 = 0{,}04\ \text{kW}$

oder

$P_{vQ1} = I_1^2 \cdot R_{Q1} = 6{,}3^2 \cdot 1\ \text{W} = 40\ \text{W}$

Die Leistung, die von links in den Knoten A hineinfließt, wird P_{A1} genannt.

$P_{Al} = I_1\ U_A = 6{,}3 \cdot 181{,}0\ \text{W} = 1{,}14\ \text{kW}$

$P_1 - P_{Al} = (1{,}22 - 1{,}14)\ \text{kW} = 0{,}08\ \text{kW}$

$P_{v1} = I_1^2 \cdot R_1 = 6{,}3^2 \cdot 2\ \text{W} = 79\ \text{W}$

$P_A = I_A \cdot U_A = 18{,}1\ \text{A} \cdot 181{,}0\ \text{V} = 3{,}28\ \text{kW}$

Nun beginnen wir von der rechten Seite:

$P_{Q2} = I \cdot U_{Q2} = -11{,}8 \cdot 240\ \text{W} = -2{,}83\ \text{kW}$

Bei der Würdigung des Vorzeichens ist zu beachten, dass diese negative Leistung in die Spannungsquelle hineinfließt. Das Vorzeichen der Leistung ist wie das Vorzeichen des Stroms:

$P_2 = I \cdot U_2 = -11{,}8 \cdot 228{,}2\ \text{W} = -2{,}69\ \text{kW}$

$P_2 - P_{Q2} = (-2{,}69 + 2{,}83)\ \text{W} = 0{,}14\ \text{kW}$

$P_{vQ2} = I^2 \cdot R_{Q2} = (-11{,}8)^2 \cdot 1\ \text{W} = 139\ \text{W}$

$P_B = I \cdot U_B = -11{,}8 \cdot 204{,}6\ \text{W} = -2{,}41\ \text{kW}$

$P_B - P_2 = (-2{,}41 + 2{,}69)\ \text{kW} = 0{,}28\ \text{kW}$

$P_{v3} = I^2 \cdot R_3 = (-11{,}8)^2 \cdot 2\ \text{W} = 278\ \text{W}$

Die Leistung, die vom Knoten A nach rechts abfließt, beträgt:

$P_{Ar} = I \cdot U_A = -11{,}8 \cdot 181{,}0\ \text{W} = -\ 2{,}14\ \text{kW}$

$P_{Ar} - P_B = (-2{,}14 + 2{,}41)\ \text{kW} = 0{,}27\ \text{kW}$

$P_{v2} = 278\ \text{W}$

Im Knoten A werden alle in ihn hineinfließenden Leistungen positiv gezählt. Das ist eine Kontrolle.

$-P_{Ar} + P_{Al} - P_A = 2{,}14\ \text{kW} + 1{,}14\ \text{kW} - 3{,}28\ \text{kW} = 0$

Nun ziehen wir Bilanz im Netz. Die beiden Spannungsquellen haben innere Verluste.

$P_{vQ} = P_{vQ1} + P_{vQ2} = (40 + 139)\ \text{W} = 179\ \text{W}$

Die Leitungen haben die Verluste:

$P_{vL} = P_{v1} + P_{v2} + P_{v3} = (79 + 278 + 278)\ \text{W} = 635\ \text{W}$

Die Spannungsquellen erzeugen:

$P_Q = P_{Q1} - P_{Q2} = (1{,}26 + 2{,}83)\ \text{kW} = 4{,}09\ \text{kW}$

Von der erzeugten Leistung werden $P_A = 3{,}28$ kW im Verbraucher umgesetzt.

Zählt man Erzeugung positiv und Verluste negativ, so ergibt sich:

$P_Q - P_{vQ} - P_{vL} - P_A = (4{,}09 - 0{,}18 - 0{,}64 - 3{,}28)\ \text{kW} = -0{,}01\ \text{kW} \approx 0$

Als Wirkungsgrad für die Stromversorgung ergibt sich:

$$\eta = \frac{P_{Ab}}{P_{Zu}} = \frac{P_A}{P_Q} = \frac{3{,}28}{4{,}09} = 0{,}80 \mathrel{\hat{=}} 80\ \%$$

Dies ist für eine öffentliche Stromversorgung zu schlecht. Dort rechnet man mit Wirkungsgraden von η = 90 % ... 95 %. Auch die Spannung an dem Knotenpunkt A ist mit U_A = 181 V nicht zu vertreten. Zulässig sind U_n = 230 V ± 10 %; dies entspricht U = 207 V ... 253 V.

Aufgabe 5.1

Die klassische Methode vorzurechnen erübrigt sich. Ich hoffe, Sie haben sich die Zähne daran ausgebissen.

Der Kettenleiter ist in **Bild A5.1** noch einmal dargestellt. Wir beginnen mit der Spannung $U_3' = 1\ \text{V}$.

$$I_3' = \frac{U_3'}{R_q} = \frac{1\ \text{V}}{2\ \Omega} = 0{,}5\ \text{A}$$

$$U_2' = U_3' + R_v\ I_3' = 1\ \text{V} + 0{,}5 \cdot 0{,}5\ \text{V} = 1{,}25\ \text{V}$$

$$I_2' = I_3' + \frac{U_2'}{R_q} = 0{,}5\ \text{A} + \frac{1{,}25\ \text{V}}{2\ \Omega} = 1{,}125\ \text{A}$$

$$U_1' = U_2' + R_v\ I_1' = 1{,}25\ \text{V} + 0{,}5 \cdot 1{,}125\ \text{V} = 1{,}81\ \text{V}$$

$$I_1' = I_2' + \frac{U_1'}{R_q} = 1{,}125\ \text{A} + \frac{1{,}81\ \text{V}}{2\ \Omega} = 2{,}03\ \text{A}$$

$$U_0' = U_1' + \frac{R_v}{2} \cdot I_1' = 1{,}81\ \text{V} + 0{,}25 \cdot 2{,}03\ \text{V} = 2{,}32\ \text{V}$$

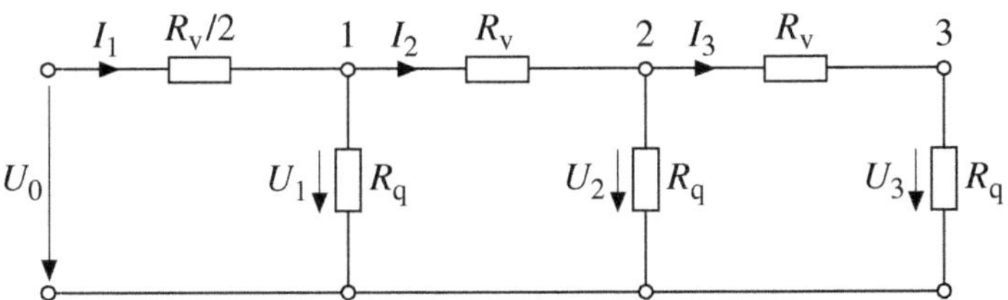

Bild A5.1 Kettenleiter

Zwischen dieser Spannung und dem vorgegebenen Netz U_0 = 100 kV liegt der Faktor 43,1 · 10^3. Entsprechend ist die Spannung am Ende des Kettenleiters höher.

$$U_3 = U_3' \cdot \frac{U_0}{U_0'} = 1\,\text{V} \cdot 43{,}1 \cdot 10^3 = 43{,}1\,\text{kV}$$

Aufgabe 5.2

Für $R_d = \infty$ ergeben sich die Spannungen U_A und U_B relativ einfach (**Bild A5.2a**).

$$I_1 = I_3 = \frac{U}{R_1 + R_3} = \frac{1\,\text{V}}{(1+3)\,\Omega} = 0{,}25\,\text{A}$$

$$I_2 = I_4 = \frac{U}{R_2 + R_4} = \frac{1\,\text{V}}{(2+4)\,\Omega} = 0{,}167\,\text{A}$$

$$U_A = I_3 \cdot R_3 = 0{,}25 \cdot 3\,\text{V} = 0{,}75\,\text{V}$$

$$U_B = I_4 \cdot R_4 = 0{,}167 \cdot 4\,\text{V} = 0{,}667\,\text{V}$$

$$U_{AB} = U_A - U_B = (0{,}75 - 0{,}667)\,\text{V} = 0{,}083\,\text{V} = U_Q$$

Für $R_d = 0$ erhält man (**Bild A5.2b**):

$$R = R_1 \| R_2 + R_3 \| R_4 = \frac{1 \cdot 2}{1+2}\,\Omega + \frac{3 \cdot 4}{3+4}\,\Omega = 2{,}38\,\Omega$$

$$I = \frac{U}{R} = \frac{1\,\text{V}}{2{,}38\,\Omega} = 0{,}42\,\text{A}$$

$$I_1 = \frac{1/R_1}{\frac{1}{R_1} + \frac{1}{R_2}} I = \frac{R_2}{R_1 + R_2} I$$

Kennen Sie die Gleichung für I_1? Wenn nein, leiten Sie sie ab!

$$I_1 = \frac{2}{1+2} 0{,}42\,\text{A} = 0{,}28\,\text{A}$$

$$I_2 = \frac{1}{1+2} 0{,}42\,\text{A} = 0{,}14\,\text{A}$$

$$I_3 = \frac{4}{3+4} 0{,}42\,\text{A} = 0{,}24\,\text{A}$$

$$I_4 = \frac{3}{3+4}\,0{,}42\ \text{A} = 0{,}18\ \text{A}$$

$$I_{AB} = I_1 - I_3 = (0{,}28 - 0{,}24)\ \text{A} = 0{,}04\ \text{A}$$

oder

$$I_{AB} = -(I_2 - I_4) = -(0{,}14 - 0{,}18)\ \text{A} = 0{,}04\ \text{A} = I_k$$

So ergibt sich die Ersatzspannungsquelle (**Bild A5.2c**). Aus ihr ist der Strom I_{AB} für den Fall zu bestimmen, dass in der Brücke der Widerstand R_d liegt.

$$U_Q = 0{,}083\ \text{V}$$

$$R_Q = \frac{U_Q}{I_k} = \frac{0{,}083}{0{,}04} = 2{,}1\ \Omega$$

$$I_{AB} = \frac{U_Q}{R_Q + R_d} = \frac{0{,}083\ \text{V}}{2\ \Omega + 5\ \Omega} = 0{,}012\ \text{A}$$

a)

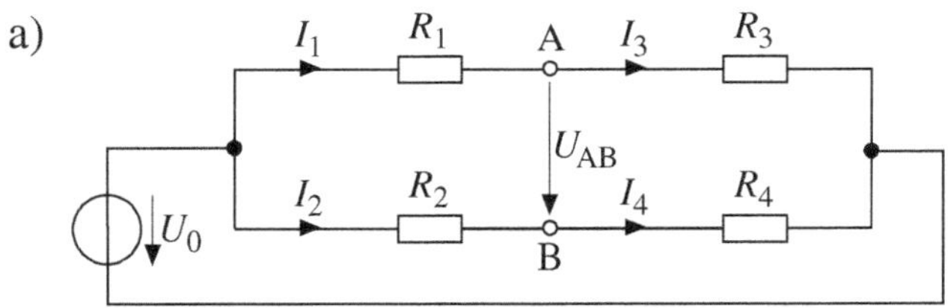

b)

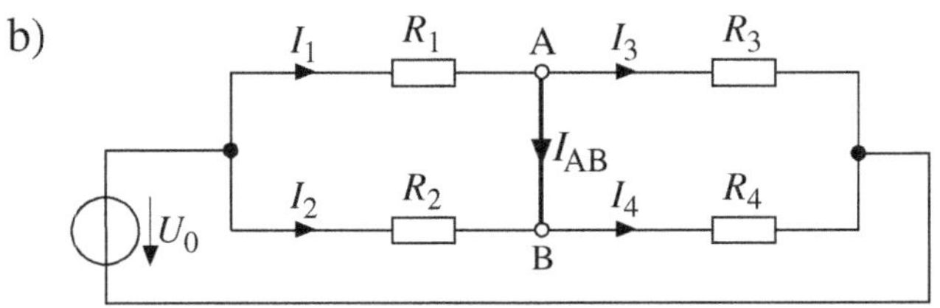

c)

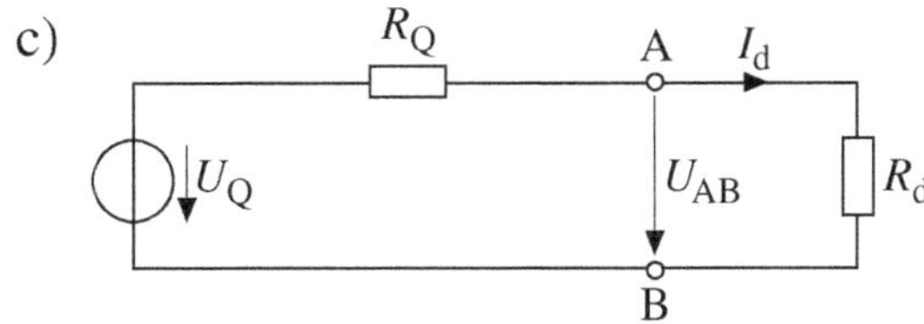

Bild A5.2 Brückenschaltung als Ersatzspannungsquelle

Aufgabe 5.3

Wir lösen die Aufgabe mit den Regeln der Ersatzspannungsquelle. Für die Leerlaufspannung U_Q ($R = \infty$) und den Innenwiderstand R_Q ergeben sich

$$U_2 = \alpha\, U_1 = U_Q$$

$$R_Q = R_0\, \alpha \,\|\, R_0\, (1-\alpha) = R_0 \frac{\alpha\,(1-\alpha)}{\alpha + 1 - \alpha} = R_0\, \alpha\,(1-\alpha)$$

Daraus folgt für die Spannung am Widerstand R unter Anwendung der Spannungsteilerregel

$$U_2 = U_R = U_Q \frac{R}{R + R_Q} = \alpha\, U_1 \frac{R}{R + R_0\, \alpha\,(1-\alpha)}$$

$$V_U = \frac{U_2}{U_1} = \frac{\alpha}{1 + \frac{R_0}{R} \cdot \alpha\,(1-\alpha)}$$

Für Leerlauf ($R = \infty$) erhalten wir die oben bereits abgeleitete Leerlaufspannung.

Die Zahlenwerte sind in der **Tabelle A5.3** dargestellt. Damit lassen sich die Funktionen in **Bild A5.3** zeichnen.

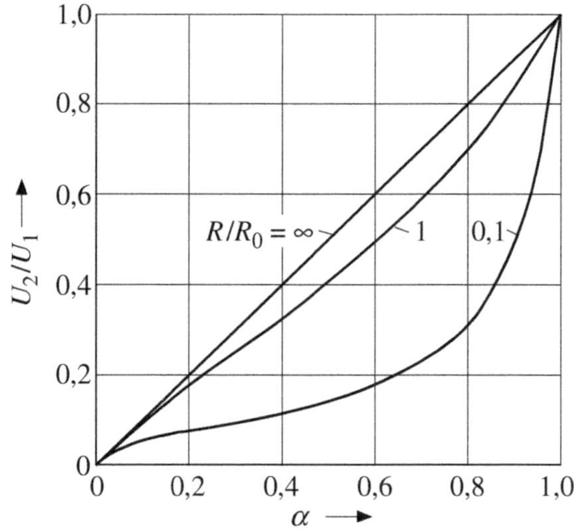

Bild A5.3 Belasteter Spannungsteiler

α	$R_0/R =$ ∞	1	10
0	0	0	0
0,2	0,2	0,172	0,077
0,4	0,4	0,323	0,118
0,6	0,6	0,484	0,176
0,8	0,8	0,690	0,308
0,9	0,9	0,826	0,474
1,0	1,00	1,00	1,00

Tabelle A5.3 Spannungsteilerverstärkung V_U

Aufgabe 6.1

$$\boldsymbol{B}^{\mathrm{T}} = \begin{pmatrix} 1 & 0 \\ 3 & 1 \\ 0 & 1 \\ 4 & 0 \end{pmatrix}$$

$$\boldsymbol{A} = \boldsymbol{B} \cdot \boldsymbol{C} = \begin{pmatrix} 1 & 3 & 0 & 4 \\ 0 & 1 & 1 & 0 \end{pmatrix} \cdot \begin{pmatrix} 1 & 2 & 3 \\ 0 & 1 & 0 \\ 1 & 4 & 1 \\ 0 & 1 & 2 \end{pmatrix} = \begin{pmatrix} 1 & 9 & 11 \\ 1 & 5 & 1 \end{pmatrix}$$

$$\boldsymbol{C} \cdot \boldsymbol{B} = \begin{pmatrix} 1 & 2 & 3 \\ 0 & 1 & 0 \\ 1 & 4 & 1 \\ 0 & 1 & 2 \end{pmatrix} \cdot \begin{pmatrix} 1 & 3 & 0 & 4 \\ 0 & 1 & 1 & 0 \end{pmatrix} = ?$$

Um das Element auf Platz 11 zu bilden, müssten paarweise drei mit zwei Zahlen multipliziert werden. Das geht nicht. Das Produkt $\boldsymbol{C} \cdot \boldsymbol{B}$ ist nicht definiert.

$$\boldsymbol{E} = \boldsymbol{B} \cdot \boldsymbol{D} = \begin{pmatrix} 1 & 3 & 0 & 4 \\ 0 & 1 & 1 & 0 \end{pmatrix} \cdot \begin{pmatrix} 1 & 2 \\ 0 & 1 \\ 1 & 4 \\ 0 & 1 \end{pmatrix} = \begin{pmatrix} 1 & 9 \\ 1 & 5 \end{pmatrix}$$

$$\boldsymbol{F} = \boldsymbol{D} \cdot \boldsymbol{B} = \begin{pmatrix} 1 & 2 \\ 0 & 1 \\ 1 & 4 \\ 0 & 1 \end{pmatrix} \cdot \begin{pmatrix} 1 & 3 & 0 & 4 \\ 0 & 1 & 1 & 0 \end{pmatrix} = \begin{pmatrix} 1 & 5 & 2 & 4 \\ 0 & 1 & 1 & 0 \\ 1 & 7 & 4 & 4 \\ 0 & 1 & 1 & 0 \end{pmatrix}$$

Aufgabe 6.2

In **Bild A6.2** ist der Graph des Netzes aus Bild 6.4 dargestellt. Die Orientierungspfeile, die die Stromrichtung angeben, sind eingetragen. Sie zeigen in Richtung der höheren Knotennummern. Die Knoteninzidenzmatrix ist nur aufzustellen, wenn die Zweige in einer bestimmten Reihenfolge geordnet sind. Wir haben das Prinzip der aufsteigenden Zahlen gewählt; damit ergibt sich

$$\begin{pmatrix} I_1 \\ I_2 \\ I_3 \end{pmatrix} = \begin{pmatrix} 1 & 1 & 0 & 0 & 0 \\ -1 & 0 & 1 & 1 & 0 \\ 0 & 0 & -1 & 0 & 1 \end{pmatrix} \begin{pmatrix} I_{12} \\ I_{14} \\ I_{23} \\ I_{24} \\ I_{34} \end{pmatrix}$$

Das Rändern liefert

$$\boldsymbol{K}' = \begin{pmatrix} 1 & 1 & 0 & 0 & 0 \\ -1 & 0 & 1 & 1 & 0 \\ 0 & 0 & -1 & 0 & 1 \\ 0 & -1 & 0 & -1 & -1 \end{pmatrix}$$

Überzeugen Sie sich davon, dass die vierte Zeile der Matrix $\boldsymbol{K}'$ den Strom I_4 liefert!

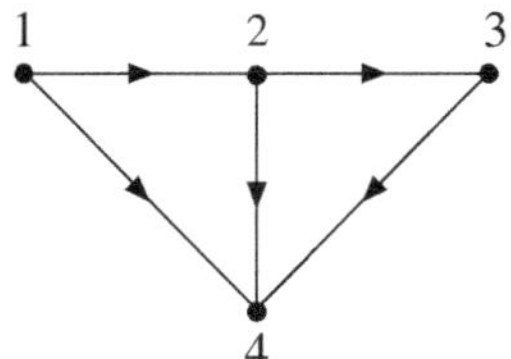

Bild A6.2 Einfaches Netz

Aufgabe 6.3

Die geränderte Matrix $\boldsymbol{K}'$ lautet:

$$\boldsymbol{K}' = \begin{pmatrix} 1 & 1 & 0 & 0 & 0 & 0 & 0 & 0 \\ -1 & 0 & 1 & 0 & 0 & 0 & 0 & 0 \\ 0 & 0 & -1 & 1 & 1 & 0 & 0 & 0 \\ 0 & 0 & 0 & -1 & 0 & 1 & 1 & 0 \\ 0 & -1 & 0 & 0 & 0 & -1 & 0 & 1 \\ 0 & 0 & 0 & 0 & -1 & 0 & -1 & -1 \end{pmatrix}$$

Der Graph besteht aus $n_K = 5$ Knoten.

Aus $\boldsymbol{K}'$ ergibt sich der Graph in **Bild A6.3**. Dabei gehen wir spaltenweise vor. Die erste Spalte steht für einen Zweig von den Knoten 1 nach 2, die zweite für 1 nach 5, die dritte für 2 nach 3 usw.

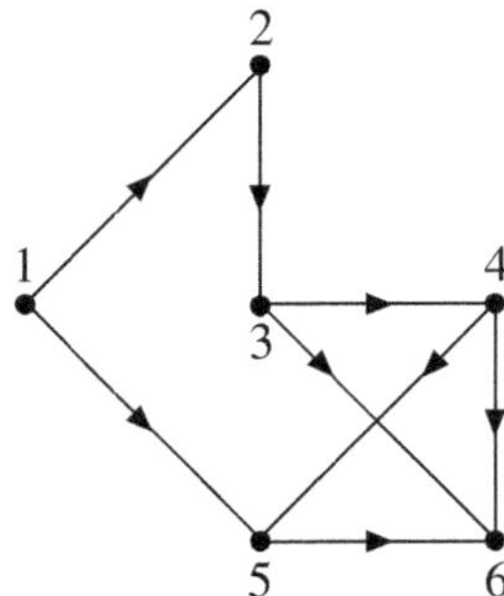

Bild A6.3 Netzgraph

Aufgabe 6.4

Zunächst werden die Spannungsquellen in Stromquellen umgewandelt. Die Innenwiderstände bleiben dabei erhalten, für die Kurzschlussströme ergibt sich (Gl. (6.9))

$$I_{k14} = U_{Q14} / R_{14} = 10\ \text{V} / 0{,}5\ \Omega = 20\ \text{A}$$

$$I_{k23} = U_{Q23} / R_{23} = 5\ \text{V} / 1\ \Omega = 5\ \text{A}$$

Damit sind die Knotenströme bekannt.

$$I_1 = I_{k14} = 20\ \text{A}$$

$$I_2 = I_{k23} = 5\ \text{A}$$

$$I_3 = -I_2 = -5\ \text{A}$$

$$I_4 = -I_1 = -20\ \text{A}$$

Der Strom des Bezugsknotens ist nicht von Interesse und geht in die weitere Berechnung nicht ein. Nun bestimmen wir die Leitwertmatrix in Gl. (6.12).

$$\boldsymbol{G}_K = \begin{pmatrix} 5+2 & -5 & 0 \\ -5 & 5+1+10 & -1 \\ 0 & -1 & 1+1 \end{pmatrix} \text{S} = \begin{pmatrix} 7 & -5 & 0 \\ -5 & 16 & -1 \\ 0 & -1 & 2 \end{pmatrix} \text{S}$$

Jetzt lässt sich Gl. (6.13) mit Zahlenwerten schreiben:

$$
\begin{aligned}
I_1 &= 7\,\text{S}\cdot U_1 - 5\,\text{S}\cdot U_2 &&= 20\,\text{A}\\
I_2 &= -5\,\text{S}\cdot U_1 + 16\,\text{S}\cdot U_2 - 1\,\text{S}\cdot U_3 &&= 5\,\text{A}\\
I_3 &= \phantom{-5\,\text{S}\cdot U_1} - 1\,\text{S}\cdot U_2 + 2\,\text{S}\cdot U_3 &&= -5\,\text{A}
\end{aligned}
$$

Aus der dritten Gleichung wird U_3 eliminiert und in die zweite eingesetzt.

- $U_3 = -2{,}5\ \text{V} + 0{,}5\ U_2$

  $I_2 = -5\ \text{S} \cdot U_1 + 16\ \text{S} \cdot U_2 + 2{,}5\ \text{A} - 0{,}5\ \text{S} \cdot U_2 = 5\ \text{A}$

  $I_2 = 15{,}5\ \text{S} \cdot U_2 - 5\ \text{S} \cdot U_1 = 2{,}5\ \text{A}$

Jetzt wird die Spannung U_2 eliminiert.

- $U_2 = 0{,}1613\ \text{V} + 0{,}3226\ U_1$

  $I_1 = 7\ \text{S} \cdot U_1 - 0{,}8065\ \text{A} - 1{,}613\ \text{S} \cdot U_1 = 20\ \text{A}$

  $I_1 = 5{,}387\ \text{S} \cdot U_1 = 20{,}8065\ \text{A}$
- $U_1 = 3{,}862\ \text{V}$

Ich habe bei der dritten Gleichung und der Spannung U_3 mit der Elimination begonnen und mich zur ersten Gleichung vorgearbeitet. Dabei wurde immer durch das Diagonalelement geteilt. Bei der Systematik, mit der die Gleichungen aufgebaut sind, ist es niemals null. Man kann deshalb dieses Verfahren gut programmieren. Nun berechnen wir der Reihe nach die Spannungen

- $U_2 = 0{,}1613\ \text{V} + 0{,}3226 \cdot 3{,}862\ \text{V} = 1{,}407\ \text{V}$
- $U_3 = -2{,}5\ \text{V} + 0{,}5 \cdot 1{,}407\ \text{V} = -1{,}796\ \text{V}$

Damit ist Gl. (6.16) gelöst.

Mit den Knotenspannungen sind die Zweigspannungen zu berechnen (Gl. (6.8)).

$U_{12} = U_1 - U_2 = 3{,}862\ \text{V} - 1{,}407\ \text{V} = 2{,}455\ \text{V}$

$U_{14} = U_1 = 3{,}862\ \text{V}$

$U_{23} = U_2 - U_3 = 1{,}407\ \text{V} + 1{,}796\ \text{V} = 3{,}203\ \text{V}$

$U_{24} = U_2 = 1{,}407\ \text{V}$

$U_{34} = U_3 = -1{,}796\ \text{V}$

Nun dient Gl. (6.10) zur Berechnung der Zweigströme.

$I_{12} = G_{12} \cdot U_{12} = 5\ \text{S} \cdot 2{,}455\ \text{A} = 12{,}275\ \text{A}$

$I_{14} = G_{14} \cdot U_{14} = 2\ \text{S} \cdot 3{,}862\ \text{A} = 7{,}724\ \text{A}$

$I_{23} = G_{23} \cdot U_{23} = 1\ \text{S} \cdot 3{,}205\ \text{A} \quad = 3{,}205\ \text{A}$

$I_{24} = G_{24} \cdot U_{24} = 10\ \text{S} \cdot 1{,}407\ \text{A} \quad = 14{,}07\ \text{A}$

$I_{34} = G_{34} \cdot U_{34} = 1\ \text{S} \cdot (-1{,}796)\ \text{A} = -1{,}796\ \text{A}$

Damit sind wir endlich fertig. Alle Spannungen und Ströme im Netz liegen vor. Ist das so?

Nein!

Die berechneten Zweigströme sind die Ströme im Netz nach Bild 6.2c. Zu berechnen war aber das Netz in Bild 6.2a. Die Zweige, in denen eine Spannungsquelle in eine Stromquelle umgewandelt wurde, müssen noch modifiziert werden. **Deshalb versehen Sie die Ströme I_{14} und I_{23} in Bild 6.2c und in den obigen Gleichungen mit einem Stern. Das ist wichtig, sonst stimmen die nächsten Gleichungen nicht.**

Die Ströme I_{14} und I_{23} in Bild 6.2a erhalten wir aus den Bilanzen in den Knoten 1 und 2.

$$I_{14} = -I_{12} \qquad \overset{*}{I}_{14} = -I_{12} + I_{\text{k}14}$$

$$I_{23} = I_{12} - I_{24} \qquad \overset{*}{I}_{23} = I_{12} - I_{24} + I_{\text{k}23}$$

Daraus folgt:

$$I_{14} = \overset{*}{I}_{14} - I_{\text{k}14} = 7{,}724\ \text{A} - 20\ \text{A} = -12{,}276\ \text{A} \overset{!}{=} -I_{12}$$

$$I_{23} = \overset{*}{I}_{23} - I_{\text{k}23} = 3{,}205\ \text{A} - 5\ \text{A} = -1{,}795\ \text{A} \overset{!}{=} I_{34}$$

Fertig?

Jein!

Wir haben eine gute Möglichkeit zur Kontrolle. So etwas muss man immer nutzen.

Die Summe der Ströme in den Knoten muss null sein. Dies gilt für das Originalnetz in Bild 6.2a.

$-I_{12} - I_{14} = -12{,}275\ \text{A} + 12{,}276\ \text{A} = 0{,}001\ \text{A} \approx 0$

$I_{12} - I_{24} - I_{23} = 12{,}275\ \text{A} - 14{,}07\ \text{A} + 1{,}795\ \text{A} = 0$

$I_{23} - I_{34} = -1{,}795\ \text{A} + 1{,}796\ \text{A} = 0{,}001\ \text{A} \approx 0$

$I_{24} + I_{34} + I_{14} = 14{,}07\ \text{A} - 1{,}796\ \text{A} - 12{,}276\ \text{A} = -0{,}002\ \text{A} \approx 0$

Endlich ist die Aufgabe gelöst. Gestatten Sie mir noch eine abschließende Bemerkung. Bei den umfangreichen Rechnungen habe ich immer auch die Einheiten geschrieben. So entstanden Ausdrücke wie 16 S · U_2. Dies ist sehr unübersichtlich. In derartigen Fällen lässt man die Einheiten besser weg, aber nur als Ausnahme.

Ich habe die Lösung nach einem strukturierten Verfahren durchgeführt, das als Gauß'sches Eliminationsverfahren bekannt ist. Dieses müssen Sie in der nächsten Aufgabe anwenden, sonst gehen Sie unter!

Aufgabe 6.5

Bild 4.14a wird in **Bild A6.5** mit neuen Knotenbezeichnungen dargestellt. Insbesondere haben jetzt die festen Spannungen innerhalb der Spannungsquellen eigene Knoten (1 und 6). Entsprechend den neuen Bezeichnungen gelten folgende Zahlenwerte

$U_1 = 200$ V $\qquad U_6 = 240$ V

$R_{12} = 1\ \Omega \qquad R_{23} = R_{34} = R_{45} = 2\ \Omega$

$R_{56} = 1\ \Omega \qquad R_{30} = 10\ \Omega$

Der Bezugsknoten ist mit „0" bezeichnet. Sie erinnern sich noch? Das gezeigte Netz ist ein Beispiel für ein kleines elektrisches Versorgungsnetz. Die spannungsgeregelten Generatoren liefern eine feste Spannung, die Leitungen sind als Längswiderstände eingezeichnet (R_{ik}, $i \neq 0$, $k \neq 0$) und die Verbraucher als Querwiderstände (R_{i0}, $i \neq 0$). Sie führen alle zu dem als Neutrale bezeichneten Bezugsknoten 0. Diesen kann man sich nicht ganz korrekt als Erde vorstellen.

Wir beginnen mit der Leitwertmatrix, sie ist – wie beschrieben – einfach aufzustellen. Zur Erhöhung der Übersichtlichkeit lasse ich in den Matrizen alle Elemente weg, die mit 0 besetzt sind.

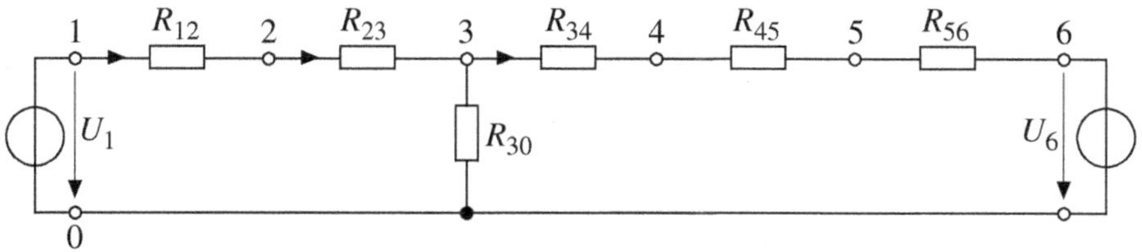

Bild A6.5 Modifiziertes Netz

Die für elektrische Versorgungsnetze typische Bandstruktur entsteht, weil vornehmlich nur Nachbarknoten miteinander verbunden sind. So ist das Gleichungssystem einfach zu lösen.

$$\boldsymbol{G}_\mathrm{K} = \begin{pmatrix} 1 & -1 & & & & \\ -1 & (1+0{,}5) & -0{,}5 & & & \\ & -0{,}5 & (0{,}5+0{,}5+0{,}1) & -0{,}5 & & \\ & & -0{,}5 & (0{,}5+0{,}5) & -0{,}5 & \\ & & & -0{,}5 & (0{,}5+1) & -1 \\ & & & & -1 & 1 \end{pmatrix} \mathrm{S}$$

$$\boldsymbol{G}_\mathrm{K} = \begin{pmatrix} 1 & -1 & & & & \\ -1 & 1{,}5 & -0{,}5 & & & \\ & -0{,}5 & 1{,}1 & -0{,}5 & & \\ & & -0{,}5 & 1 & -0{,}5 & \\ & & & -0{,}5 & 1{,}5 & -1 \\ & & & & -1 & 1 \end{pmatrix} \mathrm{S}$$

$$I_1 = 1\,\mathrm{S} \cdot U_1 - 1\,\mathrm{S} \cdot U_2$$
$$I_2 = -1\,\mathrm{S} \cdot U_1 + 1{,}5\,\mathrm{S} \cdot U_2 - 0{,}5\,\mathrm{S} \cdot U_3 = 0$$
$$I_3 = -0{,}5\,\mathrm{S} \cdot U_2 + 1{,}1\,\mathrm{S} \cdot U_3 - 0{,}5\,\mathrm{S} \cdot U_4 = 0$$
$$I_4 = -0{,}5\,\mathrm{S} \cdot U_3 + 1\,\mathrm{S} \cdot U_4 - 0{,}5\,\mathrm{S} \cdot U_5 = 0$$
$$I_5 = -0{,}5\,\mathrm{S} \cdot U_4 + 1{,}5\,\mathrm{S} \cdot U_5 - 1\,\mathrm{S} \cdot U_6 = 0$$
$$I_6 = -1\,\mathrm{S} \cdot U_5 + 1\,\mathrm{S} \cdot U_6$$

Die Ströme I_1 und I_6 sind unbekannt. Deshalb bleiben deren Gleichungen unbehandelt. Wir beginnen mit der Gauß'schen Elimination bei der Gleichung für I_5 und gehen hoch bis I_2.

- $$U_5 = \frac{1}{1{,}5}\left(0{,}5\,U_4 + U_6\right) = 0{,}333\,U_4 + 0{,}667\,U_6$$

  $$\begin{aligned} I_4 &= -0{,}5\,\mathrm{S} \cdot U_3 + 1\,\mathrm{S} \cdot U_4 - 0{,}167\,\mathrm{S} \cdot U_4 - 0{,}333\,\mathrm{S} \cdot U_6 \\ &= -0{,}5\,\mathrm{S} \cdot U_3 + 0{,}833\,\mathrm{S} \cdot U_4 - 0{,}333\,\mathrm{S} \cdot U_6 = 0 \end{aligned}$$

- $$U_4 = 0{,}6\,U_3 + 0{,}4\,U_6$$

  $$I_3 = -0{,}5\,\mathrm{S} \cdot U_2 + 0{,}8\,\mathrm{S} \cdot U_3 - 0{,}2\,\mathrm{S} \cdot U_6 = 0$$

- $U_3 = 0{,}625\,U_2 + 0{,}25\,U_6$

  $I_2 = -1\,\text{S}\cdot U_1 + 1{,}187\,\text{S}\cdot U_2 - 0{,}125\,\text{S}\cdot U_6 = 0$

  $U_2 = 0{,}842\,U_1 + 0{,}105\,U_6 = 0{,}842\cdot 200\text{ V} + 0{,}105\cdot 240\text{ V}$

- $U_2 = 193{,}6\text{ V}$

Nun sind der Reihe nach die gefundenen Lösungen in die in den Zwischenschritten angefallenen Gleichungen einzusetzen.

$I_1 \;=\; 1\text{ S}\cdot U_1 - 1\text{ S}\cdot U_2 = 200\text{ A} - 193{,}6\text{ A} = 6{,}4\text{ A}$

$U_3 \;=\; 0{,}625\cdot 193{,}6\text{ V} + 0{,}25\cdot 240\text{ V} = 181\text{ V}$

$U_4 \;=\; 0{,}6\cdot 181\text{ V} + 0{,}4\cdot 240\text{ V} = 204{,}6\text{ V}$

$U_5 \;=\; 0{,}333\cdot 204{,}6\text{ V} + 0{,}667\cdot 240\text{ V} = 228{,}2\text{ V}$

$I_6 \;=\; -1\text{ S}\cdot U_5 + 1\text{ S}\cdot U_6 = -228{,}2\text{ A} + 240\text{ A} = 11{,}8\text{ A}$

Die Ergebnisse stimmen mit den in Aufgabe 4.7 errechneten überein.

Aufgabe 6.6

Wir wählen die Maschen wie in Bild 6.9 dargestellt und können deshalb Gl. (6.21) übernehmen.

$$\boldsymbol{C}^{\mathrm{T}} = \begin{pmatrix} 1 & 0 & -1 & 1 & 0 & 1 \\ 0 & 1 & -1 & 0 & 0 & 1 \\ -1 & 0 & 1 & 0 & -1 & 0 \end{pmatrix}$$

$$\boldsymbol{C}^{\mathrm{T}}\cdot \boldsymbol{U}_{\mathrm{Z}} = \boldsymbol{U}_{\mathrm{M}} = 0$$

Die Zweiggleichungen lauten:

$\boldsymbol{U}_{\mathrm{Z}} = \boldsymbol{R}_{\mathrm{Z}}\,\boldsymbol{I}_{\mathrm{Z}} + \boldsymbol{U}_{\mathrm{QZ}}$

Darin tritt die Zweigwiderstandsmatrix auf.

$$\boldsymbol{R}_{\mathrm{Z}} = \begin{pmatrix} R_{12} & & & & & \\ & R_{13} & & & & \\ & & R_{14} & & & \\ & & & R_{23} & & \\ & & & & R_{24} & \\ & & & & & R_{34} \end{pmatrix} \qquad \boldsymbol{C} = \begin{pmatrix} 1 & 0 & -1 \\ 0 & 1 & 0 \\ -1 & -1 & 1 \\ 1 & 0 & 0 \\ 0 & 0 & -1 \\ 1 & 1 & 0 \end{pmatrix}$$

Die Nullen sind nicht eingetragen.

Nun bestimmen wir die Maschenwiderstandsmatrix.

$$\boldsymbol{R}_\mathrm{M} = \boldsymbol{C}^\mathrm{T} \cdot \boldsymbol{R}_\mathrm{Z} \cdot \boldsymbol{C} = \boldsymbol{C}^\mathrm{T} \cdot \begin{pmatrix} R_{12} & 0 & -R_{12} \\ 0 & R_{13} & 0 \\ -R_{14} & -R_{14} & R_{14} \\ R_{23} & 0 & 0 \\ 0 & 0 & -R_{24} \\ R_{34} & R_{34} & 0 \end{pmatrix}$$

$$\boldsymbol{R}_\mathrm{M} = \begin{pmatrix} R_{12}+R_{14}+R_{23}+R_{34} & R_{14}+R_{34} & -R_{12}-R_{14} \\ R_{14}+R_{34} & R_{13}+R_{14}+R_{34} & -R_{14} \\ -R_{12}-R_{14} & -R_{14} & R_{12}+R_{14}+R_{24} \end{pmatrix}$$

Der Vergleich mit Gl. (6.27) führt zum Aufatmen. Richtig!

Jetzt geht es ans Einsetzen von Zahlen.

$$\boldsymbol{R}_\mathrm{M} = \begin{pmatrix} 1+3+2+4 & 3+4 & -1-3 \\ 3+4 & 5+3+4 & -3 \\ -1-3 & -3 & 1+3+0 \end{pmatrix} \Omega$$

$$\boldsymbol{R}_\mathrm{M} = \begin{pmatrix} 10 & 7 & -4 \\ 7 & 12 & -3 \\ -4 & -3 & 4 \end{pmatrix} \Omega$$

$$\begin{aligned} U_\mathrm{QA} & & &= 0 \\ U_\mathrm{QB} & & &= 0 \\ U_\mathrm{QC} &= -U_\mathrm{Q42} & &= -1\,\mathrm{V} \end{aligned}$$

$$\boldsymbol{U}_\mathrm{QM} = \begin{pmatrix} 0 \\ 0 \\ -1 \end{pmatrix} \mathrm{V}$$

Schließlich lösen wir Gl. (6.27) auf und lassen dabei die Einheiten weg.

$$\begin{aligned} 10\,I_\mathrm{A} + 7\,I_\mathrm{B} - 4\,I_\mathrm{C} &= 0 \\ 7\,I_\mathrm{A} + 12\,I_\mathrm{B} - 3\,I_\mathrm{C} &= 0 \\ -4\,I_\mathrm{A} - 3\,I_\mathrm{B} + 4\,I_\mathrm{C} &= 1 \end{aligned}$$

$$I_C = \frac{10}{4} I_A + \frac{7}{4} I_B = 2{,}5\, I_A + 1{,}75\, I_B$$

$$7\, I_A + 12\, I_B - 3 \cdot (2{,}5\, I_A + 1{,}75\, I_B) = -0{,}5\, I_A + 6{,}75\, I_B = 0$$

$$-4\, I_A - 3\, I_B + 4 \cdot (2{,}5\, I_A + 1{,}75\, I_B) = 6\, I_A + 4\, I_B = 0$$

$$I_B = \frac{0{,}5}{6{,}75} I_A = 0{,}074\, I_A$$

$$6\, I_A + 4 \cdot 0{,}074\, I_A = 6{,}296\, I_A = 1$$

$$I_A = 0{,}159 \text{ A}$$

$$I_B = 0{,}074\, I_A = 0{,}0118 \text{ A}$$

$$I_C = 2{,}5\, I_A + 1{,}75\, I_B = 2{,}5 \cdot 0{,}159 \text{ A} + 1{,}75 \cdot 0{,}0118 \text{ A} = 0{,}418 \text{ A}$$

$$\begin{aligned}
I_{12} &= I_A - I_C &&= -0{,}259 \text{ A}\\
I_{13} &= I_B &&= 0{,}0118 \text{ A}\\
I_{14} &= -I_A - I_B + I_C &&= 0{,}247 \text{ A}\\
I_{23} &= I_A &&= 0{,}159 \text{ A}\\
I_{24} &= -I_C &&= -0{,}418 \text{ A}\\
I_{34} &= I_A + I_B &&= 0{,}171 \text{ A}
\end{aligned}$$

Aufgabe 9.1

Wir betrachten zunächst die vertikale Schichtung in Bild 9.2a. Dort ist in beiden Materialien die Stromdichte gleich.

$$J_1 = J_2$$

Die Feldstärke E_2 ist größer als die Feldstärke E_1, weil die Feldlinien in Teil 2 dichter beieinander liegen. Bei der größeren Feldstärke muss auch der spezifische Widerstand größer sein ($\rho_2 > \rho_1$), damit die gleiche Stromdichte entsteht.

$$J_1 = \gamma_1\, E_1 = J_2 = \gamma_2\, E_2$$

$$\frac{E_2}{E_1} = \frac{\gamma_1}{\gamma_2} = \frac{\rho_2}{\rho_1}$$

Nun wenden wir uns der horizontalen Schichtung in Bild 9.2b zu.

$$E_1 = E_2$$

$$E_1 = \rho_1 \, J_1 = E_2 = \rho_2 \, J_2$$

$$\frac{J_2}{J_1} = \frac{\rho_1}{\rho_2} = \frac{\gamma_2}{\gamma_2}$$

12 Glossar

Es werden die Begriffe aus dem vorliegenden Lehrbuch zusammengestellt. Wenn Sie einen Begriff nicht kennen, lesen Sie bitte nach. Zu den einzelnen Begriffen sind die Nummern der Abschnitte notiert, in denen Sie Informationen darüber finden. Bei Größen werden Formelzeichen und [Einheiten] angegeben.

Akkumulator	aufladbare Batterie (8.4)
Äquipotentiallinien	Linien gleichen Potentials (9.7)
Akzeptor	Fremdatom, meist 3-wertig, mit dem ein meist 4-wertiger Halbleiterkristall dotiert wird. Dabei ergibt sich ein Elektronendefizit, sodass eine p-Leitung entsteht. (1.2.4; 7.2.1)
Ampere	[A], Einheit der Stromstärke (2.3; 3.1)
Amperemeter	Strommesser (5.3.2)
Anion	negativ geladenes Ion, das zur Anode wandert (1.1.3; 8.3)
Anode	positiv geladene Elektrode (1.1.3; 8.3)
Anpassung	Last, die die maximale Leistung aus der Spannungsquelle bezieht (4.4.3)
Arsen	3-wertiges Element in Verbindung mit Gallium als Grundstoff für Halbleiterbauelemente (1.2.4)
ASA	American Standards Association (2.1)
Atom	Baustein der Materie (1.1.1)
Bänder	siehe Energiebänder (1.2.4)
Bändermodell	Energieaussagen über Elektronen in einem Stoff (1.2.4)
Bahnwiderstand	R_B [Ω], Widerstand eines Halbleiters bei einem Strom in Durchlassrichtung (7.2.1)

Basis	Anschluss eines Transistors, über den dieser gesteuert wird (7.2.2)
Basiseinheit	willkürlich festgelegte Einheit, z. B. m, kg, s, A (2.3)
Baum	Zusammenfassung derjenigen Zweige in einem Graphen, die alle Knoten nur auf einem Weg miteinander verbinden (6.3)
Beweglichkeit	μ [$m^2/(V \cdot s)$] Möglichkeit von Ladungsträgern, sich in einem Stoff zu bewegen (1.2.1)
bipolarer Transistor	klassischer Transistor mit pnp- oder npn-Schichten (7.2.2)
Blockschaltbild	Wirkungsdiagramm, das den Zusammenhang zwischen Ein- und Ausgangsgrößen herstellt (5.5)
Brennstoffzelle	Anlage zur Erzeugung von elektrischer Energie aus Wasserstoff (8.3)
Brückenschaltung	spezielles Widerstandsnetzwerk (5.2)
Coulomb	[C], Maßeinheit der Ladung (1 C = 1 As) (1.1.1)
Coulomb'sche Kraft	siehe elektrostatische Kraft (1.3)
Dielektrizitätskonstante	ε (siehe Permittivität) (1.3)
Dimension	Art einer physikalischen Größe, z. B. Länge (2.2.1)
DIN	Deutsches Institut für Normung (2.1)
Diode	Halbleiterbauelement mit einer Grenzschicht, die nur in eine Richtung den Strom leitet (7.2.1)
Dissoziation	Trennung von Molekülen zu Ionen (8.2)
Divergenz	div, Maß für die Quellenstärke eines Felds (9.6)
Donator	Fremdatom, meist 5-wertig, mit dem ein Halbleiterkristall dotiert wird. Dabei ergibt sich ein Überschusselektron, sodass eine n-Leitung entsteht. (1.2.4)
Dotieren	Verunreinigen von Kristallen zur Veränderung der Leitfähigkeit (1.2.3)

Driftgeschwindigkeit	v_D [m/s], Geschwindigkeit eines Ladungsträgers in einem Medium (1.2.1)
Effektivwert	Wert einer periodisch schwankenden Größe, die in ihrer Wirkung einem Gleichwert entspricht (5.5)
Einheit	Bezeichnung für eine physikalische Dimension, z. B. m bei $l = 5$ m oder cm (2.2.1)
Einheitssprung	σ, Funktion, die zum Zeitpunkt $t = 0$ von 0 auf 1 springt (5.5)
Einheitsvektor	Vektor der Länge 1, meist in Richtung einer Koordinatenachse (9.3)
elektrische Energie	siehe Energie (3.2)
elektrische Feldkonstante	ε_0 $\left[\mathrm{As/(Vm)}\right]$, Permittivität des Vakuums $\varepsilon_0 = 8{,}8542 \cdot 10^{-12}\ \mathrm{s/(\Omega\ m)}$ (1.3)
elektrische Feldlinien	Linien in Richtung der elektrischen Feldstärke und Stromdichte (9.1)
elektrische Feldstärke	E [V/m], Stärke eines elektrischen Felds, $E = \mathrm{d}U/\mathrm{d}l$ (3.4)
elektrische Leistung	siehe Leistung (3.2)
elektrische Leitfähigkeit	γ [1/(¾ m); m/(¾ mm^2)], (früher κ), spezifischer Wert für ein Material (1.2.1; 3.4)
elektrische Spannung	siehe Spannung (3.1)
elektrischer Leitwert	siehe Leitwert (3.1)
elektrischer Strom	siehe Strom (1.3; 3.1)
elektrischer Widerstand	siehe Widerstand (3.1)
elektrisches Feld	Feld, das von einer elektrischen Ladung ausgeht (9.1)
elektrochemische Spannungsreihe	Ordnung von Materialien nach ihrer Spannung gegenüber Wasserstoff (8.4)
Elektrode	elektrisch geladener oder ladbarer Körper (1.2)
Elektrolyse	Abscheiden von Materie durch elektrischen Strom (8.3)

Elektrolyt	Stoff, meist in flüssiger Form, der Ionen enthält und deshalb eine begrenzte Leitfähigkeit besitzt (1.2.3; 8.2)
elektromagnetische Kraft	Kraft zwischen zwei Magnetpolen bzw. Kraft zwischen zwei stromdurchflossenen Leitern (1.4)
Elektron	elektrisch negativ geladenes Teilchen als Bestandteil eines Atoms (1.1.1)
Elektronengas	freie Elektronen in einem Leiter (1.2.1)
Elektronenvolt	W_e [eV], Einheit für kleine Energiemengen (1.2.4)
Elektrostatik	Lehre von den elektrischen Feldern in nicht leitenden Materialien, die durch elektrische Ladungen verursacht werden (1.3)
elektrostatische Kraft	Kraft zwischen zwei geladenen Körpern. Dabei sind die Ladungen zeitlich konstant. (1.3)
Elementarladung	Ladung eines Elektrons, $e = 1{,}6 \cdot 10^{-19}$ As (1.1.1)
Elementarzelle	kleinstes Kristallelement, das die Kristallstruktur erkennen lässt (1.1.4)
Emitter	Anschluss eines Transistors, der die Elektronen in den Halbleitern entsendet (7.2.2)
EN	Europäische Norm (2.1)
Energie	E, W [J = Ws = Nm], Einwirkung einer Leistung über eine bestimmte Zeit (3.2)
Energiebänder	Energie, die notwendig ist, ein Elektron von seiner Atomschale zu entfernen. Die feste Energie wird durch die Beeinflussung der Nachbaratome zu einem Band. (1.2.4)
Ersatzspannungsquelle	Spannungsquelle, die eine komplexe Schaltung zusammenfasst (4.6)
Ersatznetz	Zusammenfassung von mehreren Elementen eines Netzes zu einer vereinfachten Schaltung (4.2)
Faraday-Konstante	F [As/mol], Kenngröße für die Abscheidung von Materie bei der Elektrolyse (8.3)
Feld	Hilfsvorstellung zur Veranschaulichung von Wirkungen (9.1)

Feldemission	Erzeugung von Ionen durch hohe Feldstärke (1.1.3)
Feldlinien	Linien, die die Richtung eines Felds angeben (9.1)
Formelzeichen	Abkürzung für eine physikalische Größe (2.2)
Frequenz	f [Hz], Anzahl der Wechsel einer periodischen Größe pro Zeit (5.5)
Gallium	5-wertiges Element in Verbindung mit Arsen als Grundstoff für Halbleiterbauelemente (1.2.4)
galvanisches Element	Batterie, die durch chemische Umwandlung elektrische Energie erzeugt (8.4)
Germanium	4-wertiges Element als Grundstoff für Halbleiterbauelemente (unüblich) (1.2.4)
Gleichrichter	Schaltung aus Halbleiterbauelementen, die einen Wechselstrom gleichrichtet (7.2.1)
Gradient	grad, Ableitung einer skalaren Funktion nach den Koordinaten. Die Komponenten nach den einzelnen Richtungen werden mit den Einheitsvektoren versehen. Der Gradient ist die Senkrechte auf einer Linie für den konstanten Wert einer Funktion. (9.5)
Graph	topologisches Gebilde, das Knoten durch Zweige verbindet, ohne Aussagen über die geografische Anordnung zu treffen (6.1)
Gravitationsgesetz	Beschreibung der Kraftwirkung zwischen Massen (1.3)
Gravitationskonstante	f, Naturkonstante für die Massenanziehung, $f = 6{,}67 \cdot 10^{-11}\ \mathrm{N \cdot m^2/kg}$ (1.3)
Größengleichung	Gleichung, die physikalische Größen miteinander verknüpft; im Gegensatz zur Zahlenwertgleichung (2.2.2)
Größenwert	Zahlenwert und Einheit einer Größe, z. B. 5 m bei $l = 5$ m (2.2.1)
Halbleiter	Elektrolyt oder schlecht leitende Kristalle, die durch Dotierung mit Fremdatomen besser leitend gemacht wurden (1.2.3; 7)

Heißleiter	Material, das bei einem Temperaturanstieg besser leitet (3.5.2)
Hochtemperatur-supraleiter	Material, das unterhalb der Verdampfungstemperatur von Stickstoff (77 K) supraleitend wird (3.5.3)
Innenwiderstand	Widerstand im Innern einer Spannungsquelle (4.4)
Ionen	Atome mit positiven oder negativen Ladungen, z. B. Na^+, Cl^- (1.1.3)
Ionenbindung	Verbindung von Atomen zu Molekülen (1.1.3)
Ionisation	Bildung von Ionen (1.1.3)
ISO	International Organization for Standardization (2.1)
Isolierstoff	nicht leitendes Material (1.2.2)
Isotop	Atom mit einer speziellen Masse. Die Atome eines chemischen Elements können unterschiedliche Massen haben. (1.1.1)
Joule	[J], Einheit für die Energie (3.2)
Kaltleiter	Material, das bei einer Temperaturabsenkung besser leitet (3.5.2)
Katode	negativ geladene Elektrode (1.1.3; 8.2)
Kation	positiv geladenes Ion, das zur Katode wandert (1.1.3; 8.2)
Kelvin	[K], Einheit für die Temperatur, vom absoluten Nullpunkt aus gesehen (2.3)
Kettenleiter	spezielle Reihen-Parallel-Schaltung von Widerständen (4.2)
Kirchhoff'sche Regel	Die Summe der Spannungen in einem geschlossenen Kreis ist null. Die Summe der Ströme in einem Knoten ist null. (4.3)
Knoten	Verbindung von Zweigen (6.1)
Knoteninzidenzmatrix	***K***, Matrix, die den Zusammenhang zwischen Knoten und Zweigen in einem Graphen festlegt (6.2)
Knotenleitwertmatrix	***G***, Matrix, die den Zusammenhang zwischen Knotenströmen und -spannungen angibt (6.2)
Knotenpunktverfahren	spezielles Verfahren zur Berechnung großer Netzwerke (6.2)

Kollektor	Anschluss eines Transistors, der die Elektronen absaugt (7.2.2)
Konduktivität	siehe elektrische Leitfähigkeit (1.2.1)
Kreisfrequenz	ω [s^{-1}], Winkelgeschwindigkeit einer periodischen Größe (5.5)
Kristall	regelmäßig angeordnete Atome (1.1.4)
Kupfer	übliches Leitermaterial, γ = 56 m/(¾ mm^2) (1.2.1)
Ladung	Q [As], Überschuss an Elektronen (negative Ladung) oder Mangel an Elektronen (positive Ladung) in einem Körper (1.3)
Leistung	P [W], Wirkung einer Kraft auf eine bewegte Masse (3.2)
Leiter	gut leitende Anordnung, z. B. Draht, zur Fortleitung des elektrischen Stroms (1.2.1)
Leitfähigkeit	siehe elektrische Leitfähigkeit (1.2.1)
Leitwert	G [S], Reziprokwert des Widerstands (3.1)
Lichtbogen	elektrische Entladung in einem Plasma (8.1)
Lichtgeschwindigkeit	c = 299 792 km/s (1.2.1)
magnetische Feldkonstante	μ_0 [Vs/(Am)], Permeabilität des Vakuums, μ_0 = 4 ¼ · 10^{-7} Vs/(Am) (1.4)
Masche	geschlossene Schleife in einem elektrischen Netzwerk (6.4)
Mascheninzidenzmatrix	$\boldsymbol{C}$, Matrix, die den Zusammenhang zwischen den Zweigen und den Maschen herstellt (6.4)
Maschenverfahren	spezielle Methode zur Berechnung großer Netzwerke (6.4)
Maschenwiderstandsmatrix	$\boldsymbol{R}_M$, Matrix, die den Zusammenhang zwischen den Maschenströmen und -spannungen herstellt (6.4)
Matrix	systematische Zusammenstellung von Zahlen (6.1)
Matrizengleichung	Gleichung, die den Zusammenhang zwischen mehreren bekannten und unbekannten Größen angibt (6.1)

Messgerät	Gerät zur Messung von Größen, z. B. Strom (Amperemeter) oder Spannung (Voltmeter) (5.3.1)
MHO	angelsächsische Bezeichnung für Siemens [S] (3.1)
MKS-System	System mit den Basiseinheiten Meter, Kilogramm, Sekunde (SI-Einheiten) (2.3)
Nachstellzeit	τ_n[s], Zeit, nach der die Funktion t/τ_n den Wert eins annimmt (5.5)
Neutron	elektrisch neutrales Teilchen als Bestandteil eines Atoms (1.1.1)
Ohm	[Ω], Einheit des Widerstands (3.1)
Ohm'sches Gesetz	Zusammenhang zwischen Spannung U, Strom I und Widerstand R; $U = R \cdot I$ (3.1)
PE	Polyethylen; Isolierstoff (3.5.3)
Periodendauer	T[s], Zeitabschnitt, in dem sich ein periodisches Signal wiederholt; reziproke Frequenz $T = 1/f$ (5.5)
periodische Funktion	Funktion, oft Zeitfunktion, die sich nach der Periodendauer T wiederholt (5.5)
Permeabilität	μ[Vs/(Am)], Materialkonstante für die magnetische Leitfähigkeit, die die magnetische Feldstärke H und die magnetische Flussdichte verknüpft, $\mu = B/H$ (1.4)
Permeabilitätszahl	relative Permeabilität, $\mu_r = \mu/\mu_0$ (1.4)
Permittivität	$\varepsilon\left[\mathrm{Vs}/(\mathrm{Vm})\right]$, Materialkonstante, die die elektrische Flussdichte D und die elektrische Feldstärke verknüpft, $\varepsilon = D/E$ (1.3)
Permittivitätszahl	relative Permittivität, $\varepsilon_r = \varepsilon/\varepsilon_0$ (1.3)
physikalische Größen	qualitative und quantitative Beschreibung physikalischer Phänomene (2.2.1)
Plasma	erhitztes Medium, bei dem die Elektronen vom Kern getrennt sind (8.1)
Potential	Spannung zwischen einem Punkt und einem Bezugspunkt (9.1)
Potentiometer	stufenlos verstellbarer Widerstand (3.5.1)

Proton	elektrisch positiv geladenes Kernteilchen (1.1.1)
PVC	Polyvinylchlorid; Isolierstoff (3.5.3)
Quellenwiderstand	Innenwiderstand einer Spannungsquelle (4.4)
Rampe	Signal mit zeitlich konstantem Anstieg t/τ_n (5.5)
Raumladungsdichte	ρ [As/m^3], Ladung pro Volumeneinheit (7.2.1; 9.6)
Rekursionsmethode	Verfahren zur Berechnung der Strom- und Spannungsverteilung in einem komplexen Netzwerk (5.1.4)
Schalenmodell	von Niels Bohr entwickeltes Modell zum Aufbau der Atome (1.1.1)
Schaltplan	grafische Darstellung der Verknüpfung von Bauelementen oder Betriebsmitteln (4.2)
Schleusenspannung	U_S [V], Spannungsfall an einem Halbleiter bei einem Strom in Durchlassrichtung (7.2.1)
Shunt	Parallelwiderstand; bei der Strommessung zur Erzeugung eines kleinen proportionalen Spannungsfalls (5.3.5)
SI-Einheit	Festlegung der sieben Basiseinheiten (2.3)
Siemens	[S], reziproker Wert des Ohm (3.1)
Silizium	4-wertiges Element als Grundstoff für Halbleiter (1.1.4)
Skalar	ungerichtete Größe im Gegensatz zum Vektor (9.4)
Skalarprodukt	Produkt zweier Vektoren, bei dem ein Skalar entsteht (9.4)
Spannung	U [V], Größe, die einen Stromfluss verursacht (3.1)
Spannungsquelle	Gerät zur Erzeugung einer Spannung, die sich bei Belastung möglichst wenig ändert (4.4)
Spannungsteiler	Widerstand mit Mittelabgriff (5.3.6)
Sperrstrom	I_S [A], Strom eines Halbleiterbauelements, das in Sperrrichtung beansprucht wird (7.2.1)
spezifischer Widerstand	ρ [¾ m; ¾ mm^2/m], spezifischer Materialwert (3.4)

Spitzenwert	i_p, $\hat{i}$, Maximalwert einer Funktion. Bei periodischen Funktionen verwendet man Scheitelwerte. (5.5)
Sprungfunktion	σ Zeitfunktion, die zu einem bestimmten Zeitpunkt, z. B. bei $t = 0$, von einem Wert, z. B. 0, auf einen anderen, z. B. 1, springt (5.5)
Sprungtemperatur	T_c Temperatur, unterhalb der ein Leiter seinen Widerstand verliert und supraleitend wird (3.5.3)
Stern-Dreieck-Umformung	Umwandlung einer Sternschaltung in eine Dreieckschaltung durch Elimination des Sternknotens (5.2)
Störstelle	Verunreinigung eines Kristalls durch ein Fremdatom (1.2.3)
Stoßionisation	Erzeugung von Ionen durch den Zusammenstoß von Atomen oder Molekülen (1.1.3)
Strömungsfeld	Feld, das durch den Stromfluss in einem Körper aufgebaut wird (9.3)
Strom	I [A], Wanderung von Ladungsträgern (2.3; 3.1)
Stromdichte	J [As/m^3] Strom pro Flächeneinheit (3.4)
Stromkreis	geschlossener, leitfähiger Kreis mit Spannungsquelle (3.1)
Stromquelle	Gerät zur Erzeugung eines Stroms, der sich bei Belastung möglichst wenig ändert (4.5)
Stromteiler	Schaltung zur Aufteilung eines Stroms in mehrere Zweige, z. B. den Shunt- und den Messzweig (5.3.5)
Supraleiter	Material, das unterhalb einer Sprungtemperatur keinen elektrischen Widerstand besitzt (3.5.3)
Temperaturkoeffizient	α [K^{-1}], Maß für die Temperaturabhängigkeit einer Größe, z. B. des Widerstands (3.5.2)
thermische Ionisation	Erzeugung von Ionen durch Erhitzen eines Materials (1.1.3)
Thyristor	Halbleiterbauelement, das eingeschaltet werden kann (7.2.2)
Topologie	Teil der Geometrie, die die Zuordnung von Objekten in Form von Graphen festlegt (6.1)

Transistor	Halbleiterbauelement mit zwei Grenzschichten, das den Strom in eine Richtung leitet und in seiner Leitfähigkeit gesteuert werden kann (7.2.2)
Überlagerungsprinzip	Unter Ausnutzung der Linearität wird für jede Spannung in einem Netzwerk die Stromverteilung berechnet und dann überlagert. (5.1)
Valenzband	Energie der äußeren Elektronenschale eines Stoffs. Das Valenzband bedingt das chemische Verhalten und die Leitfähigkeit. (1.2.4)
Valenzelektronen	Elektronen der äußeren Schale des Atoms, die das chemische und elektrische Verhalten bestimmen (1.2.4)
Varistor	spannungsabhängiger Widerstand, der zur Überspannungsbegrenzung eingesetzt wird (3.5.2)
VDE	Verband der Elektrotechnik Elektronik Informationstechnik e. V. (2.1)
VDI	Verband Deutscher Ingenieure (2.1)
Vektor	gerichtete Größe, z. B. die elektrische Feldstärke in einem Raum (9.3)
Vierpol	Element, das von außen an vier Klemmen zugänglich ist, z. B. Leitung (4.6)
Volt	[V], Einheit der Spannung (3.1)
Voltmeter	Spannungsmesser (5.3.3)
Wärmedurchschlag	durch thermische Ionisation erzeugte Leitfähigkeit eines Isolators (1.2.2)
Watt	[W], Einheit der Leistung (3.2)
Wechselstrom	Strom mit periodischen, meist sinusförmig wechselnden Größen (5.5)
Widerstand	R [Ω], Proportionalitätsfaktor zwischen Strom und Spannung nach dem Ohm'schen Gesetz (3.1)
Widerstand	Bauelement (3.5)
Wirkungsgrad	η, Verhältnis von abgegebener zu zugeführter Leistung eines Geräts (3.2)
Zählpfeile	Pfeile in einem Diagramm, die die Orientierung, z. B. des Stroms, angeben (3.3)

Zahlenwertgleichung	Gleichung, in der die Zahlenwerte von Größen ohne Einheiten verknüpft sind (2.2.2)
Zeigerinstrument	Analoges Anzeigeinstrument, das mechanisch eine meist elektrische Größe anzeigt (5.3.1)
Zeitfunktion	Abhängigkeit einer Größe von der Zeit $y = f(t)$ (5.5)
Zenerdiode	Halbleiterbauelement, das bei einer definierten Spannung leitend wird (7.2.1)
Zenerspannung	U_Z [V], Spannung an einem Halbleiter in Sperrrichtung, bei der er leitend wird (7.2.1)
Zweigelement	Verbindung von zwei Knoten in einem Graphen (6.1)
Zweipol	Element, das von außen an zwei Klemmen zugänglich ist, z. B. ein Widerstand (4.6)

13 Bezeichnungen

Bitte überlegen Sie, in welchem Zusammenhang die folgenden Bezeichnungen auftreten! Schlagen Sie gegebenenfalls die entsprechenden Seiten nach! Ich will damit erreichen, dass Sie noch etwas wiederholen.

13.1 Formelzeichen

In eckigen Klammern sind die Einheiten angegeben.

A	$[\mathrm{m}^2]$	Fläche
a	[m]	Abstand
$\boldsymbol{B}$		Bauminzidenzmatrix
b	[m]	Breite
$\boldsymbol{C}$		Mascheninzidenzmatrix
c	$\left[\frac{\mathrm{m}}{\mathrm{s}}\right]$	Lichtgeschwindigkeit; $c = 299\,792$ km/s
d	[m]	Dicke, Abstand
E	[J]	Energie (auch W) [J = Ws = Nm]
E	$\left[\frac{\mathrm{V}}{\mathrm{m}}\right]$	elektrische Feldstärke
e	[C]	Elementarladung ($Q_\mathrm{e} = -e = -1{,}6 \cdot 10^{-9}$ As)
F	[N]	Kraft $\left[\mathrm{N} = \frac{\mathrm{kg\,m}}{\mathrm{s}^2}\right]$
f	$\left[\frac{\mathrm{N}\cdot\mathrm{m}^2}{\mathrm{kg}^2}\right]$	Gravitationskonstante $\left(f = 6{,}67 \cdot 10^{-11}\,\frac{\mathrm{N}\cdot\mathrm{m}^2}{\mathrm{kg}^2}\right)$
f	[Hz]	Frequenz
f		Fehler

$f(t)$		Funktion, hier der Zeit
G	[S]	elektrischer Leitwert $\left[S = \Omega^{-1} = \frac{A}{V}\right]$, Wirkleitwert, Konduktanz
h	[m]	Höhe
I	[A]	Stromstärke
I_S	[A]	Sperrstrom
$\vec{i}$		Einheitsvektor in x-Richtung
J	$\left[\frac{A}{m^2}\right]$	Stromdichte
$\vec{j}$		Einheitsvektor in y-Richtung
$\boldsymbol{K}$		Knoteninzidenzmatrix
$\vec{k}$		Einheitsvektor in z-Richtung
l	[m]	Länge
m	[kg]	Masse
P	[W]	Leistung $\left[W = \frac{Nm}{s}\right]$
Q	[As]	Ladung [As = C]
Q_e	[As]	Elementarladung ($Q_e = -e = -1{,}6 \cdot 10^{-19}$ As)
q	[m^2]	Querschnitt
R	[Ω]	elektrischer Widerstand, Wirkwiderstand, Resistanz
R_B	[Ω]	Bahnwiderstand
r	[m]	Radius, Abstand
s	[m]	Strecke
T	[K]	absolute Temperatur
T	[s]	feste Zeit, Zeitspanne, Periodendauer
t	[s]	Zeit
U	[V]	elektrische Spannung
U_S	[V]	Schleusenspannung
U_Z	[V]	Zenerspannung

v	$\left[\frac{\text{m}}{\text{s}}\right]$	Geschwindigkeit
v_D	$\left[\frac{\text{m}}{\text{s}}\right]$	Driftgeschwindigkeit
W	[Nm]	Energie (auch E) [Nm = Ws = J]
x	[m]	Koordinate
y	[m]	Koordinate
z	[m]	Koordinate
α	$[\text{K}^{-1}]$	Temperaturkoeffizient
β	$[\text{K}^{-2}]$	Temperaturkoeffizient 2. Ordnung
γ	$\left[\frac{\text{A m}}{\text{V mm}^2}\right]$	spezifische Leitfähigkeit, auch κ oder $\sigma\left[\frac{1}{\Omega\,\text{m}};\frac{\text{m}}{\Omega\,\text{mm}^2}\right]$
δ	[m]	Dicke, Abstand
ε		kleine Zahl, $\varepsilon \ll 1$
ε	$\left[\frac{\text{F}}{\text{m}}\right]$	Permittivität (früher Dielektrizitätskonstante) $\left[\frac{\text{F}}{\text{m}}=\frac{\text{As}}{\text{V m}}\right]$
ε_r		Permittivitätszahl, relative Permittivität
ε_0	$\left[\frac{\text{F}}{\text{m}}\right]$	elektrische Feldkonstante, Permittivität des Vakuums $\left[\frac{\text{F}}{\text{m}}=\frac{\text{As}}{\text{Vm}}\right]$; $\varepsilon_0 = 0{,}8542\cdot 10^{-12}\,\frac{\text{F}}{\text{m}} \approx \frac{1}{36\pi}\cdot 10^{-9}\,\frac{\text{As}}{\text{Vm}}$
η		Wirkungsgrad
ϑ	[K, °C]	Temperatur
ϑ_c	[°C]	Curie-Temperatur
λ	$\left[\frac{\text{K}}{\text{W}}\right]$	Wärmeleitfähigkeit
μ	$\left[\frac{\Omega\,\text{s}}{\text{m}}\right]$	Permeabilität
μ_0	$\left[\frac{\Omega\,\text{s}}{\text{m}}\right]$	magnetische Feldkonstante, Permeabilität des Vakuums; $\mu_0 = 4\pi\cdot 10^{-7}\,\Omega\frac{\text{Vs}}{\text{Am}}$
μ_n	$\left[\frac{\text{m}^2}{\text{Vs}}\right]$	Beweglichkeit der negativen Ladungsträger

μ_p	$\left[\frac{m^2}{Vs}\right]$	Beweglichkeit der positiven Ladungsträger
ρ	$\left[\frac{Vm}{A}\right]$	spezifischer Widerstand, Resistivität
ρ	$\left[\frac{As}{m^3}\right]$	Raumladungsdichte
σ		Sprungfunktion $t < 0$: $\sigma = 0$; $t \geq 1$: $\sigma = 1$
τ	[s]	Zeitkonstante
φ	[V]	elektrisches Potential
φ		Winkel, Phasenverschiebung
ω	$[s^{-1}]$	Kreisfrequenz, $\omega = 2\pi f$

13.2 Indizes

B	Basis
C	Kollektor
E	Emitter
i	Zählvariable
i	innen
j	Zählvariable
K	Knoten
k	Kurzschluss
k	Zählvariable
n	Zähler
n	negative Ladung
P	parallel
p	positive Ladung
Q	Spannungsquelle
S	Serie
v	Verluste
Z	Zweig

13.3 Schreibweise

U	großer Buchstabe: feste Zahl
u	kleiner Buchstabe: Zeitfunktion oder eine auf einen Bezugswert bezogene Zahl
$\boldsymbol{A}$	fetter Buchstabe: Matrix, auch Spaltenmatrix bzw. Vektor Die Elemente einer Matrix $\boldsymbol{A}$ werden häufig durch kleine Buchstaben gekennzeichnet (a_{ij}). Spaltenmatrizen werden nach der Norm mit kleinen Buchstaben geschrieben, z. B. $\boldsymbol{x}$.
$\vec{E}$	Pfeil über dem Buchstaben: Vektor
U	Effektivwert
$\hat{u}$	Scheitelwert, Amplitude einer Schwingung, auch $\hat{U}$

14 Literatur

[Bau] Bauckholt, H. J.: Grundlagen und Bauelemente der Elektrotechnik. München: Carl Hanser Verlag, 2019

[Bos] Bosse, G.: Grundlagen der Elektrotechnik (4 Bände). Berlin: Springer, 1996

[Bro] Bronstein, I. N.; Semendjajew, K. A.: Taschenbuch der Mathematik. Frankfurt a. M.: Harri Deutsch Verlag, 2020

[CGP] 26th CGPM (2018) - Resolutions adopted / Résolutions adoptées. (PDF; 1,2 MB) Versailles 13-16 novembre 2018. *In:* bipm.org. Bureau International des Poids et Mesures, 19. November 2018, S. 2-5, abgerufen am 28. April 2019 (englisch, französisch).

[Cla] Clausert, H.; Wiesemann, G.: Grundgebiete der Elektrotechnik 1 und 2. München: Oldenbourg Verlag, 2015

[Dem] Demtröder, W.: Experimentalphysik (4 Bände). Berlin: Springer, 8. Aufl., 2017

[Füh] Führer, A.; Heidemann, K.; Nerreter, W.: Grundgebiete der Elektrotechnik, Band 1 und Band 2. München: Carl Hanser Verlag, 2011

[Her] Hering, E.; Martin, R.; Stohrer, M.: Physik für Ingenieure. VDI-Verlag Düsseldorf, 13. Aufl., 2021

[Hug] Hugel, J.: Elektrotechnik. Stuttgart: B. G. Teubner, 1998

[Lun1] Lunze, K.; Wagner, E.: Einführung in die Elektrotechnik, Arbeitsbuch. Berlin: Verlag Technik, 1991

[Lun2] Lunze, K.: Einführung in die Elektrotechnik, Lehrbuch. Heidelberg: Hüthig Verlag, 1991

[Moe] Moeller, F.; Frohne, H.; Löcherer, K.-H.; Müller, H.: Grundlagen der Elektrotechnik. Stuttgart: B. G. Teubner, 19. Aufl., 2002

[Pau] Paus, H. J.: Physik in Experimenten und Beispielen. München / Wien: Carl Hanser Verlag, 2. Aufl., 2002

[Pre] Pregla, R.: Grundlagen der Elektrotechnik, Teil I und Teil II. Module zum Fernstudium in Hagen. Berlin · Offenbach: VDE-Verlag, 9. Aufl., 2016

[Sim] Jens Simon: Naturkonstanten als Hauptdarsteller - PTB.de. Generalkonferenz für Maß und Gewicht (CGPM) verabschiedet Revision des Internationalen Einheitensystems. *In:* PTB.de. Physikalisch-Technische Bundesanstalt, 16. November 2018, abgerufen am 28. April 2019.

[Tip] Tipler, P. A.: Physik. Heidelberg: Spektrum akademischer Verlag, 1994

[Unb] Unbehauen, R.: Grundlagen der Elektrotechnik 1 und 2. Berlin: Springer, 1999

15 Stichwortverzeichnis

W

Z